Bolin/Ditges/Arendt
Kompakt-Training
Internationale Rechnungslegung nach IFRS

Kompakt-Training
Praktische Betriebswirtschaft
Herausgeber Professor Klaus Olfert

www.kiehl.de

Internationale Rechnungslegung nach IFRS

Von
Dipl.-Kfm. WP/StB Prof. Dr. Manfred Bolin,
Dipl.-Ökonom WP/StB Prof. Dr. Johannes Ditges und
Dipl.-Kfm. WP/StB Uwe Arendt

4., aktualisierte Auflage

Herausgeber:
Prof. Klaus Olfert
76530 Baden-Baden

ISBN: 978-3-470-**54154**-9 · 4., aktualisierte Auflage 2013

© NWB Verlag GmbH & Co. KG, Herne 2004

Kiehl ist eine Marke des NWB Verlags

Satz: Röser MEDIA GmbH & Co. KG, Karlsruhe
Druck: Stückle Druck und Verlag, Ettenheim

Kompakt-Training Praktische Betriebswirtschaft

Das Kompakt-Training Praktische Betriebswirtschaft ist aus der Notwendigkeit entstanden, dass Wissen immer häufiger unter erheblichem Zeit- und Erfolgsdruck erworben oder reaktiviert werden muss. Den vielfältigen betriebswirtschaftlichen Fakten und Zusammenhängen, die aufzunehmen sind, stehen eng begrenzte Zeitbudgets gegenüber.

Die vorliegende Fachbuchreihe ist darauf ausgerichtet, die Leser darin zu unterstützen, rasch und fundiert in die verschiedenen betriebswirtschaftlichen Themenbereiche einzudringen sowie diese aufzufrischen. Sie eignet sich in besonderer Weise für:

▶ Studierende an Fachhochschulen, Akademien und Universitäten
▶ Fortzubildende an öffentlichen und privaten Bildungsinstitutionen
▶ Fach- und Führungskräfte in Unternehmen und sonstigen Organisationen.

Das Kompakt-Training Praktische Betriebswirtschaft ist auch zum Selbststudium sehr gut geeignet, nicht zuletzt wegen seiner herausragenden Gestaltungsmerkmale. Jeder einzelne Band der Fachbuchreihe zeichnet sich u. a. aus durch:

▶ kompakte und praxisbezogene Darstellung
▶ systematischen und lernfreundlichen Aufbau
▶ viele einprägsame Beispiele, Tabellen, Abbildungen
▶ 50 praxisbezogene Übungen mit Lösungen
▶ MiniLex mit 150 - 200 Stichworten.

Für Anregungen, die der weiteren Verbesserung dieses Lernkonzeptes dienen, bin ich dankbar.

Prof. Klaus Olfert
Herausgeber

Feedbackhinweis

Kein Produkt ist so gut, dass es nicht noch verbessert werden könnte. Ihre Meinung ist uns wichtig. Was gefällt Ihnen gut? Was können wir in Ihren Augen verbessern? Bitte schreiben Sie einfach eine E-Mail an: **c.ziegler@kiehl.de**

Als kleines Dankeschön verlosen wir unter allen Teilnehmern einmal pro Monat ein Buchgeschenk!

Vorwort zur 4. Auflage

Seit dem 01.01.2005 sind kapitalmarktorientierte Mutterunternehmen verpflichtet, ihren Konzernabschluss nach IFRS zu erstellen. Das HGB verliert damit für Konzerne seine verpflichtende Bedeutung und seine Alleinstellung hinsichtlich deutscher Bilanzierungsvorschriften. Darüber hinaus wurde den EU-Mitgliedsstaaten das Wahlrecht eingeräumt, die IFRS auch auf Konzernabschlüsse nicht kapitalmarktorientierter Unternehmen sowie auf Einzelabschlüsse auszudehnen. Die Gesetzgebung der IFRS in Deutschland sieht eine Anwendung für Einzelabschlüsse jedoch nicht vor.

Das vorliegende Buch hilft dem Leser, die wesentlichen Grundsätze der IFRS in systematischer und kompakter Form zu erarbeiten. Die Gliederungsstruktur des Buches wurde aufgrund der positiven Resonanz aus der Leserschaft beibehalten. Sie orientiert sich an den Abschlussbestandteilen Bilanz und Anhang, Gesamtergebnisrechnung, Eigenkapitalveränderungsrechnung und Kapitalflussrechnung. Darüber hinaus finden sich Erläuterungen zu konzernspezifischen Vorschriften.

In jedem Kapitel werden einleitend die wesentlichen IFRS-Vorschriften den HGB-Vorschriften gegenübergestellt. So erhalten die Leser einen komprimierten Überblick über den Inhalt des Kapitels und den wichtigen Bezug zum bisherigen Handelsrecht. Danach werden die einschlägigen Regeln systematisiert nach Ansatz, Bewertung, Ausweis und Anhangangaben dargestellt. Die beschriebenen Regeln werden mithilfe zahlreicher Beispiele und Übersichten veranschaulicht.

Seit dem 31.12.2005, dem Stand der 2. Auflage dieses Buches, haben sich die IFRS-Standards weiterentwickelt. So wurden in der Zwischenzeit einige Standards neu erarbeitet und bestehende Standards erheblich überarbeitet. Problematisch ist dabei, dass nicht alle Standards bereits in europäisches Recht übernommen wurden. Somit bildet sich eine immer größer werdende Lücke zwischen den sog. EU-IFRS und den Full IFRS. Um die Praxisrelevanz zu erhalten, werden in diesem Buch vorrangig die zum 31.12.2012 in der Europäischen Union anzuwendenden Standards dargestellt.

Bedanken möchte ich mich bei den Berufskollegen Andreas Möller (KPMG) und Marco Schmidt (BDO), die mich bei der Überarbeitung der Finanzinstrumente und Pensionsrückstellungen unterstützt haben sowie bei den studentischen Hilfskräften Andreas Beck und Efthimios Tsoupis für deren Mitarbeit bei den Korrekturarbeiten.

Prof. Dr. Manfred Bolin
Düsseldorf, im Juni 2013

Benutzungshinweise

Aufgaben/Fälle

Die Aufgaben/Fälle im Übungsteil dienen der Wissens- und Verständniskontrolle. Auf sie wird jeweils im Textteil hingewiesen:

Aufgabe 1 > Seite 237

Aufgabe 2 > Seite 237

Der Übungsteil befindet sich als „blauer Teil" am Ende des Buches. Es wird empfohlen, die Aufgaben/Fälle unmittelbar nach Bearbeitung der entsprechenden Textstellen zu lösen.

Aus Gründen der Praktikabilität und besseren Lesbarkeit wird darauf verzichtet, jeweils männliche und weibliche Personenbezeichnungen zu verwenden. So können z. B. Mitarbeiter, Arbeitnehmer, Vorgesetzte grundsätzlich sowohl männliche als auch weibliche Personen sein.

AB	Anfangsbestand	IAS	International Accounting Standards
Abb.	Abbildung		
Abs.	Absatz	IASB	International Accounting Standards Board
AfA	Absetzung für Abnutzung		
AHK	Anschaffungs- oder Herstellungskosten	IASC	International Accounting Standards Committee
akt.	aktive(r)	i. d. R.	in der Regel
APB	Accounting Principles Board	i. e. S.	im engeren Sinne
Art.	Artikel	IFRIC	International Financial Reporting Interpretations Committee
Aufl.	Auflage		
AV	Anlagevermögen		
BdF	Bundesministerium der Finanzen	IFRS	International Financial Reporting Standards
BFH	Bundesfinanzhof	insb.	insbesondere
BGA	Betriebs- und Geschäfts- ausstattung	InsO	Insolvenzordnung
		IOSCO	International Organization of Securities Commissions
bl.	Barrel		
BStBl.	Bundessteuerblatt	i. V. m.	in Verbindung mit
bzw.	beziehungsweise	i. w. S.	im weiteren Sinne
c. p.	im Übrigen unverändert (ceteris paribus)	KapAEG	Kapitalaufnahme- erleichterungsgesetz
EB	Endbestand	KapCoRiLi	Kapitalgesellschaften- und Co-Richtlinien-Gesetz
ED	Exposure Draft		
EG	Europäische Gemeinschaft(en)	Lifo	Last-in-first-out
		L. L.	Lieferungen und Leistungen
EStG	Einkommensteuergesetz	Mio.	Million(en)
EStH	Einkommensteuerhinweise	mz	Messzahl
EStR	Einkommensteuerrichtlinien	Nr.	Nummer
EU	Europäische Union	p. a.	jährlich (per annum)
F.	Framework	pass.	passive(r)
f.	folgende	poc	percentage-of-completion
FASB	Financial Accounting Standards Board	RHB-Stoffe	Roh-, Hilfs- und Betriebs- stoffe
ff.	fortfolgende	S.	Seite (bei Angaben in Gesetzen: Satz)
FiFo	First-in-first-out		
GAAP	Generally accepted accounting principles	SEC	Securities and Exchange Commission
GE	Geldeinheit(en)	SFAC	Statement of Financial Accounting Concepts
GewStG	Gewerbesteuergesetz		
ggü.	gegenüber	SFAS	Statement of Financial Accounting Standards
Gj.	Geschäftsjahr		
GuV	Gewinn- und Verlust- rechnung	SIC	Standing Interpretation Comittee
HGB	Handelsgesetzbuch	T	Tausend
Hrsg.	Herausgeber	TransPuG	Transparenz- und Publizitäts- gesetz
hrsg.	herausgegeben		
		u. a.	und andere

Zur Nutzung dieses Buches

Wie im Kapitel 1.2 des Grundlagenabschnitts dieses Buches dargestellt, setzt sich das Regelwerk der IASC/IASB aus mehreren, in sich geschlossenen Texten zusammen.

Diese wiederum bestehen im Wesentlichen aus Standards, die umfassend die Bilanzierung, Bewertung und den Ausweis bestimmter Sachverhalte definieren.

Die Vorschriften beziehen sich regelmäßig auf mehrere Bilanz- und G+V-Positionen sowie auf weitere Bereiche des zu veröffentlichen Jahresabschlusses.

Um unseren Lesern den Zugang zu diesem komplexen Regelwerk im Rahmen der Lösung von Bilanzierungsfragen nach IFRS zu ermöglichen, haben wir als Grundstruktur unserer Erläuterungen die Bilanzpositionen gewählt und diese um die weiteren Jahresabschlussbestandteile ergänzt.

Zu Beginn eines jeden Kapitels wurden hierzu die einschlägigen IFRS-Standards bzw. Interpretationen und Textstellen des Rahmenkonzepts benannt. Jeder Leser wird dadurch unmittelbar in die Lage versetzt, die entscheidenden Regelungsnormen zur Überprüfung und Vertiefung seines Verständnisses zu finden.

Als eine weitere Hilfestellung wurden darüber hinaus synoptisch die wesentlichen Vorschriften des HGB und der IFRS-Standards gegenübergestellt. Damit soll dem Leser die Möglichkeit gegeben werden aus der Kenntnis der HGB-Vorschriften heraus, das Regelwerk der IFRS besser einordnen und verstehen zu können.

A. Grundlagen

1. Rechtliche Rahmenbedingungen der IFRS-Anwendung

1.1 Historische Entwicklung

Die **International Financial Reporting Standards (IFRS)** sowie die bisherigen **International Accounting Standards (IAS)** sind ein wesentliches Instrument der weltweiten Harmonisierung der Rechnungslegung geworden. Die Entwicklung und Einführung weltweit harmonisierter Rechnungslegungsstandards wurde am 29.06.1973 durch das IASC (International Accounting Standards Committee) begründet. Dieser in London von Berufsverbänden aus neun Staaten gegründeten Organisation gehörten als Gründungsmitglieder u. a. das Institut der Wirtschaftsprüfer (IDW) und die Wirtschaftsprüferkammer (WPK) an.

Mit dem Ziel, sich als globaler Standardsetter zu etablieren, hat sich die Organisation in 2001 strategisch neu positioniert und sich im Folgenden den aktuellen Entwicklungen angepasst. Aufgabe der **IFRS Foundation**, mit bis zu 22 Treuhändern aus allen Teilen der Welt, ist es, die Mitglieder der beiden Standardisierungsgremien des **International Accounting Standards Board (IASB)** und des **IFRS Interpretations Committee** zu ernennen, deren Arbeit zu überwachen und die dafür notwendigen Mittel zu beschaffen. Außerdem ernennen sie die Mitglieder des **IFRS Advisory Council**, die die strategische Ausrichtung der Standardisierungsgremien kritisch begleiten. Die Treuhänder sind dem **Monitoring Board**, welches mit Vertretern öffentlicher Kapitalmarktbehörden besetzt ist, rechenschaftspflichtig.

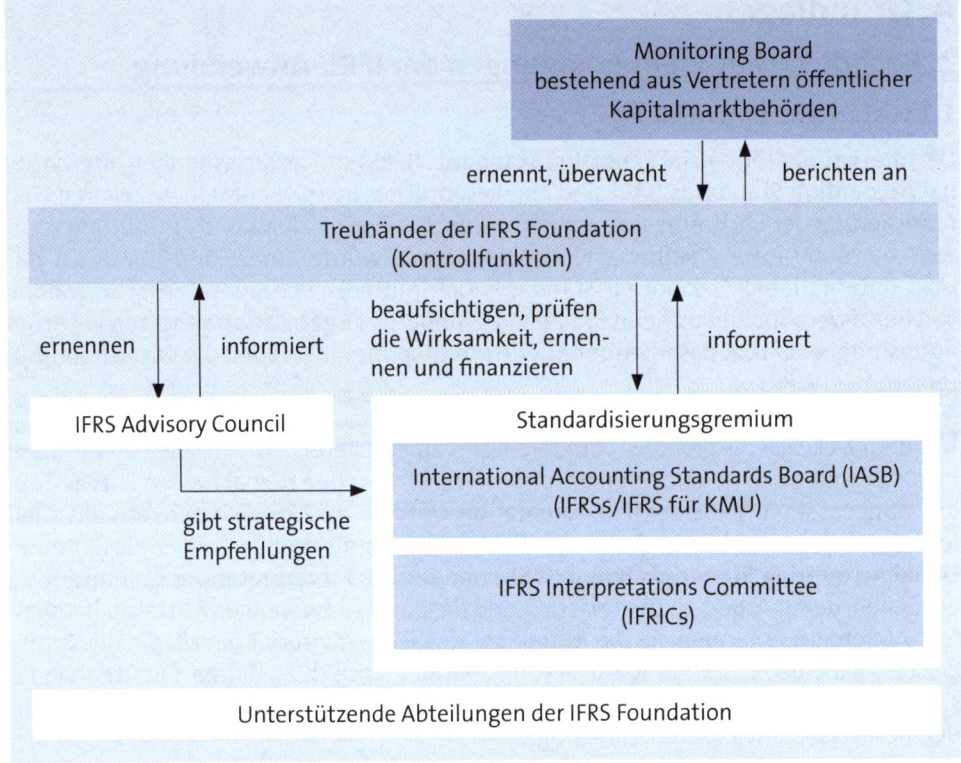

Die Organisation der IFRS Foundation und des IASB

Quelle: www.ifrs.org; IFRS Foundation: Über uns und unsere Arbeit

Das **IASB** (International Accounting Standards Board) ist eine internationale nicht-staatliche Fachorganisation, die sich aus bis zu 16 unabhängigen Mitgliedern mit hervorragenden Fachkenntnissen im Bereich der internationalen Rechnungslegung und umfangreichen geschäftlichen Erfahrungen mit internationalen Märkten zusammensetzt.

Das **Ziel des IASB** ist die Entwicklung von Rechnungslegungsstandards. Der IASB soll hierbei mit nationalen Standardsettern zusammenarbeiten, um die Konvergenz der nationalen Regelungen mit den internationalen Rechnungslegungsvorschriften voranzutreiben.

Die in der Satzung niedergelegten Ziele lauten:

„(1) im öffentlichen Interesse einen einzigen gültigen Satz an hochwertigen, verständlichen und durchsetzbaren globalen Standards der Rechnungslegung zu entwickeln, die hochwertige, transparente und vergleichbare Informationen in Abschlüssen und sonstigen Finanzberichten erfordern, um die Teilnehmer in den Kapitalmärkten der Welt und andere Nutzer beim Treffen von wirtschaftlichen Entscheidungen zu unterstützen,

(2) die Nutzung und rigorose Anwendung dieses Standards zu fordern,

(3) die Bedürfnisse der kleinen und mittleren Unternehmen und der Unternehmen in Entwicklungsländern – soweit möglich – bei der Erfüllung der vorgenannten Ziele zu berücksichtigen und

(4) eine Konvergenz der nationalen Standards der Rechnungslegung mit den IFRS zu hochwertigen Lösungen herbeizuführen."

Das mit bis zu 14 Mitgliedern besetzte **IFRS Interpretations Committee** entwickelt Interpretationen zu Anwendungs- und Auslegungsfragen der bestehenden Standards und legt diese zur Genehmigung dem IASB vor.

Als Beratungsgremium bezüglich des Arbeitsplans des IASB steht dem Board bzw. den Trustees das **IFRS Advisory Council** zur Verfügung. Ihm gehören ca. 30 Mitglieder an, die praktische Erfahrung im Bereich der Internationalen Rechnungslegung haben und aus verschiedenen geografischen Regionen (Amerika, Europa, Asien, Australien) stammen.

Da der IASB eine privatrechtliche Organisation ist, wurde durch EU-Verordnung das so genannte **Endorsement-Verfahren** implementiert. Demnach müssen alle vom IASB verabschiedeten Standards erst als verbindliches EU-Recht durch die EU-Kommission anerkannt werden. Die zu diesem Zweck geschaffene European Financial Reporting Advisory Group (EFRAG) veröffentlicht auf ihrer Webseite (**www.efrag.org**) den Stand der in europäisches Recht übernommenen Standards, Änderungen der Standards und Interpretationen.

Mit der EU-Verordnung vom 19.07.2002 zur Anwendung der IAS (**IAS-Verordnung**) wurde die Harmonisierung der Finanzinformationen von kapitalmarktorientierten Gesellschaften zum Kernziel erklärt. Insbesondere soll damit eine hohe Transparenz und Vergleichbarkeit der Abschlüsse und damit der Funktionsweise des Kapitalmarktes sichergestellt werden. Danach sind kapitalmarktorientierte Unternehmen (Zulassung von Wertpapieren zum Handel in einem geregelten Markt im Inland, in einem anderen Mitgliedstaat der Europäischen Union oder einem anderen Vertragsstaat des Abkommens über den Europäischen Wirtschaftsraum) mit Geschäftsjahren, die nach dem 31.12.2004 beginnen, verpflichtet, ihren Konzernabschluss nach IFRS zu erstellen.

Artikel 9 der Verordnung sieht eine Übergangsregelung bis zum 31.12.2006 für Unternehmen vor, für die lediglich Schuldtitel oder Wertpapiere in einem Nicht-Mitgliedsstaat zum öffentlichen Handel zugelassen wurden, die zum Zwecke der Zulassung zurzeit nach US-GAAP bilanzieren. Darüber hinaus besteht für die Mitgliedsstaaten das **Wahlrecht**, die Anwendung der Internationalen Rechnungslegungsvorschriften auf Konzernabschlüsse nicht kapitalmarktorientierter Unternehmen sowie auf Einzelabschlüsse auszudehnen.

EU-Verordnung zur Anwenung der IFRS vom 19.07.2002			
Rechtsform		Konzernabschluss	Einzelabschluss
Kapitalgesell-schaften	kapitalmarkt-orientiert	IFRS	HGB und/oder IFRS
	nicht kapitalmarkt-orientiert	HGB und/oder IFRS	HGB und/oder IFRS
Personenge-sellschaften und Einzel-kaufleute	kapitalmarkt-orientiert	IFRS	HGB und/oder IFRS
	nicht kapitalmarkt-orientiert	HGB und/oder IFRS	HGB und/oder IFRS

Mitgliedstaatenwahlrechte

Die Anforderungen der IAS-Verordnung wurden durch das Bilanzrechtsreform-Gesetz (BilReG) vom 04.12.2004 in das Handelsgesetzbuch übernommen. Nach § 315a Abs. 1 HGB haben Unternehmen, deren Wertpapiere an einem organisierten Kapitalmarkt im Inland, in einem anderen Mitgliedstaat der Europäischen Union oder einem anderen Vertragsstaat des Abkommens über den Europäischen Wirtschaftsraum zugelassen sind, einen IFRS-konformen Konzernabschluss aufzustellen. Gemäß § 315a Abs. 3 HGB dürfen dies nicht kapitalmarktorientierte Konzerne ebenfalls mit befreiender Wirkung.

Aufgabe 1 > Seite 165

1.2 Die Rechnungslegungsnormen des IASB

Das Regelungswerk des IASC/IASB setzt sich wie folgt zusammen:

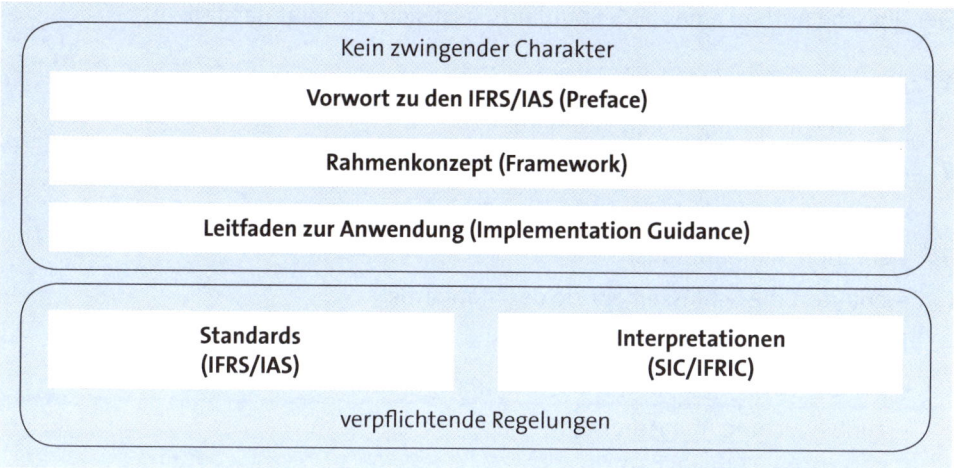

Das **Vorwort (Preface)** befasst sich mit grundsätzlichen Fragestellungen. Es soll die Aufgabenbereiche des IASB (vormals IASC) sowie die Anwendungsbereiche und die Bindungswirkung der IFRS bzw. SIC/IFRIC erläutern. Ferner regelt das Vorwort die Verfahrensregeln zur Gewinnung der Standards (Due-Prozess) sowie den zeitlichen Anwendungsbereich und die Arbeitssprache. Derzeit sind die in englischer Sprache veröffentlichten Standards und Entwürfe (Exposure Drafts) verbindlich.

Das **„Rahmenkonzept für die Aufstellung und Darstellung von Abschlüssen"** zeigt insbesondere die Leitlinien auf, die der Aufstellung und Darstellung von externen Abschlüssen zu Grunde liegen (Framework). Es behandelt die Zielsetzung von Abschlüssen, die qualitativen Anforderungen an die im Abschluss vermittelten Informationen, die Definition, Ansatz und Bewertung der Abschlussposten sowie Kapital- und Kapitalerhaltungskonzepte.

Die Leitlinien tragen wesentlich zur Unterstützung der mit der Aufstellung von Abschlüssen befassten Personen bei der Anwendung der IFRS sowie beim Vorgehen von Themenbereichen, die erst später Gegenstand eines IFRS sein werden. Daneben sollen sie Abschlussprüfern bei der Urteilsfindung über die zweckentsprechende Anwendung der IFRS-Standards helfen.

Das **Rahmenkonzept** selbst stellt **keinen Standard** dar. Dementsprechend hat keine Regelung des Rahmenkonzeptes Vorrang vor den spezifischen Regelungen der Standards. Im Übrigen dient das Rahmenkonzept als Orientierungsmaßstab für die Ausarbeitung künftiger bzw. Überprüfung aktueller Standards.

Das Rahmenkonzept gilt für Einzel- und Konzernabschlüsse gleichermaßen.

Aufgabe 2 > Seite 165

Die jeweiligen **IFRS-Standards** behandeln wesentliche verpflichtende Grundsätze zur Bilanzierung, Bewertung und Darstellung von Geschäftsvorfällen in Abschlüssen.

Der typische Aufbau eines IFRS-Standards lässt sich wie folgt darstellen:

1. Zielsetzung (objektive)
   - kurze Einführung in den Standard
2. Anwendungsbereich (scope)
   - Benennung der betroffenen Jahresabschlussposten
3. Definitionen (definitions)
   - erläutert die Schlüsselbegriffe des Standards
4. Regelungsbereich (core-standard)
   - zur Bilanzierung dem Grunde nach (recognition)
   - zur Bewertung (measurement)
   - zu Angaben (disclosure)
   - zur Darstellung (presentation)
   - Offenlegung (disclosures)
5. Übergangsvorschriften (transitional provisions)
   - Regelungen zur erstmaligen Anwendung des Standards
6. Datum des Inkrafttretens (effective date)
   - ab wann ist der Standard anzuwenden
7. Anhang (appendices)
   - Pflichtangaben und empfohlene Angaben
   - Definitionen bei neuen IFRS

Im Handbuch 2012 hat das IASB nachfolgende Standards und Interpretationen veröffentlicht:

	Conceptual Framework for Financial Reporting	**Rahmenkonzept für die Rechnungslegung**
IFRS 1	First-time Adoption of International Financial Reporting Standards	Erstmalige Anwendung der International Financial Reporting Standards
IFRS 2	Share-based Payment	Anteilsbasierte Vergütung
IFRS 3	Business Combinations	Unternehmenszusammenschlüsse
IFRS 4	Insurance Contracts	Versicherungsverträge
IFRS 5	Non-current Assets Held for Sale and Discontinued Operations	Zur Veräußerung gehaltene langfristige Vermögenswerte und aufgegebene Geschäftsbereiche

	Conceptual Framework for Financial Reporting	**Rahmenkonzept für die Rechnungslegung**
IFRS 6	Exploration for and Evaluation of Mineral Resources	Exploration und Evaluierung von Bodenschätzen
IFRS 7	Financial Instruments: Disclosures	Finanzinstrumente: Angaben
IFRS 8	Operating Segments	Geschäftssegmente
IFRS 9	Financial Instruments	Financial Instruments
IFRS 10	Consolidated Financial Statements	Konzernabschlüsse
IFRS 11	Joint Arrangements	Gemeinschaftliche Vereinbarungen
IFRS 12	Disclosure of Interests in Other Entities	Angaben zu Anteilen an anderen Unternehmen
IFRS 13	Fair Value Measurement	Bewertung zum beizulegenden Zeitwert
IAS 1	Presentation of Financial Statements	Darstellung des Abschlusses
IAS 2	Inventories	Vorräte
IAS 7	Statement of Cash Flows	Kapitalflussrechnungen
IAS 8	Accounting Policies, Changes in Accounting Estimates and Errors	Rechnungslegungsmethoden, Änderungen von rechnungslegungsbezogenen Schätzungen und Fehler
IAS 10	Events after the Reporting Period	Ereignisse nach dem Bilanzstichtag
IAS 11	Construction Contracts	Fertigungsaufträge
IAS 12	Income Taxes	Ertragsteuern
IAS 16	Property, Plant and Equipment	Sachanlagen
IAS 17	Leases	Leasingverhältnisse
IAS 18	Revenue	Umsatzerlöse
IAS 19	Employee Benefits	Leistungen an Arbeitnehmer
IAS 20	Accounting for Government Grants and Disclosures of Government Assistance	Bilanzierung und Darstellung von Zuwendungen der öffentlichen Hand
IAS 21	The Effect of Changes in Foreign Exchange Rates	Auswirkungen von Wechselkursänderungen
IAS 23	Borrowing Costs	Fremdkapitalkosten
IAS 24	Related Party Disclosures	Angaben über Beziehungen zu nahe stehenden Unternehmen und Personen
IAS 26	Accounting and Reporting by Retirement Benefits Plans	Bilanzierung und Berichterstattung von Altersversorgungsplänen
IAS 27	Consolidated and Separate Financial Statements	Konzern- und Einzelabschlüsse
IAS 28	Investments in Associates	Anteile an assoziierten Unternehmen

	Conceptual Framework for Financial Reporting	Rahmenkonzept für die Rechnungslegung
IAS 29	Financial Reporting in Hyperinflationary Economies	Rechnungslegung in Hochinflationsländern
IAS 31	Interest in Joint Ventures	Anteile an Gemeinschaftsunternehmen
IAS 32	Financial Instruments: Presentation	Finanzinstrumente: Darstellung
IAS 33	Earnings per Share	Ergebnis je Aktie
IAS 34	Interim Financial Reporting	Zwischenberichterstattung
IAS 36	Impairment of Assets	Wertminderung von Vermögenswerten
IAS 37	Provisions, Contingent Liabilities and Measurement	Rückstellungen, Eventualverbindlichkeiten und Eventualforderungen
IAS 38	Intangible Assets	Immaterielle Vermögenswerte
IAS 39	Financial Instruments: Recognition and Measurement	Finanzinstrumente: Ansatz und Bewertung
IAS 40	Investment Property	Als Finanzinvestition gehaltene Immobilien
IAS 41	Agriculture	Landwirtschaft
	The International Financial Reporting Standard (IFRS) for Small and Medium-sized Entities	The International Financial Reporting Standard (IFRS) für kleine und mittlere Unternehmen
	IFRS Practice Statement Management Commentary	IFRS Practice Statement Lageberichterstattung
IFRIC 1	Changes in Existing Decommissioning, Restoration and similar Liabilities	Änderungen bestehender Rückstellungen für Entsorgungs-, Wiederherstellungs- und ähnliche Verpflichtungen
IFRIC 2	Members' Shares in Co-operative Entities and Similar Instruments	Geschäftsanteile an Genossenschaften und ähnliche Instrumente
IFRIC 4	Determining whether an Arrangement contains a Lease	Feststellung, ob eine Vereinbarung ein Leasingverhältnis enthält
IFRIC 5	Rights to Interests arising from Decommissioning, Restoration and Environmental Rehabilitation Funds	Rechte auf Anteile an Fonds für Entsorgung, Rekultivierung und Umweltsanierung
IFRIC 6	Liabilities arising from Participating in a Specific Market – Waste Electrical and Electronic Equipment	Verbindlichkeiten, die sich aus einer Teilnahme an einem spezifischen Markt ergeben — Elektro- und Elektronik-Altgeräte

	Conceptual Framework for Financial Reporting	Rahmenkonzept für die Rechnungslegung
IFRIC 7	Applying the Restatement Approach under IAS 29 Financial Reporting in Hyperinflationary Economies	Anwendung des Anpassungsansatzes unter IAS 29 „Rechnungslegung in Hochinflationsländern"
IFRIC 10	Interim Financial Reporting and Impairment	Zwischenberichterstattung und Wertminderung
IFRIC 12	Service Concession Arrangements	Dienstleistungskonzessionsvereinbarungen
IFRIC 13	Customer Loyalty Programmes	Kundenbindungsprogramme
IFRIC 14	IAS 19-The Limit on a Defined Benefit Asset, Minimum Funding Requirements and their Interaction	IAS 19-Die Begrenzung eines leistungsorientierten Vermögenswerts, Mindestdotierungsverpflichtungen und ihre Wechselwirkung
IFRIC 15	Agreements for the Construction of Real Estate	Verträge über die Errichtung von Immobilien
IFRIC 16	Hedges of a Net Investment in a Foreign Operation	Absicherungen einer Nettoinvestition in einen ausländischen Geschäftsbetrieb
IFRIC 17	Distributions of Non-cash Assets to Owners	Sachdividenden an Eigentümer
IFRIC 18	Transfers of Assets from customers	Übertragungen von Vermögenswerten durch Kunden
IFRIC 19	Extinguishing Financial Liabilities with Equity Instruments	Tilgung finanzieller Verbindlichkeiten durch Eigenkapitalinstrumente
IFRIC 20	Stripping Costs in the Production Phase of a Surface Mine	Abraumbeseitigungskosten während der Produktionsphase im Tagebau
SIC-7	Introduction of the Euro	Einführung des Euro
SIC-10	Government Assistance – No Specific Relation to Operating Activities	Beihilfen der öffentlichen Hand — Kein spezifischer Zusammenhang mit betrieblichen Tätigkeiten
SIC-15	Operating Leases-Incentives	Operating-Leasingverhältnisse — Anreize
SIC-25	Income Taxes – Changes in the Tax Status of an Entity or its Shareholders	Ertragsteuern — Änderungen im Steuerstatus eines Unternehmens oder seiner Anteilseigner
SIC-27	Evaluating the Substance of Transactions Involving the Legal Form of a Lease	Beurteilung des wirtschaftlichen Gehalts von Transaktionen in der rechtlichen Form von Leasingverhältnissen
SIC-29	Service Concession Arrangements: Disclosures	Dienstleistungskonzessionsvereinbarungen: Angaben

	Conceptual Framework for Financial Reporting	Rahmenkonzept für die Rechnungslegung
SIC 31	Revenue-Barter Transactions Involving Advertising Services	Umsatzerlöse — Tausch von Werbe-dienstleistungen
SIC 32	Intangibles Assets — Web Site Costs	Immaterielle Vermögenswerte — Kosten von Internetseiten

Unternehmen in einem Mitgliedstaat der Europäischen Union können allerdings nur die Standards und Interpretationen anwenden, die bereits von der Europäischen Union übernommen (endorsed) sind (vgl. dazu **www.efrag.org**).

Durch die verstärkte Zusammenarbeit mit dem amerikanischen Standardsetter, Financial Accounting Standards Board (FASB), soll eine Vielzahl von Abweichungen zu den **US-GAAP** aufgehoben werden (Konvergenzprojekt). Um diese Anpassung zu beschleunigen, finden in regelmäßigen Abständen gemeinsame Sitzungen des IASB mit dem FASB statt. Entwürfe (Exposure Drafts) zu den in das Konvergenzprojekt aufgenommenen Themen werden dann von beiden Boards veröffentlicht.

Aufgabe des **IFRS Interpretations Committee** ist es, unterschiedliche Auslegungen der Regelungen der Standards zu vermeiden. Die von diesem Committee herausgegebenen **Interpretationen** (früher SIC Interpretations, seit 2001 IFRIC Interpretations) sind allgemein verpflichtende Leitlinien zur Sicherstellung einer einheitlichen Anwendung der Standards. Auf Anfrage aus der Bilanzierungspraxis oder dem Board erarbeitet das Gremium Hilfestellungen bei unterschiedlicher Auslegung der Standards, die in der Praxis zu unterschiedlichen Bilanzierungen führen. Praktische Bedeutung haben auch die Ablehnungen von Anfragen (sog. non-ifric).

Der Mitarbeiterstab des IASB veröffentlicht auch Fragen und Antworten zu einzelnen Themen. Diese **Anwendungsleitlinien** haben keinen zwingenden Charakter, wobei die Unternehmen schon gehalten sind, auch die Ausführungen der Anwendungsleitlinien zu beachten.

Aufgabe 3 > Seite 165

2. Abschlussbestandteile

Die Bestandteile eines Jahresabschlusses sind im Wesentlichen in Standard IAS 1 (Darstellung des Abschlusses) geregelt, aber auch in:

- IFRS 8 Segmentberichterstattung
- IAS 7 Kapitalflussrechnung
- IAS 33 Ergebnis je Aktie.

Einen Überblick über die Abschlussbestandteile nach IFRS und nach HGB gibt nachfolgendes Schaubild.

IFRS	HGB

- Bilanz
- Gesamtergebnisrechnung
- Eigenkapitalveränderungsrechnung
- Kapitalflussrechnung
- Anhang
 	
keine größen- und rechtsform-abhängigen Befreiungen
 	
- Unternehmen mit **börsennotierten Wertpapieren** haben zusätzlich darzustellen:
  - Ergebnis je Aktie
  - Segmentberichterstattung
	Personengesellschaften, außer solche i. S. v. § 264a
	
	- Bilanz
	- Gewinn- und Verlustrechnung
	
	Kapitalgesellschaften und Personengesellschaften i. S. v. § 264a
	
	- Bilanz
	- Gewinn- und Verlustrechnung
	- Anhang
	
	Konzernabschluss, kapitalmarkt-orientierte Unternehmen
	
	- Bilanz
	- Gewinn- und Verlustrechnung
	- Anhang
	- Kapitalflussrechnung
	- Segmentberichterstattung
	- Eigenkapitalspiegel

Synopse: Abschlussbestandteile

Nach IAS 1 enthält ein vollständiger Abschluss grundsätzlich die folgenden **Bestandteile**:

- ▸ Bilanz
- ▸ Gesamtergebnisrechnung
- ▸ Eigenkapitalveränderungsrechnung
- ▸ Kapitalflussrechnung
- ▸ Anhang.

Der **Lagebericht**, der die wesentlichen Merkmale der Vermögens-, Finanz- und Ertragslage des Unternehmens sowie die wichtigsten Unsicherheiten beschreibt und erläutert, ist nicht zwangsläufig Bestandteil des Jahresabschlusses. Er wird den Unternehmen lediglich empfohlen.

Die IFRS kennen grundsätzlich keine größen- oder rechtsformabhängigen Befreiungen. Allerdings dürfen Unternehmen, deren Dividendenpapiere oder schuldrechtliche Wertpapiere nicht öffentlich gehandelt werden, auf die Segmentberichterstattung gemäß IFRS 8, auf das Ergebnis je Aktie gemäß IAS 33 und auf die Zwischenberichterstattung gemäß IAS 34 verzichten. Der Berichtszeitraum beträgt bezüglich der quantitativen Angaben immer 2 Jahre, da immer Vergleichsinformationen anzugeben sind.

Auf die weitergehende Erläuterung der einzelnen Bestandteile des Jahresabschlusses verzichten wir an dieser Stelle. Die Einzelvorschriften werden im weiteren Verlauf gesondert besprochen.

3. Zielsetzung des Abschlusses

Einen Überblick über die wesentlichen Zielsetzungen des IFRS-Regelwerkes vermittelt nachfolgendes Schaubild. Die diesbezüglichen Regelungen des HGB sind zum Vergleich gegenübergestellt.

IFRS	HGB
Zweck Vermittlung entscheidungsnützlicher Informationen über die Vermögens-, Finanz- und Ertragslage sowie über deren Entwicklung im Zeitablauf.	**Zweck** Darstellung der den tatsächlichen Verhältnissen entsprechenden Vermögens-, Finanz- und Ertragslage, insbesondere unter Wahrung des Gläubigerschutzes, da die Vorschriften eher von der Ermittlung eines unbedenklich ausschüttungsfähigen Gewinnes getragen wird.
Grundannahme ► Periodenabgrenzung ► Unternehmensfortführung	
	Grundannahme ► Periodenabgrenzung ► Unternehmensfortführung
Qualitative Anforderungen ► Verständlichkeit ► Relevanz ► Verlässlichkeit ► Vergleichbarkeit	**Qualitative Anforderungen** ► Klarheit und Übersichtlichkeit ► Vollständigkeit ► Vorsichtsprinzip ► Ausweis- und Bewertungstätigkeit
Kapitalerhaltung ► finanzwirtschaftliche Kapitalerhaltung ► leistungswirtschaftliche Kapitalerhaltung	**Kapitalerhaltung** ► Nominelle Kapitalerhaltung

Synopse: Die wesentlichen Zielsetzungen des Jahresabschlusses

Das Rahmenkonzept erklärt als Ziel von Abschlüssen, Informationen über die Vermögens-, Finanz-und Ertragslage sowie über Veränderungen in der Vermögens-und Finanzlage eines Unternehmens zu geben, die für einen weiten Adressatenkreis für dessen wirtschaftliche Entscheidungen nützlich sind.

Zu diesen **Adressaten** zählt das Rahmenkonzept:

► die Investoren, die das Risikokapital bereitstellen

► die Arbeitnehmer, die sich über die Stabilität und Rentabilität ihres Arbeitgebers informieren wollen

► die Kreditgeber, die beurteilen wollen, ob ihre Darlehen und die damit verbundenen Zinsen fristgerecht zurückgezahlt werden können

► die Lieferanten und andere Gläubiger, die beurteilen wollen, ob die ihnen geschuldeten Beträge bei Fälligkeit zurückgezahlt werden können

► die Kunden, die sich insbesondere mit Blick auf längerfristige Geschäftsbeziehungen davon überzeugen wollen, ob die Fortführung des Unternehmens gesichert ist

► Regierungen und Institutionen benötigen Informationen als Grundlage für die Erstellung von Statistiken

► die Öffentlichkeit, die erfahren möchte, in welcher Form das Unternehmen einen Beitrag zur Stärkung der Wirtschaft leistet.

Insbesondere gehört jedoch der potenzielle Investor zu den Adressaten, deren Informationsbedürfnis im Besonderen Rechnung getragen wird.

Das Rahmenkonzept steht neben den IFRS. Es definiert keine Grundsätze zu Fragen der Bilanzierung, dient aber dem IASB zur Entwicklung von Standards und den Unternehmen zur Findung von Antworten auf solche Fragen, die ein Standard offen gelassen hat.

Als Zielsetzung einer den IFRS entsprechenden Rechnungslegung bestimmt das Rahmenkonzept die zur Verfügungstellung von Finanzinformationen über das berichtende Unternehmen, die für bestehende und potenzielle Investoren, Kreditgeber und andere Gläubiger entscheidungsrelevant sind (F OB.2)

Damit die Ziele auch erreicht und die Erwartungen erfüllt werden, liegen dem Jahresabschluss nach IFRS die Annahmen der **Periodenabgrenzung** (F OB.17-19) und der **Unternehmensfortführung** (F 4.1) zu Grunde. Hierin unterscheidet er sich nicht von den gleichlautenden Annahmen, die auch Grundlage des Abschlusses nach HGB sind.

Periodenabgrenzung besagt, dass die Geschäftsvorfälle in der Periode erfolgswirksam erfasst werden, der sie wiederholt zuzuordnen sind. Als Ausprägung dieses Grundsatzes gilt das „Matching Principle". Danach sollen Aufwendungen und Erträge in der gleichen Periode erfasst werden, wenn sie in einem unmittelbaren sachlichen Zusammenhang zueinander stehen.

Die Annahme der Unternehmensfortführung nach IFRS unterscheidet sich nicht von derjenigen nach HGB.

Bei den **qualitativen Anforderungen** unterscheidet das Rahmenkonzept zwischen grundlegenden qualitativen Anforderungen und weiterführenden qualitativen Anforderungen. Grundlegende **qualitative Anforderungen** sind Relevanz und glaubwürdige Darstellung. Zu den weiterführenden qualitativen Anforderungen gehören die Vergleichbarkeit, die Nachprüfbarkeit, die Zeitnähe und die Verständlichkeit.

Da ein IFRS Abschluss entscheidungsrelevanten Finanzinformationen enthalten soll, müssen diese Informationen vorhersagenden und/oder bestätigenden Charakter haben. Die Rahmengrundsätze nennen als Beispiel die in der Gewinn- und Verlustrechnung enthaltenen Umsatzerlöse, die sowohl die Bestätigung in der Vergangenheit vorhergesagter Entwicklungen als auch die Basis für die Schätzung zukünftiger Entwicklungen sein können. Ebenfalls verlangt die Anforderung der Entscheidungsrelevanz, dass die Informationen vollständig, neutral und fehlerfrei sind (somit glaubwürdig). Dementsprechend müssen wichtige Vorgänge so beschrieben werden, dass ein sachverständiger Dritter sie selbst beurteilen kann. Somit gehört zur vollständigen Darstellung eine Beschreibung des Sachverhalts als auch die Angabe signifikanter Faktoren, sowohl qualitativ als auch quantitativ. Die Darstellung muss auch frei von verzerrenden Einflüssen sein; sie dürfen also nicht einseitig, gewichtet, hervorgehoben, abgeschwächt oder anderweitig manipuliert sein.

Vergleichbarkeit von Finanzinformationen erfordert, dass die Darstellung Ähnlichkeiten bei und Unterschiede zwischen Sachverhalten erkannt und beurteilt werden können. Nachprüfbarkeit bedeutet, dass verschiedene sachverständige und unabhängige Beobachter zu einem übereinstimmenden Ergebnis kommen könnten. Zeitnähe bedeutet, dass Informationen schnellstmöglich zur Verfügung stehen. Je älter Informationen sind, desto weniger nützlich sind sie im Allgemeinen.

Ein Abschluss gilt als **verständlich**, wenn die Informationen auch für den Adressaten leicht nachvollziehbar sind. Es darf allerdings unterstellt werden, dass die Adressaten angemessene Kenntnisse in geschäftlichen und wirtschaftlichen Tätigkeiten sowie in der Rechnungslegung besitzen und bereit sind, die Informationen mit entsprechender Sorgfalt zu lesen. Informationen zu komplexen Themen dürfen nicht deshalb im Jahresabschluss unerwähnt bleiben, weil sie für bestimmte Adressaten zu schwer verständlich sein könnten (F QC.30).

Es sind alle **relevanten** Informationen in den Jahresabschluss aufzunehmen, die wirtschaftliche Entscheidungen der Adressaten beeinflussen könnten. Hierzu gehört auch die Wesentlichkeit einer Information. Informationen gelten als wesentlich (F QC.11), wenn ihr Weglassen oder ihre fehlerhafte Darstellung die auf der Basis des Abschlusses getroffenen wirtschaftlichen Entscheidungen der Adressaten beeinflussen könnten. Dies ist von der Größe des Postens oder der Bedeutung des Fehlers abhängig. Ein konkretes Maß wurde allerdings nicht genannt.

Die Informationen, die dem Jahresabschluss zu entnehmen sind, müssen **verlässlich** sein (F 31 und F 32). Sie dürfen keine wesentlichen Fehler enthalten, sie müssen frei sein von verzerrenden Einflüssen und glaubwürdig darstellen, was sie vorgeben oder was vernünftigerweise inhaltlich von ihnen erwartet werden kann.

Der Begriff Verlässlichkeit schließt auch ein, dass Geschäftsvorfälle entsprechend ihrer tatsächlichen wirtschaftlichen Bedeutung im Jahresabschluss abgebildet und nicht durch eine besondere Darstellung „vernebelt" werden.

Beispiel

Sale and lease back

Es entspricht durchaus den tatsächlichen Verhältnissen, wenn über den Verkauf eines Anlagevermögensteiles berichtet wird. Es widerspräche jedoch der wirtschaftlichen Betrachtungsweise, wenn gegebenenfalls nicht darauf verwiesen würde, dass das betreffende Wirtschaftsgut zurückgemietet und somit vom Unternehmen weiterhin genutzt wird.

Die Informationen, die aus einem Jahresabschluss gewonnen werden, sollen **neutral** dargestellt werden (F QC.14). Neutral sind Informationen dann, wenn sie nicht so aufbereitet werden, dass ein vorher festgelegtes Resultat oder Ergebnis dadurch verifiziert wird.

Die Vermögensgegenstände und die zu erwartenden Erträge sind nicht zu hoch, die Schulden und die zu erwartenden Aufwendungen nicht zu niedrig anzusetzen. Dies entspricht dem **Vorsichtsprinzip**, wie wir es aus der handelsrechtlichen Bilanzierung bereits kennen

Allerdings gestattet die vorsichtige Vorgehensweise nach IFRS nicht, **stille Reserven** zu legen. Dadurch wäre der Abschluss nicht mehr objektiv und würde deshalb das Kriterium der Zuverlässigkeit nicht erfüllen. Das Rahmenkonzept verweist auf die Selbstverständlichkeit, dass im Abschluss alle Informationen enthalten sein müssen, die für die Beurteilung relevant sind.

Als eine ganz wesentliche Anforderung an den Jahresabschluss wird die **Vergleichbarkeit** von Bewertung und Darstellung aller Geschäftsvorfälle innerhalb eines Unternehmens angesehen. Nur dann, wenn das Unternehmen über die Zeit hinweg die Vermögens-, Finanz- und Ertragslage nach denselben Kriterien bilanziert und bewertet, hat der Adressat eine Chance, Tendenzen zu erkennen. Deshalb sind die dem Abschluss zu Grunde gelegten Bilanzierungs- und Bewertungsmethoden, Änderungen bei diesen Methoden und die Auswirkungen solcher Änderungen immer anzugeben (F QC.20 ff.).

So sehr das Erfordernis der Vergleichbarkeit die Vollständigkeit aller Informationen verlangt, bleibt die Notwendigkeit der **zeitnahen Berichterstattung** wichtig.

Zeitnah soll die Berichterstattung deshalb sein, weil die Adressaten, die ihre Entscheidung aufgrund der vorgelegten Abschlüsse zu treffen haben, i. d. R. nicht abwarten können, bis alle Informationen restlos abgesichert sind. Um dieses Risiko zu minimieren, wäre unverhältnismäßig viel Zeit erforderlich. Ähnliches gilt für die Abwägung von Nutzen und Kosten. Der abzuleitende Nutzen aus einer Information, die im Jahresabschluss aufbereitet wird, muss für die Adressaten höher sein als die Kosten für deren Bereitstellung (substance over form) (F QC.35 ff.).

Unter Beachtung der beschriebenen Zielsetzungen wird der Abschluss ein den tatsächlichen Verhältnissen entsprechendes Bild der Vermögens-, Finanz- und Ertragslage des Unternehmens widerspiegeln.

Zur Abrundung sei darauf verwiesen, dass das Rahmenkonzept die beiden denkbaren Kapitalerhaltungskonzepte, nämlich die **nominelle** Kapitalerhaltung (F 4.59a) und die **substantielle** Kapitalerhaltung (F 4.59b) zulässt.

Nach dem Konzept der **substanziellen Kapitalerhaltung** gilt ein Gewinn nur dann als erwirtschaftet, wenn die physische Produktionskapazität des Unternehmens am Ende der Periode höher ist als zu Beginn der Periode.

Die beschriebenen Kapitalerhaltungskonzepte stehen in einem direkten Bezug zu den Bewertungsmaßstäben der Vermögensgegenstände und Schulden. Diese sollen im folgenden Kapitel 4.2 Bewertung der Abschlussposten besprochen werden.

Aufgabe 4 > Seite 165

4. Grundsätze der Ansatz- und Bewertungsvorschriften der Abschlussposten

4.1 Ansatz der Abschlussposten

Welche Abschlussposten in einem Jahresabschluss nach IFRS anzusetzen sind, regelt im Wesentlichen das Rahmenkonzept (vgl. insbesondere Kapitel 4.).

Einen Überblick über die wichtigsten Ansatzregeln nach IFRS und nach HGB gibt nachfolgende Tabelle.

IFRS	HGB
Vermögenswerte	**Vermögensgegenstände**
► Verfügungsmacht über eine Ressource	► unbestimmter Rechtsbegriff
► aus einem Ereignis der Vergangenheit resultierende Ressource	► grundsätzlich dann bilanzierungsfähig, wenn die selbstständige Verwertbarkeit gegeben ist und sachlich und personell dem Bilanzierenden zurechenbar ist
► Erwartung des Zuflusses künftigen wirtschaftlichen Nutzens	

IFRS	HGB
Schulden	**Schulden**
► Vorliegen einer gegenwärtigen Verpflichtung ► Ergebnis eines vergangenen Ereignisses ► Erfüllung der Verpflichtung führt zum Abfluss von Ressourcen mit wirtschaftlichem Nutzen	► unbestimmter Rechtsbegriff ► wirtschaftliche Begründung a) Vorliegen einer wirtschaftlichen Belastung b) Existenz einer Leistungsverpflichtung c) Qualifizierbarkeit der Leistung d) selbstständige Bewertbarkeit
Rechnungsabgrenzungsposten	**Rechnungsabgrenzungsposten**
► nicht vorgesehen als eigenständiger Abschlussposten ► keine Differenzierung zwischen transitorischen und antizipativen Posten ► Ausweis unter den übrigen Vermögenswerten oder übrigen Schulden	► Zahlungen vor dem Abschlussstichtag für einen Aufwand oder einen Ertrag, der für eine bestimmte Zeit nach diesem Stichtag geleistet wurde.
Eigenkapital	**Eigenkapital**
► Restbetrag aus der Gegenüberstellung der Vermögenswerte und Schulden des Unternehmens	► Unterschied zwischen den Buchwerten der Vermögensgegenstände, Schulden, Bilanzierungshilfen und Rechnungsabgrenzungsposten ► laufende Verlustübernahme, Nachrangigkeit und Dauerhaftigkeit sind charakteristische Merkmale
Erträge/Aufwendungen	**Erträge/Aufwendungen**
► umfassen positive/negative Erfolgsbeiträge, welche im oder außerhalb des Rahmens der gewöhnlichen Geschäftstätigkeit eines Unternehmens anfallen und nicht auf Leistungen an und von den Gesellschaftern beruhen	► Allgemein wird Ertrag als Summe der Wertzuwächse aller Vermögenswerte und Dienstleistungen und Aufwand als Verbrauch von Gütern und Dienstleistungen einer Periode definiert.
Für **alle Abschlussposten** gilt:	
► Realisierungswahrscheinlichkeit muss über 50 % liegen. ► Der Wert des Sachverhaltes muss verlässlich ermittelt werden können.	

Als **Abschlussposten** bezeichnet das Rahmenkonzept die in so genannte „große Klassen" zusammengefassten Auswirkungen von Geschäftsvorfällen und anderer Ereignisse. Die in der Bilanz direkt mit der Ermittlung der Vermögenswerte und Finanzanlagen verbundenen Posten sind Vermögenswerte, Schulden und das Eigenkapital. Die in der Gewinn- und Verlustrechnung unmittelbar mit der Bestimmung der Ertragskraft verbundenen Posten sind Erträge und Aufwendungen.

Die im Folgenden beschriebenen Definitionen und Abgrenzungen zu Vermögenswerten, Schulden, Aufwendungen und Erträgen sind subsidiär anzuwenden, das heißt, sie sind erst dann zu berücksichtigen, wenn die entsprechenden IFRS-Standards zur Bilanzierung einzelner Posten keine Regelungen enthalten.

▶ **Vermögenswerte**
Ein Vermögenswert ist dann anzunehmen, wenn das Unternehmen die Verfügungsmacht über eine Ressource innehat, die das Ergebnis aus Ereignissen der Vergangenheit darstellt und von dem erwartet wird, dass dem Unternehmen künftig ein wirtschaftlicher Nutzen zufließt.

Damit gilt der Begriff des Vermögenswertes über den handelsrechtlichen Begriff des Vermögensgegenstandes hinaus. Nach der formulierten Definition sind auch selbst geschaffene immaterielle Vermögenswerte, z. B. Software des Anlagevermögens, zu aktivieren.

Von der Verfügungsmacht über eine Ressource darf grundsätzlich dann ausgegangen werden, wenn zivilrechtliches Eigentum an einem Vermögenswert besteht. Wie dies derzeit nach HGB auch der Fall ist, geht dem zivilrechtlichen Eigentum das wirtschaftliche Eigentum vor. Nach dem Rahmenkonzept ist bei der Beurteilung eines Sachverhaltes der tatsächliche wirtschaftliche Gehalt und nicht seine rechtliche Gestaltung zu berücksichtigen.

Beispiel

(F 4.6):

Im Fall des Finanzierungsleasings kann der Leasingnehmer der tatsächlich wirtschaftlich Nutzende sein. Dies ist dann der Fall, wenn der geleaste Vermögenswert für den Großteil seiner Nutzungsdauer gegen Zahlung einer Gebühr vom Leasingnehmer genutzt werden darf. In diesem Fall wird der Leasinggeber die Gebühr so bemessen, dass sie insgesamt dem beizulegenden Zeitwert des Vermögenswertes entspricht.

Das ist regelmäßig beim so genannten Finanzierungsleasing der Fall. Deshalb ist der Vermögenswert einerseits und eine entsprechende Schuld andererseits in der Bilanz des Leasingnehmers auszuweisen.

Darüber hinaus müssen Vermögenswerte eines Unternehmens das Ergebnis vergangener Geschäftsvorfälle oder andere Ereignisse in der Vergangenheit abbilden. Dies sind regelmäßig Kauf und Produktion. Denkbar sind beispielsweise auch Zuwendungen von Grundstücken und Bauten, die ein Unternehmen vom Staat als Teil eines Programmes zur Förderung des Wirtschaftswachstums erhält oder die Entdeckung von Rohstofflagerstätten (F 4.13).

Das Kriterium **„vergangene Ereignisse"** schließt solche Geschäftsvorfälle von der Bilanzierung aus, deren Eintreten für die Zukunft erwartet wird. Deshalb ist die Absicht, Vermögenswerte zu erwerben, nicht ansatzfähig. Grundsätzlich sind daher auch schwebende Verträge nicht bilanzierungsfähig. Ausnahmen bestehen bei Finanzderivaten (vgl. Kapitel B.2.3.2).

Aufgabe 5 > Seite 165

► **Schulden**
Die **Voraussetzungen** zum Ansatz von Schulden in der Bilanz werden in F 4.4b und F 4.15 ff. beschrieben. Danach gilt eine gegenwärtige Verpflichtung als wesentliches Merkmal einer Schuld. In der Regel handelt es sich dabei um eine rechtliche Verpflichtung aufgrund eines Vertrages, aufgrund einer gesetzlichen, einer faktischen oder wirtschaftlichen Verpflichtung, z. B. aus Kulanz.

Es wird deutlich, dass es sich bei den Verpflichtungen grundsätzlich um eine Außen- oder Drittverpflichtung handeln muss. **Aufwandsrückstellungen** sind demnach nicht denkbar. Als Ausnahme wird in der Literatur die Restrukturierungsrückstellung genannt. Diese ist allerdings nur unter ganz bestimmten Bedingungen zu passivieren. Die dort genannten restriktiven Bedingungen ergeben, dass es sich auch bei Restrukturierungsrückstellungen um eine faktische Verbindlichkeit oder Verpflichtung handeln muss, wenn sie passivierungsfähig sein soll (vgl. Kapitel B.7).

Wie auch nach HGB vorgesehen, entsteht eine **bilanzierungspflichtige Schuld** nur dann, wenn der Grund für die Verpflichtung bereits zum Bilanzstichtag vorliegt. Als weiteres Kriterium für den Ansatz von Schulden ist erforderlich, dass das Unternehmen Ressourcen aufgeben muss, um die Ansprüche der anderen Partei zu erfüllen.

Beispielhaft werden in F 62 die Zahlung flüssiger Mittel, die Übertragung anderer Vermögenswerte, die Erbringung von Dienstleistungen, der Ersatz dieser Verpflichtung durch eine andere Verpflichtung oder die Umwandlung der Verpflichtung in Eigenkapital aufgeführt. Ausnahmsweise kann die Verpflichtung auch dadurch erlöschen, dass der Gläubiger auf seine Ansprüche verzichtet bzw. diese verliert.

Die Bilanzierung von Schulden wird nicht dadurch vermieden, dass deren Höhe durch **Schätzungen** ermittelt werden muss. So werden in F 64 als Schulden auch Rückstellungen für Garantieverpflichtungen und Rückstellungen für Pensionsverpflichtungen genannt.

Der Begriff der Schulden weicht demnach vom handelsrechtlichen Begriff ab.

▶ **Rechnungsabgrenzungsposten**

Das Rahmenkonzept enthält keine Hinweise zum Ansatz von Rechnungsabgrenzungsposten, wie wir diese aus dem HGB kennen. Nach IFRS wird keine Differenzierung zwischen **transitorischen** und **antizipativen Posten** vorgenommen. Allerdings enthalten einzelne IFRS-Standards Regelungen zum Ansatz von Bilanzposten, die weder die Kriterien von Vermögenswerten noch von Schulden erfüllen.

Als **Beispiel für Rechnungsabgrenzungsposten** werden in diesem Zusammenhang die Zuschüsse der öffentlichen Hand (siehe IAS 20.24) oder die Abgrenzung von Gewinnen oder Verlusten aus Sale-and-lease-back-Transaktionen (siehe IAS 17) aufgeführt. Nicht zu den Rechnungsabgrenzungsposten zählen aber ein Disagio oder ein Agio. Die Auf- oder Abschläge sind Bestandteile der Anschaffungskosten des Finanzinstruments und mit diesem einheitlich zu bilanzieren.

▶ **Eigenkapital**

Das Eigenkapital wird als **Restgröße** definiert, das sich nach Abzug aller Schulden von der Summe der vorhandenen Vermögenswerte des Unternehmens ergibt (F 4.4c). Diese Restgröße kann in Gesellschafterbeiträge vor oder nach Verwendung von Gewinnrücklagen sowie in Kapitalerhaltungsrücklagen unterteilt werden. Die Umschreibung des Eigenkapitals als Residualgröße gilt sowohl für Kapitalgesellschaften als auch für andere Rechtsformen, insbesondere auch für Personengesellschaften (F 4.23).

▶ **Ertragskraft**

Das Rahmenkonzept zieht den Gewinn als Maßstab für die Ertragskraft oder als Grundlage für andere Berechnungen, beispielsweise der Verzinsung des eingesetzten Kapitals oder des Ergebnisses je Aktie heran. Der **Gewinn** wird ausgewiesen als Überschuss der Erträge über die Aufwendungen. Dabei werden **Erträge** definiert als die Zunahme des wirtschaftlichen Nutzens in der Berichtsperiode in Form von Zuflüssen oder Erhöhungen von Vermögenswerten oder eine Abnahme von Schulden, die zur Erhöhung des Eigenkapitals führen, welche nicht auf eine Einlage der Anteilseigner zurückzuführen ist (F 4.25a).

Als **Erträge** fasst das Rahmenkonzept Erlöse und andere Erträge zusammen. **Erlöse** fallen im Rahmen der gewöhnlichen Tätigkeit eines Unternehmens an und haben verschiedene Bezeichnungen, zum Beispiel Umsatzerlöse, Dienstleistungsentgelte, Zinsen, Mieten, Dividenden und Lizenzerträge. Andere Erträge sind solche, die ebenfalls die Definition von Erträgen erfüllen. Wie diese sich konkret von den Erlösen unterscheiden, wird nicht gesagt. Es werden lediglich Beispiele aufgezählt (F 29).

Man darf deshalb davon ausgehen, dass neben den oben beispielhaft dargestellten Erlösen, die sich aus dem Unternehmenszweck ergeben, andere Erträge z. B. dann entstehen, wenn Veräußerungserlöse aus langfristigen Vermögenswerten oder unrealisierte Bewertungsgewinne zu Erträgen führen.

Aufwendungen sind ganz allgemein Sachverhalte, die eine Abnahme des wirtschaftlichen Nutzens in der Berichtsperiode zur Folge haben, z. B. in Form von Abflüssen oder Verminderungen von Vermögenswerten, eine Erhöhung von Schulden, wenn sie zu einer Abnahme des Eigenkapitals führen und nicht auf Ausschüttungen an die Anteilseigner zurückzuführen sind (F 25b).

Es ist hierbei zu berücksichtigen, dass die Neubewertung oder Anpassung von Vermögenswerten und Schulden zwar zu einer Veränderung des Eigenkapitals führen kann, aber nicht in die Gewinn- und Verlustrechnung aufzunehmen sind. Stattdessen werden sie im Eigenkapital als Kapitalerhaltungsanpassungen oder Neubewertungsrücklagen geführt (F 4.36).

Als **Voraussetzung** der Bilanzierung von Vermögenswerten und Schulden gelten zwei Kriterien, die beide erfüllt sein müssen, wenn die Positionen in den Jahresabschluss aufgenommen werden sollen (F 38):

- Es muss wahrscheinlich sein, dass ein mit dem Sachverhalt verknüpfter künftiger wirtschaftlicher Nutzen dem Unternehmen zufließen oder von ihm abfließen wird und

- die Anschaffungs- oder Herstellungskosten oder der Wert des Sachverhaltes verlässlich ermittelt werden kann.

In welchem Fall ein Sachverhalt dem Grunde nach als wahrscheinlich zu realisieren beurteilt werden muss, wird auch im Rahmenkonzept nicht konkret erläutert. Die Interpretationen in der Literatur reichen von einer **Realisierungswahrscheinlichkeit** von über 50 % bis hin zu deutlich höheren Werten. Eine abschließende Beurteilung kann hierzu derzeit noch nicht gegeben werden.

Die verlässliche Ermittlung der **Anschaffungs- oder Herstellungskosten** bzw. des Wertes des Sachverhaltes wird in F 4.41 ff. näher beschrieben. Danach sind Schätzungen zur Ermittlung der Anschaffungs-oder Herstellungskosten (z. B. Gruppenbewertung oder Verbrauchsfolgeverfahren bei Vorräten) grundsätzlich dann denkbar, wenn die Schätzungen hinreichend verlässlich zu begründen sind. Falls dies nicht möglich ist, unterbleibt eine Aktivierung (F 4.41).

Aufgabe 6 > Seite 165

4.2 Bewertung der Abschlussposten

Die wesentlichen IFRS-Vorschriften zur Bewertung von Abschlussposten finden sich ebenfalls im Rahmenkonzept (insbesondere F 4.54 ff.).

Einen Überblick über die wichtigsten Bewertungsregeln nach IFRS und nach HGB gibt nachfolgende Übersicht:

IFRS	HGB
Realisierung nach dem Leistungsfortschritt.	**Realisationsprinzip**
Unrealisierte Verluste sind zu berücksichtigen, wenn sie wahrscheinlich und zuverlässig geschätzt werden können.	**Imparitätsprinzip**
Einzelbewertung nicht ausdrücklich kodifiziert, Ausnahmen aus Vereinfachungsgründen zulässig.	**Einzelbewertung** mit Ausnahmen ▸ Gruppenbewertung ▸ Verbrauchsfolgeverfahren ▸ Festbewertung
Vorsichtsprinzip, aber keine Übertreibung des Prinzips zur Legung stiller Reserven.	**Vorsichtsprinzip**
Streng formulierter Anspruch der **Vergleichbarkeit.**	**Vergleichbarkeit**
Wirtschaftliche Betrachtung geht der formaljuristischen Betrachtung vor (Substance over form).	Wirtschaftliche Betrachtung geht der formaljuristischen Betrachtung vor.
Grundsätzlich anzuwendende **Wertmaßstäbe** ▸ historische Anschaffungs- oder Herstellungskosten, vermindert um Abschreibungen ▸ Tageswert ▸ Veräußerungswert (Erfüllungsbetrag) ▸ Barwert	Grundsätzlich anzuwendende **Wertmaßstäbe** ▸ Anschaffungs- oder Herstellungskosten, vermindert um Abschreibungen ▸ niedriger beizulegender Wert ▸ Börsen- oder Marktpreis ▸ steuerlich orientierter Wert

Synopse: Die wesentlichen Bewertungsregeln

Das Rahmenkonzept formuliert lediglich die **Grundsätze der Bewertung** aller Vermögenswerte und Schulden.

Vereinzelte Hinweise auf die Grundsätze der Bewertung finden sich an verschiedenen Stellen des Rahmenkonzeptes. So wird dort auf die Periodenabgrenzung und auf die Unternehmensfortführung als grundsätzliche Annahme hingewiesen.

Eindeutige **Bewertungsregeln** werden im Rahmenkonzept nicht vorgegeben. In F 4.55 werden die folgenden Werte aufgeführt:

▸ historische Anschaffungs- oder Herstellungskosten

▸ Tageswert

➤ Veräußerungswert/Erfüllungsbetrag

➤ Barwert.

Neben diesen vier Wertmaßstäben, die das Rahmenkonzept unterscheidet, werden in einzelnen IFRS-Standards **weitere Wertmaßstäbe** geführt:

➤ fortgeführte Anschaffungskosten – oder Herstellungskosten (IAS 16.30)

➤ Nettoveräußerungswert (IAS 2.4)

➤ Nutzungswert (z. B. IAS 36.6)

➤ erzielbarer Betrag (z. B. IAS 36.6)

➤ beizulegender Zeitwert (z. B. IAS 16.6).

Die letztgenannten Wertmaßstäbe gehen immer den vier grundsätzlichen Bewertungsmaßstäben hinsichtlich ihrer konkreten Verbindlichkeit vor. Sie dürfen jedoch im Ergebnis nicht den grundsätzlichen Bewertungsmaßstäben widersprechen.

Die historischen **Anschaffungs- oder Herstellungskosten** werden mit dem Betrag der entrichteten Zahlungsmittel oder Zahlungsmitteläquivalente bzw. dem Zeitwert der Gegenleistung für ihren Erwerb zum Erwerbszeitpunkt erfasst. Schulden werden mit dem Betrag des im Austausch für die Verpflichtung erhaltenen Erlöses bewertet. Sollte dieser Betrag nicht exakt quantifiziert werden können, ist die Schuld mit dem Betrag an Zahlungsmitteln oder Zahlungsmitteläquivalenten zu bewerten, der im normalen Geschäftsverlauf erwartungsgemäß gezahlt werden muss (F 4.55a).

Der **Tageswert** wird definiert als Betrag an Zahlungsmitteln oder Zahlungsmitteläquivalenten, der für den Erwerb desselben oder eines entsprechenden Vermögenswertes zum gegenwärtigen Zeitpunkt gezahlt werden müsste. Schulden werden dagegen mit dem nicht diskontierten Betrag an Zahlungsmitteln oder Zahlungsmitteläquivalenten angesetzt, der für eine Begleichung der Verpflichtung zum gegenwärtigen Zeitpunkt erforderlich wäre (F 4.55b).

Der **Veräußerungswert** ist der Betrag an Zahlungsmitteln oder Zahlungsmitteläquivalenten, der zum gegenwärtigen Zeitpunkt durch Veräußerung eines Vermögenswertes im normalen Geschäftsverlauf erzielt werden könnte. Schulden werden mit dem Erfüllungsbetrag erfasst, d. h. zum nicht diskontierten Betrag an Zahlungsmitteln oder Zahlungsmitteläquivalenten, der erwartungsgemäß gezahlt werden muss, um die Schuld im normalen Geschäftsverlauf zu begleichen (F 4.55c).

Der **Barwert** ist der Vermögenswert des künftigen Mittelzuflusses, den dieser Posten erwartungsgemäß im normalen Geschäftsverlauf erzielen wird. Schulden werden zum Barwert des künftigen Nettomittelabflusses angesetzt, der erwartungsgemäß im normalen Geschäftsverlauf für die Erfüllung der Schuld erforderlich ist (F 4.55d).

Beispiele zur konkreten Wertermittlung finden sich im Rahmen der Besprechung der Ansatz- und Bewertungsvorschriften der einzelnen Posten des Jahresabschlusses.

5. Erstmalige Anwendung der International Financial Reporting Standards (IFRS 1)

Der IASB hat am 19.06.2003 seinen ersten Standard, den **IFRS 1 (first-time adoption of International Financial Reporting Standards)**, veröffentlicht. Dieser Standard regelt, wie ein Unternehmen erstmalig einen Abschluss nach IFRS zu erstellen hat.

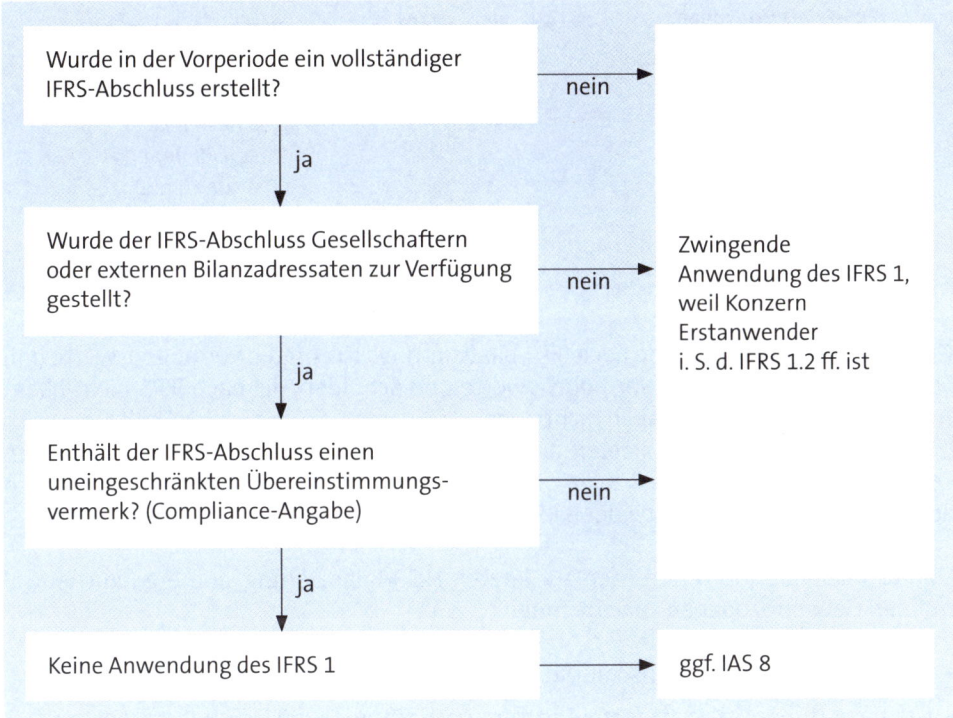

Prüfschema zum Anwendungsbereich des IFRS 1

Ausgangspunkt für die Umstellung auf IFRS ist die Erstellung einer **IFRS-Eröffnungs-bilanz**. Hierbei hat das Unternehmen allerdings die Ansatz- und Bewertungsgrund-sätze der IFRS zu beachten, die am Abschlussstichtag des ersten IFRS-Abschlusses gül-tig sind. Damit muss die Umstellung retrospektiv erfolgen, d. h. alle Vermögenswerte und Schulden müssen bis zur erstmaligen Erfassung in der Bilanz zurückverfolgt wer-den. Hieraus ergeben sich insbesondere folgende Besonderheiten.

Weil der erste IFRS Abschluss zwingend Vorjahresvergleichszahlen enthalten muss, ist neben der IFRS-Eröffnungsbilanz auch eine IFRS-Bilanz für das Vorjahr aufzustellen.

Während die Umstellungsarbeiten spätestens am 01.01. des Vorjahres wegen der Er-stellung einer **IFRS-Eröffnungsbilanz** begonnen werden mussten, sind die anzuwen-denden Standards für den ersten **Berichtsjahresabschluss** auch auf die IFRS-Eröff-nungsbilanz anzuwenden, obwohl diese zum 01.01. des Vorjahres noch nicht bekannt waren.

Die Problematik des Übergangs auf IFRS wird deshalb an folgendem Schaubild verdeutlicht:

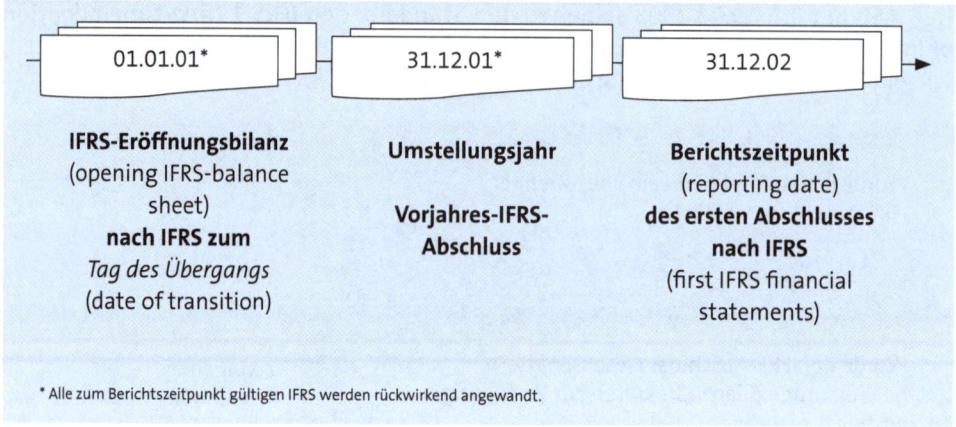

IFRS-Eröffnungsbilanz
(opening IFRS-balance sheet)
nach IFRS zum
Tag des Übergangs
(date of transition)

Umstellungsjahr

Vorjahres-IFRS-Abschluss

Berichtszeitpunkt
(reporting date)
des ersten Abschlusses
nach IFRS
(first IFRS financial statements)

01.01.01*   31.12.01*   31.12.02

* Alle zum Berichtszeitpunkt gültigen IFRS werden rückwirkend angewandt.

Grundsätzlich sind sämtliche nach IFRS bilanzierungspflichtigen Vermögenswerte und Schulden zu erfassen, d. h. Vermögenswerte und Schulden, die nach IFRS nicht bilanzierungsfähig sind, dürfen auch nicht angesetzt werden. Solche Sachverhalte, die nach IFRS unter einem anderen Posten auszuweisen sind als nach bisher angewandtem Recht, sind entsprechend umzuklassifizieren. Alle bilanzierten Vermögenswerte und Schulden sind nach Maßgabe der IFRS zu bewerten.

Daraus resultierende Differenzen zur letzten HGB-Bilanzierung sind ergebnisneutral mit den Gewinnrücklagen zu verrechnen.

► Unternehmenszusammenschlüsse

► Neubewertungen anstatt fortgeführter Anschaffungs- und Herstellungskosten

► Pensionsverpflichtungen

► kumulierte Fremdwährungsdifferenzen

► zusammengesetzte Finanzinstrumente und

► Vermögenswerte und Schulden von Tochterunternehmen, assoziierten Unternehmen und Joint Ventures, wenn deren Muttergesellschaft bereits auf IFRS übergegangen ist.

Für diese Bereiche sieht IFRS 1 umfangreiche **Sonderregelungen** vor.

Daneben verbietet IFRS 1 die retrospektive Anwendung einzelner Regelungen insbesondere im Zusammenhang mit:

► Ausbuchung finanzieller Vermögenswerte und Schulden

► der Bilanzierung von Schätzungen.

Die **Umstellung auf IFRS** ist durch Überleitungsrechnungen des Eigenkapitals und der Gewinn- und Verlustrechnung in den Angaben (notes) zu erläutern. Der erste IFRS-Abschluss besteht demnach aus folgenden Bestandteilen:

	IFRS-EB 01.01.01	IFRS-Vorjahresabschluss 31.12.02	1. IFRS Abschluss 31.12.03
Bilanz	optional	✔	✔
Gesamtergebnisrechnung		✔	✔
Eigenkapitalveränderungsrechnung		✔	✔
Kapitalflussrechnung		✔	✔
Anhang		✔	✔
Überleitung des Eigenkapitals	✔	✔	
Überleitung des Jahresergebnisses		✔	

Zur Umstellung des Rechnungswesens auf IFRS sind erhebliche Vorbereitungen notwendig. Im Nachfolgenden werden hierzu die Jahresabschlussbestandteile ausführlich besprochen.

Aufgabe 7 > Seite 166

B. Bilanz und Anhang

1. Anlagevermögen

1.1 Ausweis des Anlagevermögens

Das Anlagevermögen setzt sich nach IFRS und HGB aus **folgenden Hauptposten** zusammen:

IFRS	HGB
Immaterielle Vermögenswerte	Immaterielle Vermögensgegenstände
Sachanlagen	Sachanlagen
Als Finanzinvestitionen gehaltene Immobilien	
Finanzanlagen	Finanzanlagen
Nach der Equity-Methode bilanzierte Finanzanlagen	
Biologische Vermögenswerte	

Während das HGB in § 266 HGB eine Mindestgliederung enthält, stellt IAS 1 die Gliederung frei, verlangt aber mindestens den gesonderten Ausweis der oben aufgeführten Posten. Das deutsche HGB verlangt nicht den gesonderten Ausweis der „Als Finanzinvestitionen gehaltene Immobilien" und der „Biologischen Vermögenswerte". Der Posten „Als Finanzinvestitionen gehaltene Immobilien" enthält Immobilien, die zur Erzielung von Mieteinnahmen und/oder zum Zwecke der Wertsteigerung gehalten werden (vgl. insbesondere IAS 40 „Als Finanzinvestition gehaltene Immobilien").

1.2 Immaterielle Vermögenswerte

Die Bilanzierung Immaterieller Vermögenswerte regelt insbesondere der **Standard IAS 38**, aber auch folgende Standards betreffen die immateriellen Vermögenswerte:

- ► IFRS 3 Unternehmenszusammenschlüsse bzgl. der derivativen Firmenwerte
- ► IFRS 6 Exploration und Evaluierung von Bodenschätzen bzgl. der Bohrrechte
- ► IAS 20 Bilanzierung und Darstellung von Zuwendungen der öffentlichen Hand bzgl. öffentlicher Zuschüsse
- ► IAS 36 Wertminderungen von Vermögenswerten bzgl. außerplanmäßiger Abschreibungen und Zuschreibungen
- ► IAS 23 Fremdkapitalkosten.

1.2.1 Ansatz von immateriellen Vermögenswerten

IAS 38.8 definiert einen immateriellen Vermögenswert als einen **identifizierbaren, nicht monetären** Vermögenswert **ohne physische Substanz**.

Ein Ansatzgebot ergibt sich immer dann, wenn die drei folgenden Ansatzkriterien **kumulativ** erfolgt sind:

► Das Gut ist ein immaterieller Vermögenswert im Sinne der Definition des IAS 38.8, das Unternehmen verfügt über die wirtschaftliche **Verfügungsmacht**.

► Der **künftige Nutzen** aus dem immateriellen Vermögenswert fließt dem Unternehmen wahrscheinlich zu.

► Die Kosten des immateriellen Vermögenswertes sind zuverlässig messbar **(Identifizierbarkeit)**.

Sobald eines der Aktivierungskriterien nicht erfüllt ist, besteht nach IFRS ein **Aktivierungsverbot**.

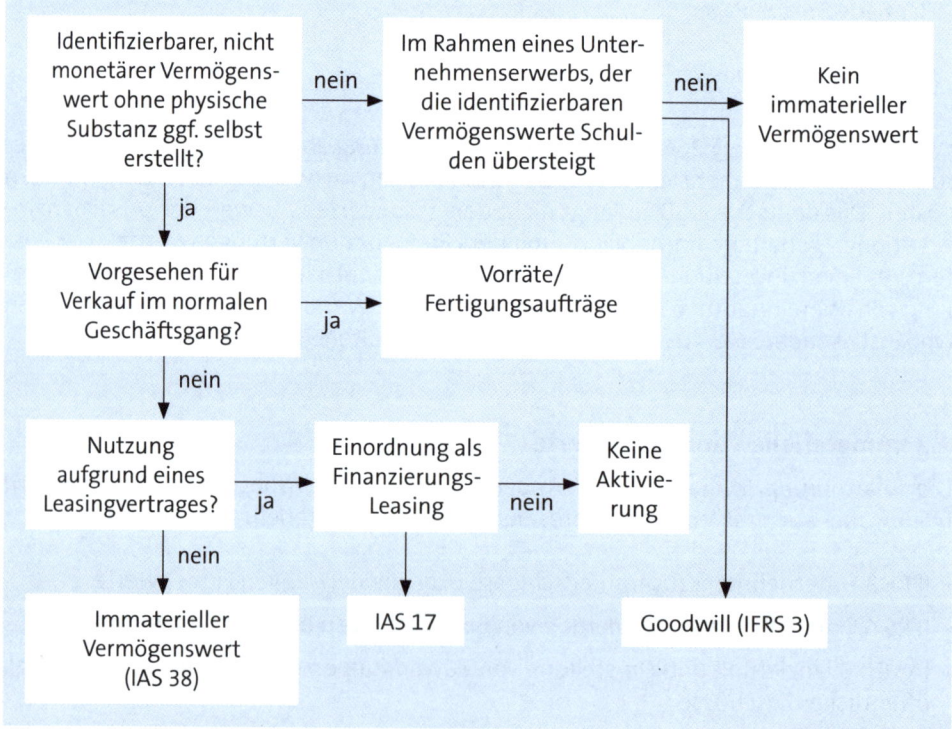

Prüfschema immaterielle Vermögenswerte

1.2.1.1 Aktivierungsverbote

Sowohl nach HGB als auch IFRS gilt ein generelles Aktivierungsverbot für Gründungs-kosten, Aufwendungen für die Ingangsetzung des Geschäftsbetriebs und dessen Erweiterung, für Kosten der Reorganisation, Aus- und Weiterbildung, Werbeaktivitäten, den originären Firmenwert und ähnliche Aktivitäten wie selbst geschaffene Markennamen, Drucktitel, Verlagsrechte, Kundenlisten. Zwar fließt aus diesen Aktivitäten ein künftiger wirtschaftlicher Nutzen, allerdings sind nach Auffassung des Board nicht alle weiteren Aktivierungskriterien erfüllt. Somit ist kein immaterieller Vermögenswert oder sonstiger Vermögenswert erworben oder geschaffen worden, der angesetzt werden kann (vgl. IAS 38.69).

1.2.1.2 Firmenwerte

Nach IFRS sind derivative Firmenwerte grundsätzlich aktivierungspflichtig. Hierbei unterscheidet IFRS 3 nicht nach Vorschriften für Einzel- und Konzernabschluss.

Nach IFRS 3 darf ein erworbener Firmenwert nicht planmäßig abgeschrieben werden, sondern muss jährlich einer Werthaltigkeitsprüfung gemäß IAS 36 unterzogen werden. Die Verpflichtung zu einer Werthaltigkeitsprüfung bei Vorliegen von Anzeichen für eine Wertminderung bestehen davon unabhängig fort. Zu IAS 36 Wertminderungen von Vermögenswerten vgl. die Ausführungen unter Sachanlagen.

Anders als nach HGB ist ein **negativer goodwill** sofort ertragswirksam aufzulösen, wenn sich ein solcher nach Ansatz und Bewertung der erworbenen Vermögenswerte und Schulden ergibt.

Originäre Firmenwerte dürfen nach IAS 38 und HGB nicht angesetzt werden. Hierzu zählen auch selbst geschaffene Markennamen, Drucktitel, Verlagsrechte, Kundenlisten sowie ihrem Wesen nach ähnliche Sachverhalte des Anlagevermögens, weil sie nicht zweifelsfrei vom originären Firmenwert unterschieden werden können.

1.2.1.3 Selbst erstellte immaterielle Vermögenswerte

Stellt ein Unternehmen einen immateriellen Vermögenswert selbst her, so ist dieser prinzipiell ansatzpflichtig. Hierfür ist zunächst zu unterscheiden, ob sich die Herstellung des Vermögenswertes in der **Forschungsphase** oder in der **Entwicklungsphase** befindet. Für Forschungsausgaben besteht ein generelles Aktivierungsverbot.

Befindet sich der selbst erstellte immaterielle Vermögenswert noch in der Entwicklungsphase, besteht ein Ansatzgebot, wenn die Erfüllung von sechs Ansatzkriterien **kumulativ** nachgewiesen wird:

▶ die **technische Realisierbarkeit** des Projektes, sodass es nutzbar oder veräußerbar wird

▶ die **Absicht** des Unternehmens, dies auch zu tun

- die Fähigkeit des Unternehmens, das Projekt auch tatsächlich **nutzbar zu machen** oder zu veräußern

- der Nachweis eines Marktes für das Projekt, bzw. ggf. die interne **Nutzbarmachung**

- ausreichende Verfügbarkeit von adäquaten technischen, finanziellen oder sonstigen **Ressourcen**, um das Projekt zur Einsatzbereitschaft bzw. zum Verkauf zu bringen

- die **zuverlässige Ermittlung** der zurechenbaren Kosten während der Entwicklungsphase.

Aufgabe 8 > Seite 166

1.2.2 Bewertung von immateriellen Vermögenswerten

Die Bewertungsvorschriften des IAS 38 lassen sich nach Zugangs- und Folgebewertung systematisieren.

IFRS	HGB
Zugangsbewertung Anschaffungs- oder Herstellungskosten	**Zugangsbewertung** Anschaffungs- oder Herstellungskosten Aktivierungswahlrecht bei Herstellung selbsterstellter immaterieller Vermögensgegenstände
Folgebewertung Wahlrecht zwischen Anschaffungskostenmodell und Neubewertungsmodell bei beiden Modellen planmäßige und ggfs. außerplanmäßige Abschreibungen oder Zuschreibungen (Ausnahme: derivativer Geschäfts- oder Firmenwert) Unterscheidung nach immateriellen Vermögenswerten mit unbegrenzter und begrenzter Nutzungsdauer bei immateriellen Vermögenswerten mit unbegrenzter Nutzungsdauer keine planmäßigen Abschreibungen (sog. impairment only model)	**Folgebewertung** Fortgeführte Anschaffungskosten planmäßige und ggfs. außerplanmäßige Abschreibungen oder Zuschreibungen (Ausnahme: derivativer Geschäfts- oder Firmenwert)

Synopse: Bewertung von immateriellen Vermögenswerten

1.2.2.1 Zugangsbewertung

Immaterielle Vermögenswerte sind bei Zugang grundsätzlich mit ihren **Anschaffungs- oder Herstellungskosten** zu bewerten. Die Bewertung zum beizulegenden Zeitwert bzw. Marktwert (fair value) ist zu diesem Zeitpunkt grundsätzlich verboten. Es sei denn, es handelt sich um im Rahmen eines Unternehmenserwerbs oder mithilfe öffentlicher Zuschüsse angeschaffte Vermögenswerte. Diese dürfen bereits zum Zugangszeitpunkt mit dem beizulegenden Wert bewertet werden.

Die konkrete **Ermittlung** der Anschaffungs- bzw. Herstellungskosten lässt sich nach verschiedenen Erwerbsarten systematisieren:

- gesonderte Anschaffung
- Erwerb im Rahmen eines Unternehmenserwerbs
- Herstellung
- öffentliche Zuschüsse zum Erwerb
- Tauschgeschäfte.

Die Ermittlung der Anschaffungskosten für die **gesonderte Anschaffung, Tauschgeschäfte** und die Ermittlung von **Herstellungskosten** entsprechen dem Sachanlagevermögen, sodass auf die dortigen Ausführungen verwiesen wird.

1.2.2.1.1 Zugangsbewertung bei Zuwendungen der öffentlichen Hand

Es kann ein immaterieller Vermögenswert durch eine Zuwendung der öffentlichen Hand kostenlos oder zum Nominalwert der Gegenleistung erworben werden. So teilweise geschehen bei der UMTS-Lizenzenvergabe oder bei der Vergabe von Fernseh- und Rundfunkrechten oder Flughafenlanderechten.

Gemäß IAS 20 Bilanzierung und Darstellung von Zuwendungen der öffentlichen Hand besteht ein **Wahlrecht**, sowohl den immateriellen Vermögenswert als auch die Zuwendung (passivischer Abgrenzungsposten) zunächst mit dem beizulegenden Zeitwert anzusetzen oder den Anschaffungswert des immateriellen Vermögenswertes um den Betrag der öffentlichen Zuschüsse zu reduzieren, zuzüglich aller direkt zurechenbaren Kosten für die Vorbereitung des Vermögenswertes auf seinen beabsichtigten Gebrauch.

1.2.2.2 Folgebewertung

Für die Folgebewertung gewährt IAS 38 ein Wahlrecht zwischen dem Anschaffungskostenmodell und dem Neubewertungsmodell. Beim Anschaffungskostenmodell sind die immateriellen Vermögenswerte unter Beachtung der Vorschriften für die Zugangsbewertung mit ihren **fortgeführten Anschaffungs- oder Herstellungskosten** zu bewerten. Das Neubewertungsmodell ist zulässig, wenn für die neu zu bewertenden immateriellen Vermögenswerte ein aktiver Markt besteht.

Die zusätzliche Anwendungsvoraussetzung der Existenz aktiver Märkte für die Neubewertungsmethode schränkt deren Bedeutung für die Praxis allerdings drastisch ein. So betont IAS 38, dass für immaterielle Vermögenswerte normalerweise keine aktiven Märkte bestehen, sodass die Neubewertungsmethode bei der Bewertung von immateriellen Vermögenswerten nur in sehr seltenen Fällen (bspw. Fischereirechte, Taxilizenzen, Speditionsrechte) praktisch relevant ist.

Bei der Folgebewertung ist zu prüfen, ob die Nutzungsdauer des immateriellen Vermögenswertes zeitlich begrenzt oder zeitlich unbegrenzt ist. **Immaterielle Vermögenswerte mit einer begrenzten Nutzungsdauer sind planmäßig abzuschreiben, hingegen immaterielle Vermögenswerte mit einer unbegrenzten Nutzungsdauer nicht.**

Die Abschreibung beginnt mit der Nutzung des Vermögenswertes. Es ist eine Abschreibungsmethode zu wählen, die der Abnutzung am besten gerecht wird, ansonsten ist linear abzuschreiben. Der **Restwert** ist nur dann mit Null anzunehmen, wenn am Ende der Nutzungsdauer kein aktiver Markt besteht. Die Nutzungsdauer und Abschreibungsmethode ist zu jedem Geschäftsjahresende spätestens zu überprüfen.

Darüber hinaus unterliegen immaterielle Vermögenswerte den Regelungen nach IAS 36 zu **außerplanmäßigen Abschreibungen**. Vgl. hierzu die Ausführungen unter Sachanlagen.

1.2.3 Angaben zu immateriellen Vermögenswerten

Wegen der Häufigkeit gleichlautender Normen verweisen wir auf unsere Ausführungen bei den Sachanlagen.

Weitere **Angabepflichten** betreffen u. a.:

► die Benennung einzelner immaterieller Vermögenswerte, die für das Unternehmen von wesentlicher Bedeutung sind

► den Gesamtbetrag der Forschungs- und Entwicklungskosten, die im Geschäftsjahr aufwandswirksam erfasst wurden

► umfangreiche Angaben durch eine Überleitungsrechnung des Buchwertes zu Beginn und zum Ende der Berichtsperiode.

1.3 Sachanlagen

Sachanlagen sind insbesondere in Standard IAS 16 geregelt, aber auch folgende Standards betreffen die Regelungen zu Sachanlagen:

► IAS 17 Leasingverhältnisse

► IAS 40 Als Finanzinvestitionen gehaltene Immobilien

► IAS 41 Landwirtschaft

- IAS 20 Bilanzierung und Darstellung von Zuwendungen der öffentlichen Hand
- IAS 36 Wertminderungen von Vermögenswerten
- IAS 23 Fremdkapitalkosten
- IFRS 5 Zur Veräußerung gehaltene langfristige Vermögenswerte und aufgegebene Geschäftsbereiche
- IFRS 6 Exploration und Evaluierung von Bodenschätzen.

IAS 16 definiert **Sachanlagen** als materielle Vermögenswerte,

- die ein Unternehmen für Zwecke der Herstellung oder der Lieferung von Gütern und Dienstleistungen, zur Vermietung an Dritte oder für Verwaltungszwecke besitzt
- und die erwartungsgemäß länger als eine Periode genutzt werden.

1.3.1 Ansatz von Sachanlagen

Die Vermögenswerte des Sachanlagevermögens sind zu aktivieren, wenn

- dem Unternehmen aus der Nutzung des Vermögenswertes künftig wirtschaftliche Vorteile zufließen und
- die Anschaffungs- oder Herstellungskosten zuverlässig bestimmbar sind (IAS 16.7).

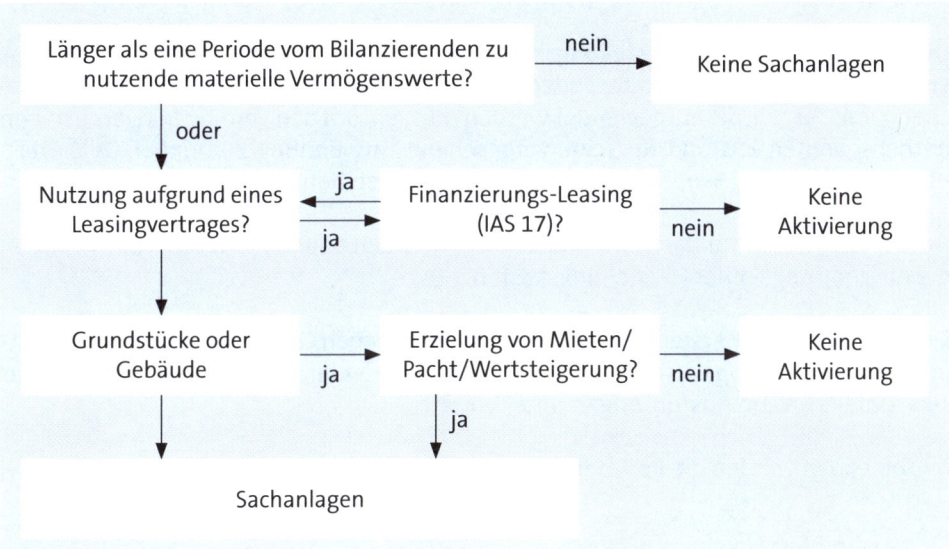

Prüfschema Sachanlagen

Besteht ein Vermögenswert aus Teilen, die unterschiedliche Nutzungsdauern aufweisen und sich wertmäßig erheblich unterscheiden (z. B. Flugzeugrumpf und Triebwerke), sind diese gesondert zu aktivieren (sog. component approach).

1.3.2 Bewertung von Sachanlagen

Die Bewertungsvorschriften des IAS 16 lassen sich nach Zugangs- und Folgebewertung systematisieren.

IFRS	HGB
Zugangsbewertung	**Zugangsbewertung**
Anschaffungs- oder Herstellungskosten	Anschaffungs- oder Herstellungskosten
Folgebewertung	**Folgebewertung**
fortgeführte Anschaffungs- oder Herstellungskosten oder regelmäßige Neubewertung	fortgeführte Anschaffungs- oder Herstellungskosten, Neubewertung nicht zulässig
planmäßige Abschreibung über Nutzungsdauer	planmäßige Abschreibung über Nutzungsdauer
gegebenenfalls außerplanmäßige Abschreibung oder Zuschreibung	gegebenenfalls außerplanmäßige Abschreibung oder Zuschreibung

Synopse: Bewertung von Sachanlagen

1.3.2.1 Zugangsbewertung

Eine Sachanlage, die als Vermögenswert anzusetzen ist, ist bei der erstmaligen Erfassung mit seinen Anschaffungs- oder Herstellungskosten zu bewerten (IAS 16.15).

Die **Anschaffungs- oder Herstellungskosten** einer Sachanlage umfassen den Kaufpreis einschließlich Eingangsfrachten oder Transportversicherungen und alle direkt zurechenbaren Kosten, die aufgewendet werden müssen, um den Vermögenswert in einen betriebsbereiten Zustand für seine vorgesehene Verwendung zu bringen. Alle Preisnachlässe, Boni und Skonti sind vom Kaufpreis abzuziehen.

Geschätzte Kosten für die Demontage sowie Abbruch oder Restrukturierung erhöhen die Anschaffungs- oder Herstellungskosten.

Die **Ermittlung** der Herstellungskosten folgt den gleichen Grundsätzen, wie die Ermittlung der Anschaffungskosten. IAS 16 verweist insbesondere auf IAS 2, Vorräte, vgl. hierzu ebenfalls unsere Ausführungen unter Vorräte.

Im Folgenden werden die **Besonderheiten der IFRS-Bewertung** erläutert.

1.3.2.1.1 Komponentenansatz

Besteht ein Vermögenswert aus mehreren unselbstständigen Bestandteilen, ist es nach IAS 16 erforderlich, den Vermögenswert für Zwecke der planmäßigen Abschreibung in seine Bestandteile aufzuteilen. Dieser Komponentenansatz ist aber auf wesentliche Bestandteile eines Vermögenswertes begrenzt oder wenn ihr Anteil an den Anschaffungs- oder Herstellungskosten bedeutend ist. Eine solche Aufteilung ist in der Regel geboten bei Großanlagen oder Flugzeugen, also Sachanlagen, die durch regelmäßigen Austausch oder Erneuerung lange Nutzungsdauern aufweisen.

Der Komponentenansatz ist auch anzuwenden auf die Kosten für Großinspektionen oder Generalüberholungen, sofern sie Bestandteil des Erwerbs oder Kosten der Herstellung sind.

Aufgabe 9 > Seite 166

1.3.2.1.2 Nachträgliche Anschaffungs- oder Herstellungskosten

Nachträgliche Ausgaben für eine schon bilanzierte Sachanlage sind dem Buchwert des Vermögenswertes hinzuzurechnen, wenn es wahrscheinlich ist, dass über die ursprünglich bemessene Ertragskraft des vorhandenen Vermögenswertes hinaus zusätzlicher künftiger wirtschaftlicher Nutzen dem Unternehmen zufließen wird. Alle anderen nachträglichen Ausgaben sind in der Periode, in der sie anfielen, als Aufwand zu erfassen.

Diese Regelungen sind weitestgehend mit den Regelungen im deutschen Handelsrecht zur wesentlichen Verbesserung eines Vermögensgegenstandes identisch.

1.3.2.1.3 Entsorgungsverpflichtungen

Abbruch- und Entsorgungsverpflichtungen, die gemäß IAS 37 als Rückstellung passiviert sind, sind den Anschaffungs- oder Herstellungskosten zuzurechnen. Im Ergebnis wird die Rückstellungsbildung damit neutralisiert. Die aufwandswirksame Verrechnung erfolgt über das erhöhte Abschreibungsvolumen des Vermögenswertes, was einer Ansammlungsrückstellung nach deutschem Handelsrecht gleichkommt (*Heuser/Theile*).

1.3.2.1.4 Bilanzierung von Zuwendungen der öffentlichen Hand

Zuwendungen der öffentlichen Hand (z. B. Investitionszuschüsse) für Vermögenswerte sind in der Bilanz entweder von den Anschaffungs- und Herstellungskosten des Vermögenswertes abzusetzen oder als passivischer Abgrenzungsposten darzustellen (IAS 20.12). Das heißt, eine sofortige erfolgswirksame Vereinnahmung wie sie nach HGB zulässig ist, ist nach IFRS nicht möglich.

1.3.2.1.5 Vermögenswerte im Rahmen eines Tausches

Nach der Neuregelung des IAS 16 hängen die Anschaffungskosten eines Vermögenswertes beim Tausch nicht mehr von der Art des erhaltenen Vermögenswertes ab, sondern sind grundsätzlich zum beizulegenden Zeitwert (fair value) zu bewerten. Die Altregelung des IAS 16 behandelte beim Tausch von ähnlichen Vermögenswerten den Vorgang immer erfolgsneutral. Bei der Neuregelung kommt es beim Tausch von Vermögenswerten regelmäßig zur erfolgswirksamen Verbuchung. Bedingung hierfür ist, dass es

▸ dem Tauschgeschäft nicht an wirtschaftlicher Substanz fehlt oder

▸ der beizulegende Wert eines der Vermögenswerte verlässlich messbar ist.

Wirtschaftliche Substanz ist anzunehmen, wenn die Cashflows des erhaltenen Vermögenswertes eine andere Spezifikation hinsichtlich Risiko, Timing und Betrag haben, als der übertragene Vermögenswert oder der unternehmensspezifische Wert eines Teiles der Geschäftstätigkeit des Unternehmens sich durch den Tausch ändert und die jeweilige Änderung im Vergleich zum beizulegenden Wert der getauschten Vermögenswerte wesentlich sind.

Eine **verlässliche Ermittlung** des beizulegenden Wertes ist bereits erfüllt, wenn die Bandbreite an Schätzwerten gering ist.

Ist die Bestimmung beider Vermögenswerte des Tausches möglich, ist i. d. R. der beizulegende Wert des hingegebenen Tauschobjektes anzusetzen.

Aufgabe 10 > Seite 167

1.3.2.1.6 Bilanzierung von Leasingverhältnissen

Die Bilanzierung von Leasingverträgen orientiert sich im deutschen Handelsrecht i. d. R. nach den steuerlichen Leasing-Erlassen. Auch die Zurechnungskriterien nach IAS 17 sind den deutschen steuerrechtlichen Regelungen ähnlich.

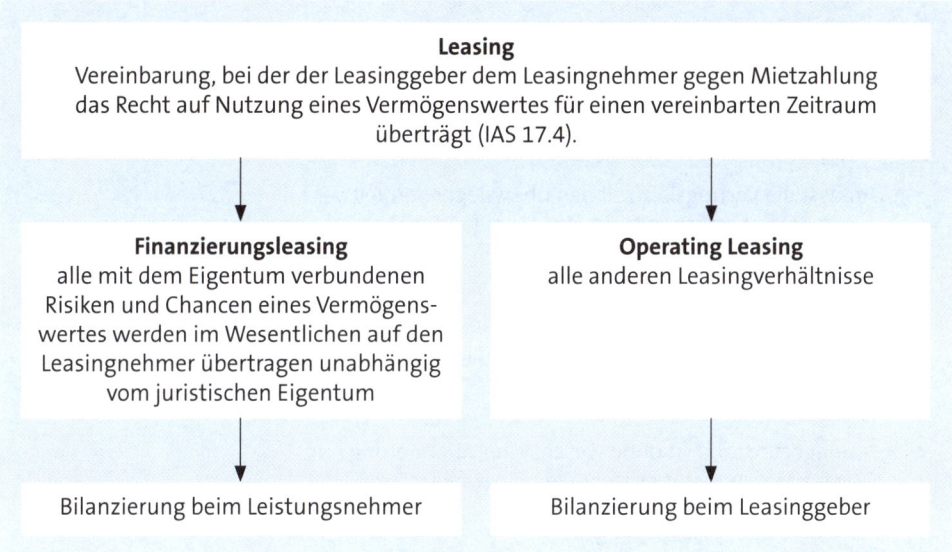

Für die Zuordnung des Leasinggegenstandes zum Leasinggeber bzw. zum Leasingnehmer kommt es auf die **Klassifizierung des Leasingvertrages** als Finanzierungsleasing oder Operating Leasing an.

Die Zuordnung zum Leasingnehmer bzw. -geber richtet sich nach dem wirtschaftlichen Sachverhalt, d. h. danach, wie die mit dem Eigentum am Leasinggegenstand verbundenen Risiken und Chancen auf die einzelnen Parteien verteilt sind. IAS 17 folgt hier also dem handelsrechtlichen Grundsatz des wirtschaftlichen Eigentums.

Wird der Leasingvertrag als Finanzierungsleasing klassifiziert, erfolgt die Zurechnung beim Leasingnehmer, im Falle des Operating Leasing beim Leasinggeber.

IAS 17 definiert **Finanzierungsleasing** als ein Leasingverhältnis, bei dem im Wesentlichen alle mit dem Eigentum verbundenen Risiken und Chancen eines Vermögenswertes übertragen werden, also wirtschaftlich einen Finanzkauf darstellt. Es kommt nicht darauf an, ob letztendlich das Eigentumsrecht übertragen wird oder nicht.

Um ein **Operating Leasing** handelt es sich immer dann, wenn es sich nicht um ein Finanzierungsleasing handelt, d. h. immer dann, wenn keine Übertragung aller wesentlichen Risiken und Chancen an den Leasingnehmer erfolgt, was wirtschaftlich einem Mietverhältnis gleichkommt.

Nach IAS 17 sind Leasingverhältnisse wie folgt zu klassifizieren:

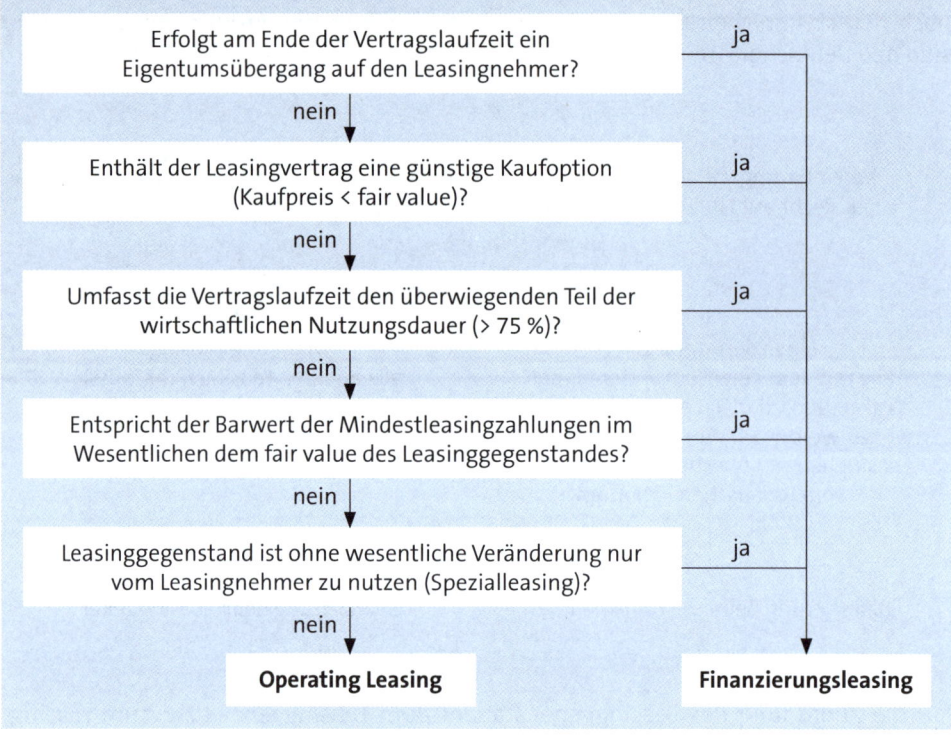

Beim Finanzierungsleasing aktiviert der **Leasingnehmer** das Leasingverhältnis zum beizulegenden Zeitwert bzw. zum niedrigeren Barwert der Mindestleasingzahlungen und passiviert eine Verbindlichkeit in gleicher Höhe. Die **Abzinsung** erfolgt mit dem Leasingzinsfuß (implicit rate), sofern der Zinssatz dem Leasingnehmer bekannt ist. Anderenfalls gilt der Zinssatz, den der Leasingnehmer für einen kreditfinanzierten Kauf des Leasinggegenstandes hätte aufwenden müssen. Die **Leasingraten** sind in einen Zins- und in einen Tilgungsanteil aufzuteilen, wobei die Zinsen so auf die Laufzeit des Leasingverhältnisses aufzuteilen sind, dass auf den jeweiligen Restbuchwert der Verbindlichkeit ein konstanter Zinssatz entfällt, wobei Näherungsverfahren zulässig sind.

Aufgabe 11 > Seite 167

Bei Operating Leasing-Verträgen ist der Leasinggegenstand beim Leasinggeber zu bilanzieren. Der Leasinggeber aktiviert das Leasingverhältnis als Forderung in Höhe der Mindestleasingraten, abzüglich des noch nicht realisierten Zinsanteils. Der Zinsanteil ist über die Laufzeit zu verteilen. Die Einzahlungen der Leasingraten sind in einen Zins- und einen Forderungstilgungsanteil aufzuteilen.

Aufgabe 12 > Seite 167

Auch beim so genannten **Sale-and-lease-back-Verfahren** ist auf die jeweilige Leasingform abzustellen. Im Falle eines Finanzierungsleasing ist ein etwaig entstehender Verkaufsgewinn passivisch abzugrenzen und über die Restlaufzeit aufzulösen, weil aus betriebswirtschaftlicher Sicht der Finanzierungsvorgang im Vordergrund steht.

Beim Sale-and-lease-back-Verfahren mit anschließendem Operating Leasing bestehen nach IAS 17 eine Reihe von **Regelungen zur Ertragsrealisation**:

▸ Sind Leasingraten und Verkaufspreis zum beizulegenden Wert angesetzt, erfolgt eine sofortige Ergebnisrealisierung.

▸ Liegt der Verkaufspreis unter dem beizulegenden Wert, erfolgt grundsätzlich eine Verlustrealisierung, es sei denn, der Verlust wird durch künftige Mieten, die unter dem Marktpreis liegen, ausgeglichen. In diesem Falle ist ein Abgrenzungsposten zu bilden.

▸ Liegt der Verkaufspreis über dem beizulegenden Wert, so ist eine Abgrenzung des Gewinns über den Leasingzeitraum erforderlich.

▸ Liegt der Verkehrswert aber unter dem Buchwert, ist diese Differenz umgehend als Verlust zu realisieren.

Die folgenden Abbildungen sollen dies grafisch veranschaulichen (*Heuser/Theile*).

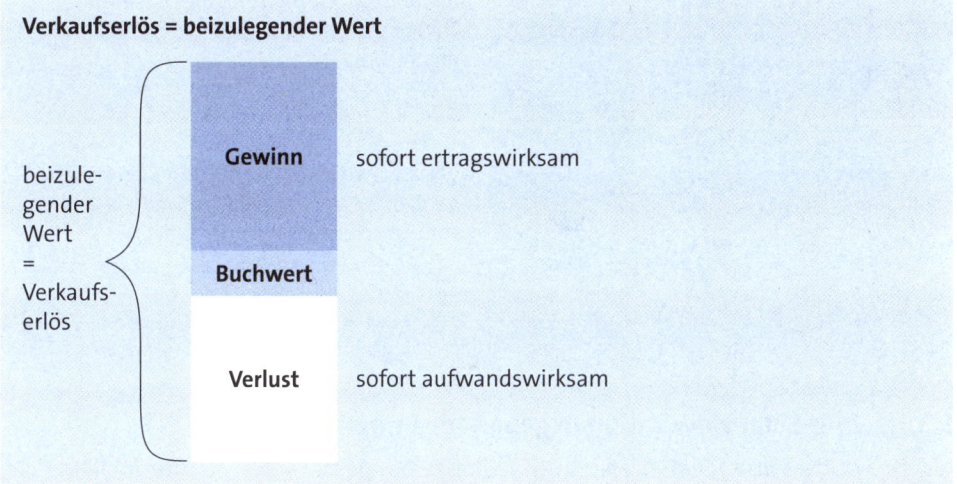

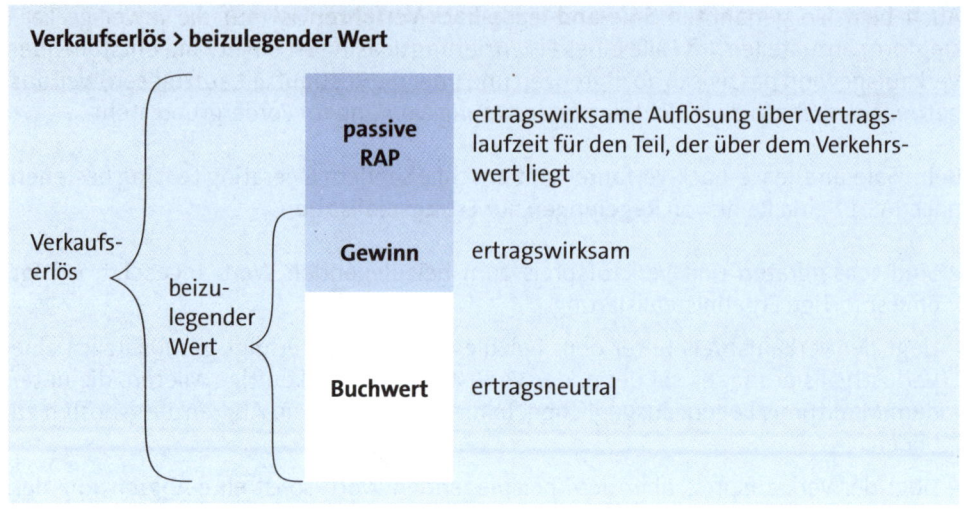

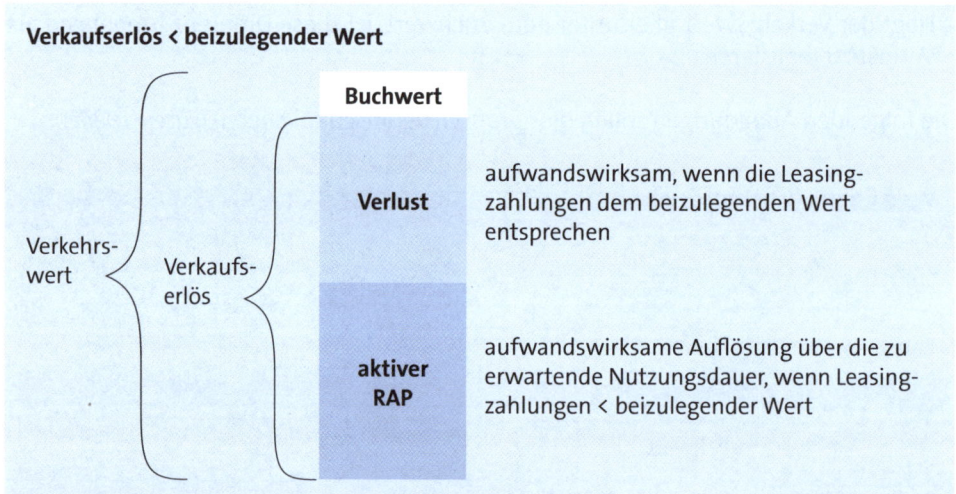

1.3.1.1.7 Als Finanzinvestitionen gehaltene Immobilien

Als Finanzinvestition gehaltene Immobilien sind gemäß IAS 40 Immobilien, die vom Eigentümer oder vom Leasingnehmer im Rahmen eines Finanzierungsleasingverhältnisses zur **Erzielung von Mieteinnahmen** und/oder zum **Zwecke der Wertsteigerung** gehalten werden und nicht:

► zur Herstellung oder Lieferung von Gütern bzw. der Erbringung von Dienstleistungen oder für Verwaltungszwecke; oder

► zum Verkauf im Rahmen der gewöhnlichen Geschäftstätigkeit des Unternehmens.

Entscheidungsbaum für die **Klassifizierung von Immobilienarten**:

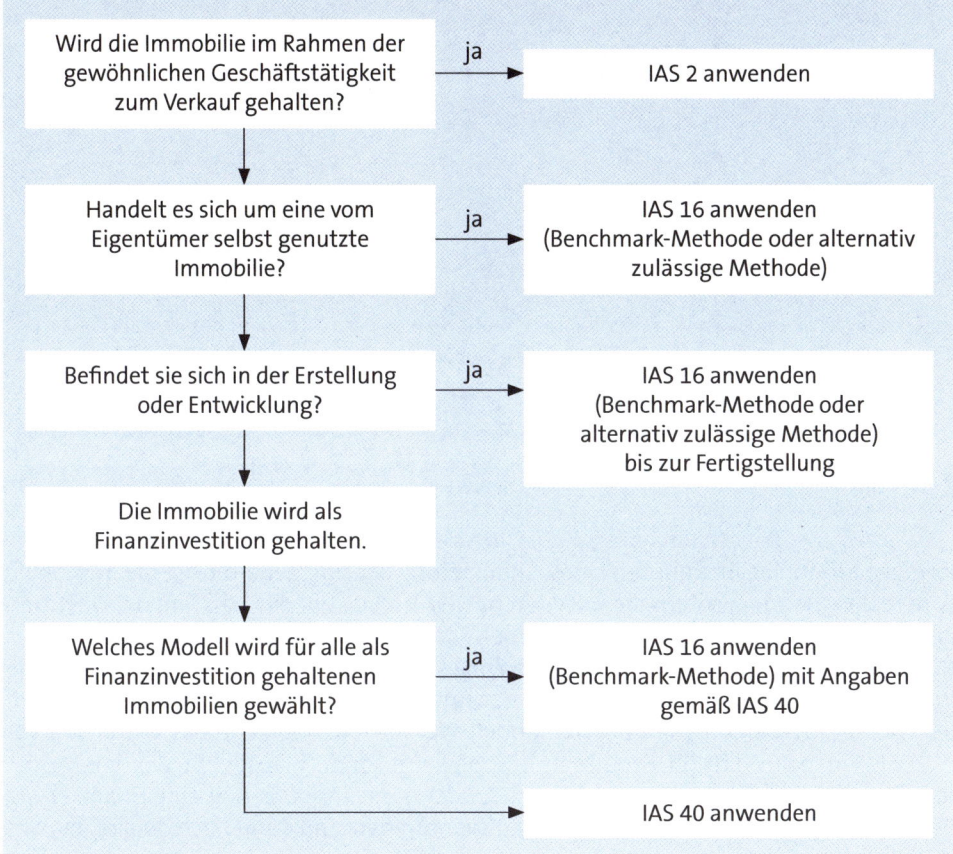

Im deutschen **Steuerbilanzrecht** ist die Unterscheidung von notwendigem und gewillkürtem Betriebsvermögen bekannt.

Besonderheiten im Vergleich zur erstmaligen Bewertung von sonstigen Sachanlagen inkl. der Behandlung nachträglicher Anschaffungs- und Herstellungskosten bestehen nicht. Grundstücke und Bauten sind bei der Zugangsbewertung mit Anschaffungs- oder Herstellungskosten zu bewerten.

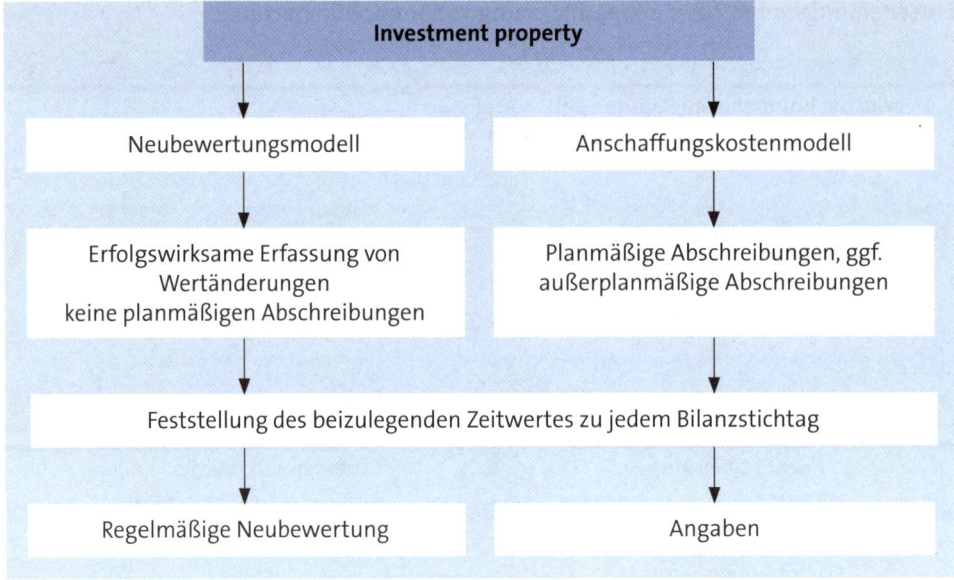

Wird die Immobilie im Rahmen eines Finanzierungsleasing gehalten, ist die Immobilie vom Leasingnehmer, sofern die Kriterien nach IAS 40 erfüllt sind, als Finanzinvestition gehaltene Immobilie zu erfassen. Hierbei wird die Immobilie nach den Regeln des IAS 17 aktiviert und eine Verbindlichkeit passiviert. Als Finanzinvestition gehaltene Immobilien im Rahmen eines Operate Leasing können im Rahmen eines Wahlrechtes wie ein Finanzierungsleasing behandelt werden. Hierbei kann das Wahlrecht für jede als Finanzinvestition gehaltene Immobilie gesondert ausgeübt werden. Anderenfalls erfolgt bei der Behandlung nach Operate Leasing-Kriterien eine Bilanzierung beim Leasingnehmer nicht. Die Leasingaufwendungen sind dann nach den Regeln des IAS 17 zu behandeln.

Zur Folgebewertung siehe Kapitel 1.3.1.2.2.

1.3.1.1.8 Aktivierung von Fremdkapitalkosten

Fremdkapitalkosten sind gemäß IAS 23 Zinsen und weitere im Zusammenhang mit der Aufnahme von Fremdkapital angefallene Kosten eines Unternehmens. Grundsätzlich sind diese in der Periode als Aufwand zu erfassen, in der sie anfallen.

Fremdkapitalkosten, die direkt dem Erwerb, dem Bau oder der Herstellung eines qualifizierten Vermögenswertes zugeordnet werden können, können als Teil der Anschaffungs- oder Herstellungskosten dieses Vermögenswertes aktiviert werden.

Ein **qualifizierter Vermögenswert** ist ein Vermögenswert, für den ein beträchtlicher Zeitraum erforderlich ist, um ihn in einen beabsichtigten gebrauchs- oder verkaufsfähigen Zustand zu versetzen. Eine Serienproduktion ist somit kein qualifizierter Vermögenswert. Entschließt sich das Unternehmen zur Aktivierung von Fremdkapitalkosten, hat dies allerdings für alle qualifizierten Vermögenswerte zu geschehen.

Die Ermittlung der aktivierungsfähigen Fremdkapitalzinsen kann auch im Wege der **Pauschalierung** erfolgen, sofern eine **direkte Zuordnung** von Fremdkapitalzinsen nicht möglich ist. Der zu Grunde zu legende Fremdkapitalzinssatz ergibt sich dann als gewichteter Durchschnitt der im Geschäftsjahr entstandenen Fremdkapitalkosten für das während dieser Zeit in Anspruch genommene Fremdkapital.

Die Aktivierung von Fremdkapitalzinsen ist nach **deutschem Handelsrecht** nur im Rahmen der Herstellungskosten bekannt, wobei gemäß § 255 Abs. 3 HGB die Nebenkosten der Fremdkapitalbeschaffung nicht aktivierbar sind.

Aufgabe 13 > Seite 168

1.3.2.2 Folgebewertung

Für die Folgebewertung gewährt IAS 16 ein Wahlrecht zwischen dem Anschaffungskostenmodell und dem Neubewertungsmodell. Beim Anschaffungskostenmodell sind die Vermögenswerte unter Beachtung der Vorschriften für die Zugangsbewertung mit ihren **fortgeführten Anschaffungs- oder Herstellungskosten** zu bewerten. Anders als bei Immateriellen Vermögenswerten ist bei Sachanlagen die Existenz eines aktiven Marktes keine Voraussetzung für die Anwendung des Neubewertungsmodells. Die Neubewertung erfolgt zum Zeitwert (fair value) am Tage der Neubewertung abzüglich nachfolgender kumulierter planmäßiger Abschreibungen und nachfolgender kumulierter Wertminderungsaufwendungen.

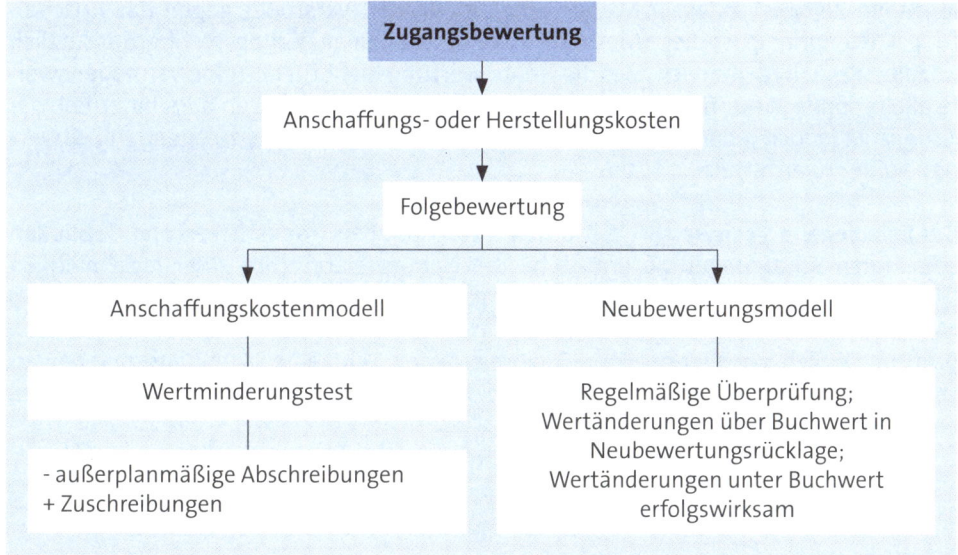

Bewertungsschema Sachanlagen

1.3.2.2.1 Bewertung zu fortgeführten Anschaffungs- oder Herstellungskosten

Bei der Bewertung zu fortgeführten Anschaffungs- und Herstellungskosten sind diese planmäßig über die geschätzte Restnutzungsdauer zu verteilen. Bei der Wahl der **Abschreibungsmethode** ist maßgeblich, dass sie dem Verbrauch des wirtschaftlichen Nutzens des Vermögenswertes durch das Unternehmen zu entsprechen hat.

Das Abschreibungsvolumen ist bei einem wesentlichen Restwert entsprechend zu kürzen. IAS 16 benennt als Abschreibungsmethoden die lineare, die degressive und die leistungsabhängige Abschreibungsmethode, lässt aber auch jede andere Abschreibungsmethode zu, die dem erwarteten wirtschaftlichen Nutzenverlauf entspricht.

Sowohl die Nutzungsdauer als auch die Abschreibungsmethode sind jährlich zu überprüfen und bei erheblicher Abweichung von der ursprünglich erwarteten Nutzungsdauer anzupassen.

Die Maßgeblichkeit des wirtschaftlichen Nutzenverlaufs bei der Wahl der Abschreibungsmethode führt **gegenüber dem HGB** zu tendenziell längeren Nutzungsdauern.

Bei Grundstücken und Bauten, die als Finanzinvestitionen gehalten werden (investment properties) ist zu beachten, dass IAS 40 nur ein Wahlrecht zwischen dem Anschaffungskostenmodell und dem Zeitwertmodell gewährt.

Aufgabe 14 > Seite 168

1.3.2.2.2 Neubewertungsmodell

Alternativ zum Anschaffungskostenmodell ist eine Neubewertung auf den **beizulegenden Zeitwert** zulässig. Wegen eines möglichen Verstoßes gegen das Anschaffungskostenprinzip ist diese Methode im deutschen Bilanzierungsrecht grundsätzlich unzulässig. Zu beachten ist, dass die Neubewertung nicht für einzelne Vermögenswerte allein, sondern **nur für Gruppen von Vermögenswerten** erfolgen darf. Innerhalb der Gruppe ist jedoch jeder einzelne Vermögenswert mit seinem beizulegenden Zeitwert (fair value) zu ermitteln.

Der **beizulegende Zeitwert** ist z. B. durch Gutachten bei Grundstücken und Gebäuden oder durch Schätzungen zu ermitteln. Die Neubewertung hat einer regelmäßigen Überprüfung zu unterliegen, sodass der jeweilige Buchwert nicht wesentlich vom Marktwert abweicht. Bei Sachanlagen mit starken Wertschwankungen sollte die Überprüfung jährlich, ansonsten alle 3 - 5 Jahre erfolgen. Wird eine Sachanlage neu bewertet, ist die ganze Gruppe der Sachanlagen, zu denen der Gegenstand gehört, neu zu bewerten.

Die sich aus der **Neubewertung** ergebenden positiven Differenzen zum Buchwert werden innerhalb des Eigenkapitals in einer Neubewertungsrücklage erfasst. Die Zuführung erfolgt erfolgsneutral. Die Neubewertungsrücklage ist um den Anteil der latenten Steuern zu reduzieren, die ebenfalls im Eigenkapital erfolgsneutral erfasst werden.

Während die **Neubewertungsrücklage** durch die Abschreibungen des Vermögenswertes in Folgeperioden nicht berührt wird bzw. in Gewinnrücklagen einstellbar ist, sind die latenten Steuern in Folge von Abschreibungen oder Verkauf der neu bewerteten Vermögenswerte ergebniswirksam aufzulösen.

Bei Grundstücken und Bauten, die als Finanzinvestitionen gehalten werden (Investment Properties), ist zu beachten, dass bei einer Bewertung mit fortgeführten Anschaffungs- und Herstellungskosten die beizulegenden Zeitwerte im Anhang anzugeben sind. Dadurch ergibt sich die Notwendigkeit, für Finanzinvestitionen in jedem Fall Verkehrswerte zu ermitteln. Die Bewertung hat die aktuelle Marktlage und die Umstände zum Bilanzstichtag widerzuspiegeln.

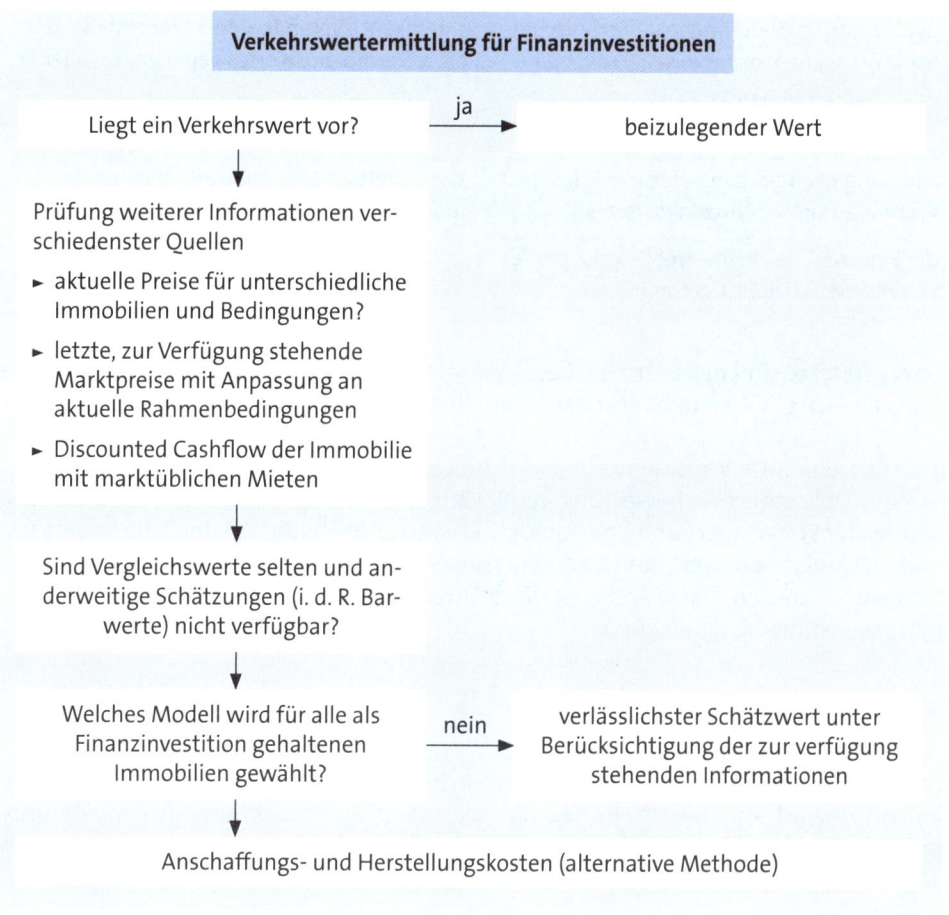

1.3.2.3 Wertminderung von Vermögenswerten

Die Wertminderung von Vermögenswerten ist in IAS 36 geregelt. An jedem Bilanzstichtag ist zu beurteilen, ob Anhaltspunkte dafür vorliegen, dass ein Vermögenswert wertgemindert sein könnte. Eine außerplanmäßige Abschreibung ist immer dann geboten, wenn der Buchwert des Vermögenswertes den **erzielbaren Wert** übersteigt. Unter erzielbarem Wert wird der höhere Betrag von **Nettoveräußerungswert** und Nutzenwert des betroffenen Vermögenswertes verstanden.

Bei der Beurteilung, ob Indizien dafür vorliegen, dass ein Vermögenswert wertgemindert sein könnte, sind mindestens die folgenden Anhaltspunkte zu berücksichtigen:

Externe Informationsquellen	Interne Informationsquellen
stärkeres Sinken des Marktwertes als durch Zeitablauf oder gewöhnliche Nutzung zu erwarten wäre	Überalterung oder physischer Schaden eines Vermögenswertes
signifikante Veränderungen im technischen, marktbezogenen, ökonomischen oder gesetzlichen Umfeld mit nachteiligen Folgen für das Unternehmen	signifikante Veränderungen der Nutzbarkeit eines Vermögenswertes gegenwärtig oder in nächster Zukunft
Erhöhung der Marktzinssätze mit Folge der Verminderung des Nutzungswertes	Wirtschaftliche Ertragskraft eines Vermögenswertes verschlechtert sich.
Der Buchwert des Reinvermögens ist größer als seine Marktkapitalisierung.	

Die o. g. Punkte sind nicht abschließend. Wenn aber derartige Indikatoren vorliegen, ist grundsätzlich ein Wertminderungstest durchzuführen.

Dieser so genannte **Wertminderungstest (impairment test)** ist mit den Überlegungen zu einer Unternehmensbewertung vergleichbar. Bei einer Unternehmensbewertung werden der Ertragswert und der Liquidationswert ermittelt. Liegt der Ertragswert unter dem Liquidationswert des Unternehmens, scheint die Liquidation eine vernünftige Konsequenz zu sein. Nach IAS 36 ist diese Orientierung praktisch auf einzelne Vermögensgegenstände anzuwenden.

Aufgabe 15 > Seite 168

Der erzielbare Wert ist für einen einzelnen Vermögenswert i. d. R. ermittelbar, während der Nutzenwert als Barwert des geschätzten zukünftigen Cashflows aus dem Vermögenswert insofern problematisch zu ermitteln ist, als ein einzelner Vermögenswert Erträge nicht unabhängig von anderen Vermögenswerten generieren kann.

Dieses Problem wird von IAS 36 dadurch gelöst, dass zunächst die Zahlungsmittel generierende Einheit **CGU (cash generating unit)** zu bestimmen ist. Unter CGU wird die kleinste identifizierbare Gruppe von Vermögenswerten, die separierbare Mittelzuflüsse und Abflüsse generiert, verstanden. Für diese CGU ist eine Cashflow-Prognose aufzustellen.

Der Barwert dieser Gruppe ist dann mit dem Buchwert der Gruppe zu vergleichen. Soweit der Barwert der Gruppe unterhalb des Buchwertes, aber noch oberhalb des Netto-Veräußerungswertes liegt, ist eine Abschreibung auf den Ertragswert notwendig. Der tatsächliche Abschreibungsbetrag muss dann über eine Rückermittlung von der Gruppenbetrachtung zum Einzelvermögenswert erfolgen.

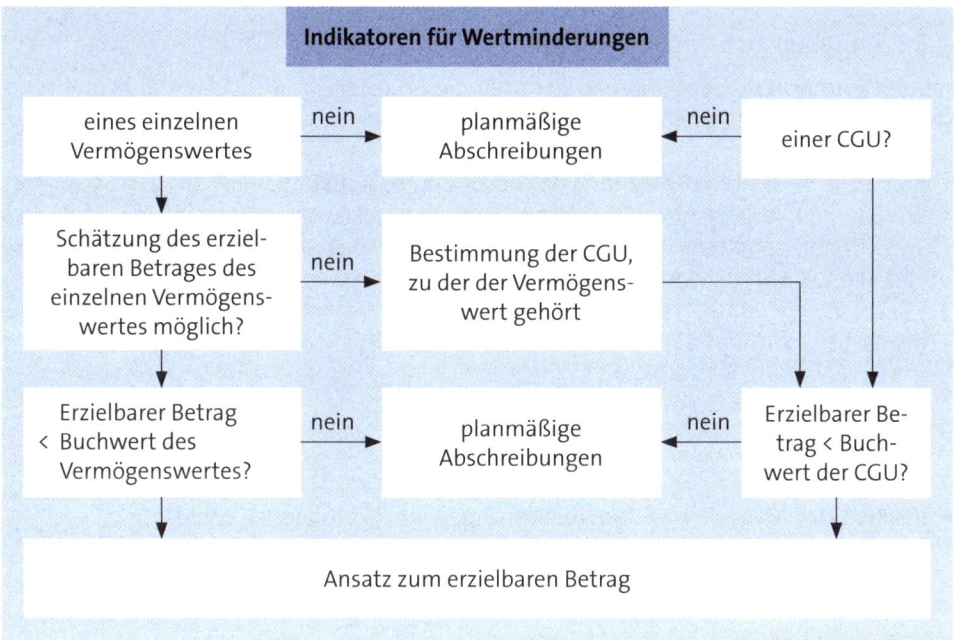

Prüfschema Wertminderung von Vermögenswerten

Da der Wertminderungstest sehr aufwändig und kompliziert ist, lässt IFRS selbst Vereinfachungen zu. So hält IAS 36 es nicht für erforderlich, beide Werte, also den Nettoveräußerungspreis bzw. den Nutzungswert zu bestimmen, wenn bereits einer von beiden den Buchwert des Vermögenswertes übersteigt.

Die Nutzenwertermittlung ist aber auch dann nicht notwendig, wenn es keinen Grund zu der Annahme gibt, dass der Nettoveräußerungswert und der Nutzenwert sich wesentlich unterscheiden.

Aufgabe 16 > Seite 169

1.3.2.4 Wertaufholung von Vermögenswerten

An jedem Bilanzstichtag ist zu überprüfen, ob Anhaltspunkte dafür vorliegen, dass ein früher erfasster Wertminderungsaufwand nicht mehr besteht. Bei der Beurteilung, ob Indizien dafür vorliegen, dass eine Wertaufholung vorliegen könnte, sind die gleichen Anhaltspunkte wie in der Tabelle zu 1.3.1.3 zu berücksichtigen.

Auch die Verfahrensweisen zur Ermittlung des erzielbaren Wertes sind identisch. Der infolge einer Wertaufholung erhöhte Buchwert eines Vermögenswertes darf aber nicht den Buchwert der fortgeführten Anschaffungs- und Herstellungskosten überschreiten. Insoweit hat eine erfolgswirksame Zuschreibung zu erfolgen.

1.3.3 Angaben zu Sachanlagen

Zu den **grundsätzlichen Angaben** gehören die Erläuterung der Bewertungsmethode, die Abschreibungsmethode und die Nutzungsdauern.

Daneben gibt es eine Vielzahl von **besonderen Angaben**, wie zu Verfügungsbeschränkungen, Abgrenzung, Forschungs- und Entwicklungskosten, Leasing, als Finanzinvestitionen gehaltene Immobilien und Geschäfts- oder Firmenwerte. Zur Vertiefung verweisen wir auf die wesentlichen IFRS-Vorschriften:

- ► IAS 38.118 - 128   Immaterielle Vermögenswerte
- ► IAS 16.73 - 79   Sachanlagen
- ► IAS 17   Leasingverhältnisse
- ► IAS 40.74 - 79   Als Finanzinvestition gehaltene Immobilien
- ► IAS 36.126 - 137   Wertminderungen von Vermögenswerten

1.3.3.1 Anlagespiegel

Die IFRS verlangen keine dem deutschen Anlagespiegel entsprechende zusammenhängende Darstellung der Wertentwicklung der einzelnen Bilanzpositionen des langfristigen Vermögens. Die jeweiligen IFRS des langfristigen Vermögens verlangen aber eine gesonderte Darstellung der Wertentwicklung pro Posten. Dabei erfolgt die Darstellung der Veränderungen **zu Buchwerten** (Nettomethode). In der deutschen Praxis hat sich in Anlehnung an die nach dem HGB gewohnte Bruttomethode eine weitere Variante entwickelt, die die durch die IFRS geforderte Buchwertentwicklung trotzdem abbildet.

IFRS (deutsche Variante)	IFRS	HGB
AHK (01.01.) + Zugänge - Abgänge +/- Umbuchungen	BW (01.01.) + Zugänge - Abgänge +/- Umbuchungen - planmäßige Abschreibungen - außerplanmäßige Abschreibungen + Zuschreibungen	AHK (01.01.) + Zugänge - Abgänge +/- Umbuchungen
= AHK (31.12.) kumulierte Abschreibungen (01.01.) + planmäßige Abschreibungen + außerplanmäßige Abschreibungen - Zuschreibungen - Abgänge +/- Umbuchungen	= BW (31.12.)	= AHK (31.12.)
= kumulierte Abschreibungen (31.12.)	+ kumulierte Abschreibungen (31.12.)	- kumulierte Abschreibungen (31.12.)
= **BW**	= **AHK**	= **BW**

1.3.3.2 Leasingverhältnisse

Leasingnehmer und -geber haben zusätzlich zu den Vorschriften des IAS 32 (Finanzinstrumente: Angaben und Darstellung) die folgenden Angaben zu machen:

► **Leasingnehmer**

Finanzierungsleasing	Operating Leasing
für jede Klasse von Vermögenswerten den Netto-buchwert zum Bilanzstichtag Überleitung von der Summe der Mindestleasing-zahlungen zum Barwert und den Barwert der Min-destleasingzahlungen für jede der nachfolgend ge-nannten Perioden	
die Summe der künftigen Mindestleasingzahlungen aufgrund von unkündbaren Leasingverhältnissen für jede der folgenden Perioden: ► bis zu einem Jahr ► länger als ein Jahr und bis zu fünf Jahren ► länger als fünf Jahre	
die Summe der künftigen Mindestleasingzahlungen zum Bilanzstichtag von unkündbaren Untermietverhältnissen	
die erfolgswirksam erfassten Mietzahlungen	
eine allgemeine Beschreibung der wesentlichen Leasingvereinbarungen des Leasing-nehmers	

► **Leasinggeber**

Finanzierungsleasing	Operating Leasing
Überleitung von der Summe der Mindestleasing-zahlungen zum Barwert und den Barwert der Mindestleasingzahlungen für jede der nachfolgend genannten Perioden	
die Summe der künftigen Mindestleasingzahlungen aus unkündbaren Leasingverhältnissen für jede der folgenden Perioden: ► bis zu einem Jahr ► länger als ein Jahr und bis zu fünf Jahren ► länger als fünf Jahre	
die nicht garantierten Restwerte, die zu Gunsten des Leasinggebers anfallen	
die kumulierten Wertberichtigungen für unein-bringliche ausstehende Mindestleasingzahlungen	
die erfolgswirksam erfassten Mietzahlungen	
eine allgemeine Beschreibung der wesentlichen Leasingvereinbarungen des Leasinggebers	

1.4 Finanzanlagen

Finanzanlagen sind insbesondere in folgenden Standards geregelt:

- ▸ IFRS 10 Konzernabschlüsse
- ▸ IAS 28 Beteiligungen an assoziierten Unternehmen und Gemeinschaftsunternehmen.

1.4.1 Ansatz von Finanzanlagen

Die IFRS-Standards unterscheiden Finanzanlagen nur in so genannte Equity-Beteiligungen und übrige Finanzanlagen.

Das HGB kennt für Kapitalgesellschaften die Mindestgliederung gemäß § 266 Abs. 2 A III HGB.

Finanzanlagen können Anteile an Tochterunternehmen, Anteile an assoziierten Unternehmen und Anteile an Gemeinschaftsunternehmen sowie übrige Finanzanlagen darstellen.

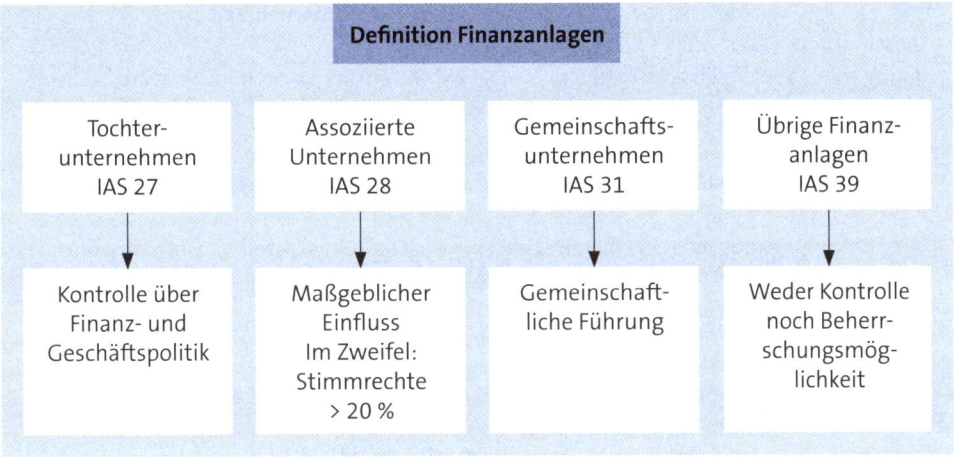

Die Bilanzierung von Anteilen an einem **Tochterunternehmen** wird von der Beherrschung durch ein Mutterunternehmen gekennzeichnet. Beherrschung im Sinne des IFRS 10 ist die Möglichkeit, die **Finanz- und Geschäftspolitik** eines Unternehmens zu **kontrollieren**, um aus dessen Tätigkeiten Nutzen zu ziehen.

Ein **assoziiertes Unternehmen** ist ein Unternehmen, auf das der Anteilseigner zwar **maßgeblichen Einfluss** ausüben kann, aber kein Tochterunternehmen im Sinne der Definition nach IFRS 10 noch ein Gemeinschaftsunternehmen nach IAS 28 ist. Ein maßgeblicher Einfluss wird vermutet, sofern der Anteilseigner direkt oder indirekt **20 % oder mehr der Stimmrechte** des assoziierten Unternehmen hält.

Ein **Gemeinschaftsunternehmen** (joint venture) ist eine vertragliche Vereinbarung, bei der die wirtschaftliche Tätigkeit unter **gemeinschaftlicher Führung** erfolgt.

Übrige Finanzanlagen sind dadurch gekennzeichnet, dass **weder eine Kontrolle** über die Finanz- und Geschäftspolitik **noch eine Beherrschungsmöglichkeit** gegeben ist.

1.4.2 Bewertung von Finanzanlagen

Einen Überblick der Bewertung von Finanzanlagen nach IFRS und nach HGB zeigt folgende Übersicht:

IFRS	HGB
Tochterunternehmen	**Tochterunternehmen**
► Anschaffungskosten, oder in Übereinstimmung mit IAS 39 im Einzelabschluss ► Purchase-Methode im Konzernabschluss	► Anschaffungskosten im Einzelabschluss ► Purchase-Methode, unter bestimmten Bedingungen Pooling of interests-Methode im Konzernabschluss
Assoziierte Unternehmen	**Assoziierte Unternehmen**
► Anschaffungskosten, oder in Übereinstimmung mit IAS 39 im Einzelabschluss ► Equity-Methode im Konzernabschluss	► Anschaffungskosten im Einzelabschluss ► Equity-Methode im Konzernabschluss
Gemeinschaftsunternehmen	**Gemeinschaftsunternehmen**
► Anschaffungskosten, oder in Übereinstimmung mit IAS 39 im Einzelabschluss ► Quotenkonsolidierung oder Equity-Methode im Konzernabschluss	► Anschaffungskosten im Einzelabschluss ► Quotenkonsolidierung oder Equity-Methode im Konzernabschluss
Übrige Finanzanlagen	**Übrige Finanzanlagen**
► je nach Klassifikation Anschaffungskosten oder fair value ► Wertänderungen erfolgswirksam ► Niederstwertprinzip	► Anschaffungskosten ► fair value unzulässig ► Wertänderungen erfolgswirksam ► Niederstwertprinzip

Synopse: Bewertung von Finanzanlagen

Beteiligungen an Tochterunternehmen, assoziierten Unternehmen und Gemeinschaftsunternehmen müssen mit den Anschaffungskosten oder in Übereinstimmung mit IAS 39 bewertet werden.

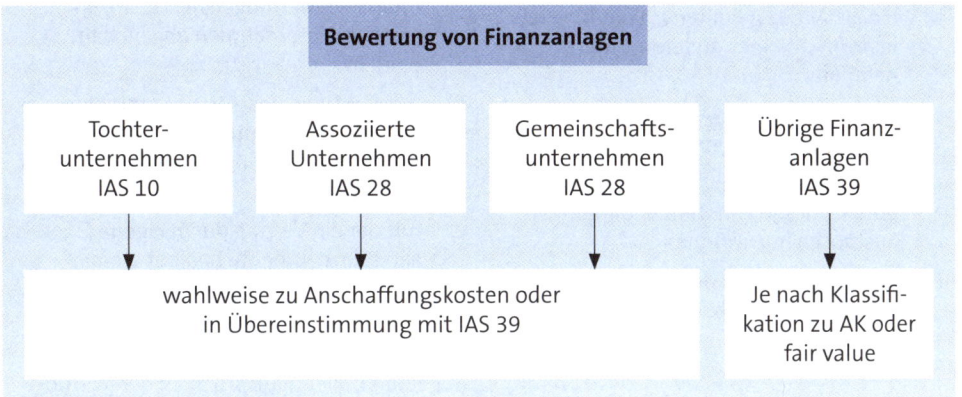

Zur Bewertung in Übereinstimmung mit IAS 39 verweisen wir auf unsere Ausführungen unter Finanzinstrumenten.

2. Finanzinstrumente

Regelungen zum Ansatz, Ausweis und Bewertung von Finanzinstrumente befinden sich in IAS 32, 39 und IFRS 7.

In IAS 32 „Finanzinstrumente: Darstellung" sind sowohl die Begriffsdefinitionen als auch die Abgrenzung zwischen Eigenkapital und Fremdkapital enthalten. IAS 39 „Finanzinstrumente: Ansatz und Bewertung" führt umfangreiche Regelungen zum Ansatz und zur Bewertung von Finanzinstrumenten auf. IFRS 7 „Finanzinstrumente: Angaben" hat wesentliche Ausweis- und Anhangangaben neu definiert, die früher in IAS 32 geregelt waren.

2.1 Ausweis von Finanzinstrumenten

Der Begriff „Finanzinstrument" wird in den IFRS sehr weit definiert. Nach IAS 32.11 ist ein **Finanzinstrument** ein Vertrag, der gleichzeitig bei dem einen Unternehmen zu einem finanziellen Vermögenswert und bei dem anderen zu einer finanziellen Verbindlichkeit oder einem Eigenkapitalinstrument führt.

Finanzielle Vermögenswerte	Eine **finanzielle Verbindlichkeit** ist jede vertragliche Verpflichtung:
a) flüssige Mittel b) ein als Aktiva gehaltenes Eigenkapitalinstrument eines anderen Unternehmens c) das Recht, flüssige Mittel oder andere finanzielle Vermögenswerte zu erhalten d) das Recht, Finanzinstrumente unter potenziell vorteilhaften Bedingungen austauschen zu können e) einen Vertrag, der durch eigene Eigenkapitalinstrumente bedient werden kann	a) mit der flüssige Mittel oder andere finanzielle Vermögenswerte an ein anderes Unternehmen abgegeben werden b) mit der Finanzinstrumente mit einem anderen Unternehmen unter potenziell nachteiligen Bedingungen ausgetauscht werden c) mit der ein Vertrag durch eigene Eigenkapitalinstrumente bedient werden kann Ein **Eigenkapitalinstrument** ist ein Vertrag, der einen Residualanspruch an den Vermögenswerten eines Unternehmens nach Abzug aller Verbindlichkeiten begründet.

Der Ausweis von Finanzinstrumenten ist zum einen von der Zuordnung in eine von **vier Kategorien** (s. unten) abhängig, als auch von der Zuordnung in **lang- oder kurzfristige** Vermögenswerte und Schulden.

2.1.1 Finanzielle Vermögenswerte

Finanzielle Vermögenswerte umfassen gemäß IAS 39 sämtliche Zahlungsmittel, Forderungen aus Lieferungen und Leistungen, Wertpapiere und derivative Finanzinstrumente. Finanzielle Vermögenswerte und finanzielle Verbindlichkeiten sind entweder zum Zeitpunkt des Vertragsabschlusses oder zum Erfüllungstag in der Bilanz anzusetzen.

Finanzielle Vermögenswerte werden dann aus der Bilanz ausgebucht, wenn das Unternehmen die Verfügungsmacht über die vertraglichen Rechte verliert. Das Unternehmen verliert die Verfügungsmacht, wenn es die in dem Vertrag genannten Nutzungsrechte realisiert, die Rechte verfallen oder das Unternehmen seine Rechte aufgibt.

Vermögenswerte und Verbindlichkeiten, die nicht auf vertraglichen Vereinbarungen beruhen, wie z. B. Gebühren und Steuern, unterliegen daher nicht den Regelungen nach IAS 39.

2.1.2 Finanzielle Verbindlichkeiten

Die finanziellen Verbindlichkeiten umfassen Verbindlichkeiten gegenüber Kreditinstituten, Verbindlichkeiten aus Lieferungen und Leistungen, Wechsel und Darlehensverbindlichkeiten. Finanzielle Verbindlichkeiten werden dann aus der Bilanz ausgebucht, wenn die vertraglichen Verpflichtungen beglichen, aufgehoben oder ausgelaufen sind

Entscheidend für das Vorliegen von finanziellen Verbindlichkeiten ist auch hier, dass sie auf Verträgen und nicht auf Gesetzen basieren.

2.1.3 Eigenkapitalinstrumente

Eigenkapitalinstrumente sind zwar Finanzinstrumente, werden aber nach den Bestimmungen des IAS 39 nicht beim Emittenten, sondern nur beim Inhaber bilanziert. Somit stellen Bezugs- oder Optionsrechte keine Verpflichtung des Unternehmens zur Ausgabe oder Aushändigung eines Eigenkapitalinstruments dar.

Um eine finanzielle Verbindlichkeit handelt es sich dabei nicht, da für das Unternehmen keine Verpflichtung zur Lieferung von Finanzmitteln oder anderen finanziellen Vermögenswerten besteht.

2.2 Klassifizierung von finanziellen Vermögenswerten und finanziellen Verbindlichkeiten

Der erste Schritt zur Bilanzierung von Finanzinstrumenten ist die Klassifizierung nach dem Verwendungszweck.

IAS 39 schreibt nach erfolgter Klassifizierung den Ansatz zu Anschaffungskosten oder zum beizulegenden Zeitwert (fair value) vor.

In Abhängigkeit vom Verwendungszweck klassifiziert IAS 39 vier Kategorien von Finanzinstrumenten.

Es handelt sich um:

▸ zu Handelszwecken gehaltene Finanzinstrumente (held-for-trading)
▸ bis zur Endfälligkeit zu haltende Finanzinvestitionen (held-to-maturity)
▸ Kredite und Forderungen (loans and receivables)
▸ zur Veräußerung verfügbare finanzielle Vermögenswerte (available-for-sale).

Die Zuordnung zur jeweiligen Bilanzposition erfolgt von der Klassifizierung unabhängig nach Fristigkeit. Das HGB kennt vergleichbare Kategorien nicht.

2.2.1 Zu Handelszwecken gehaltene Finanzinstrumente

Als zu Handelszwecken gehalten sind solche finanziellen Vermögenswerte oder finanziellen Verbindlichkeiten zu klassifizieren, die in der Absicht erworben oder eingegangen wurden, das Finanzinstrument kurzfristig wieder zu verkaufen oder zurückzukaufen. Ausnahmslos werden finanzielle Vermögenswerte ungeachtet der usprünglichen Erwerbsabsicht als zu Handelszwecken gehalten eingestuft, wenn sie Teil eines Portfolios sind, dessen Ziel auf kurzfristige Gewinnmitnahmen ausgerichtet ist.

Derivative Finanzinstrumente (s. unten), sofern sie nicht zu Sicherungszwecken bestimmt sind, gehören immer in diese Kategorie.

2.2.2 Bis zur Endfälligkeit zu haltende Finanzinvestitionen

Finanzielle Vermögenswerte sind als bis zur Endfälligkeit zu halten, zu qualifizieren, wenn Vereinbarungen zu Grunde liegen, die feste oder bestimmbare Zahlungen mit einer festen Laufzeit aufweisen und das Unternehmen diese Finanzinvestition bis zur Endfälligkeit halten will und kann.

Sofern das Unternehmen im laufenden oder in den zwei vorangegangenen Jahren Finanzinvestitionen mit nicht unwesentlichen Beträgen vor Ablauf der Fälligkeit veräußert hat, darf es keines seiner Finanzinvestitionen mehr als bis zur Endfälligkeit zu halten klassifizieren.

2.2.3 Kredite und Forderungen

Kredite und Forderungen sind Vermögenswerte mit festen oder bestimmbaren Zahlungen, die nicht in einem aktiven Markt gehandelt werden.

Hiervon ausgenommen sind jedoch solche, die in der Absicht erworben wurden, unverzüglich oder kurzfristig veräußert zu werden. In diesem Fall wären sie als zu Handelszwecken gehalten einzustufen.

2.2.4 Zur Veräußerung verfügbare finanzielle Vermögenswerte

Zur Veräußerung verfügbare finanzielle Vermögenswerte sind sämtliche finanziellen Vermögenswerte, die nicht unter eine der drei erstgenannten Kategorien fallen (Auffangtatbestand). Hierzu zählen z. B. Aktien und Anteile an Investmentfonds, sofern sie nicht als zu Handelszwecken gehalten zu klassifizieren sind.

2.2.5 Ein erfolgswirksam zum beizulegenden Zeitwert bewertetes Finanzinstrument (designierte Finanzinstrumente)

Nach IAS 39 können bei der Erstbilanzierung nahezu alle Finanzinstrumente umgewidmet (designiert) werden, mit der Folge, dass sie wie die zu Handelszwecken gehaltenen Finanzinstrumente der erfolgswirksamen Bewertung zum beizulegenden Zeitwert unterliegen (auch „Fair value-Option" genannt). Diese **Gruppe der designierten Finanzinstrumente** gehört nun genauso wie die zu Handelszwecken gehaltenen Finanzinstrumente zur Untergruppe der Klassifikation Erfolgswirksames zum beizulegenden Zeitwert bewertetes Finanzinstrument.

Sofern ein Eigenkapitalinstrument nicht auf einem aktiven Markt gehandelt und dessen beizulegender Zeitwert nicht verlässlich ermittelt werden kann, ist eine Umwidmung nicht möglich. Diese freiwillige Umwidmung gilt nur für finanzielle Vermögenswerte. Die Umwidmung auch für finanzielle Verbindlichkeiten wurde zu Beginn nicht ins EU-Recht übernommen (carve out). Im Nachgang erfolgte aber eine Einbeziehung. Inzwischen erfolgt eine Trennung der Erfassung der Fair value- Änderungen solcher designierten Verbindlichkeiten. Die Fair value-Änderung, die sich auf das eigene Kreditrisiko bezieht wird im sonstigen Ergebnis (OCI, other comprehensive income) erfasst.

2.3 Derivative Finanzinstrumente

Ein derivatives Finanzinstrument ist gemäß IAS 39 ein Finanzinstrument,

▸ dessen Wert sich in Folge verändernder Basiswerte (z. B. Zinssatz, Wertpapierkurs, Wechselkurs oder Warenindices) schwankt,

▸ für dessen Entstehen es im Verhältnis zu vergleichbaren Verträgen keine oder nur einer geringen Investition bedarf und

▸ dessen Abrechnung erst zu einem späteren Zeitpunkt erfolgt.

Die bilanzielle Behandlung von derivativen Finanzinstrumenten ist abhängig vom verfolgten Sicherungszweck. Die Voraussetzungen für die Anerkennung als Sicherungsgeschäft definiert IAS 39 wie folgt:

a) formale Designation und Dokumentation der Sicherungsbeziehung

b) hohe Wirksamkeit der Sicherung und verlässlicher Ermittlung

c) eine vorhergesehene Transaktion muss mit sehr hoher Wahrscheinlichkeit eintreten

d) fortlaufende Bewertung der Sicherungsbeziehung, die während der gesamten Periode hochgradig effektiv sein muss.

Nur wenn alle Voraussetzungen kumulativ erfüllt sind, dürfen derivative Finanzinstrumente als Sicherungsgeschäft klassifiziert werden.

2.4 Bewertung von Finanzinstrumenten

Einen Überblick der Bewertung von Finanzinstrumenten nach IFRS und nach HGB gibt folgende Übersicht:

IFRS	HGB
Zugangsbewertung beizulegender Zeitwert	**Zugangsbewertung** Anschaffungskosten
Folgebewertung grundsätzlich beizulegender Zeitwert	**Folgebewertung**
fortgeführte Anschaffungskosten für bis zur Endfälligkeit zu haltende Finanzinvestitionen und für Kredite und Forderungen erfolgswirksame Wertänderungen	fortgeführte Anschaffungskosten
	Fair value-Bewertung und Bilanzierung von schwebenden Geschäften verboten
erfolgswirksame Wertänderungen	erfolgswirksame Wertänderungen
Niederstwertprinzip	Niederstwertprinzip

Synopse: Bewertung von Finanzinstrumenten

2.4.1 Zugangsbewertung

Sämtliche finanzielle Vermögenswerte und finanzielle Verbindlichkeiten sind im Zeitpunkt der erstmaligen bilanziellen Erfassung mit ihrem beizulegenden Zeitwert zu bilanzieren. Hierbei wird unterstellt, dass dieser den Anschaffungskosten entspricht.

Die Anschaffungsnebenkosten (z. B. Transaktionskosten) sind nur bei Finanzierungsinstrumenten, die nicht erfolgswirksam zum beizulegenden Zeitwert in der Folgebewertung (siehe dort) bilanziert werden, anzusetzen.

2.4.2 Folgebewertung

Finanzielle Vermögenswerte sind in der Folgebewertung grundsätzlich mit dem beizulegenden Zeitwert zu bilanzieren. Ausnahmsweise müssen Finanzinstrumente der Kategorien Kredite und Forderungen und bis zur Endfälligkeit gehaltene Finanzinvestitionen sowie andere finanzielle Vermögenswerte mit fester Restlaufzeit deren beizulegender Zeitwert nicht zuverlässig ermittelt werden kann, zu fortgeführten Anschaffungskosten bewertet werden. Finanzielle Vermögenswerte, die als Grundgeschäfte designiert wurden, sind gemäß den Bilanzierungsvorschriften für Sicherungsbeziehungen zu bewerten (s. unten). Alle finanziellen Vermögenswerte außer denen, die erfolgswirksam zum beizulegenden Zeitwert bewertet werden, sind auf Wertminderung zu überprüfen.

Finanzielle Verbindlichkeiten sind zu den fortgeführten Anschaffungskosten zu bewerten. Ausnahmsweise müssen finanzielle Verbindlichkeiten, die erfolgswirksam zum beizulegenden Zeitwert bewertet werden sowie finanzielle Verbindlichkeiten, die entstehen, wenn die Übertragung eines finanziellen Vermögenswertes nicht den Kriterien für eine Ausbuchung entspricht oder wenn die Übertragung unter Verwendung des Ansatzes fortdauernden Engagements bilanziert wird, mit dem beizulegenden Zeitwert bewertet werden.

Finanzinstrumente, die in die Kategorie zu Handelszwecken gehalten oder als Derivate klassifiziert sind, sind Wertänderungen, die aus der Bewertung zum beizulegenden Zeitwert resultieren, sofort erfolgswirksam. Zur Veräußerung verfügbare finanzielle Vermögenswerte sind zunächst erfolgsneutral mit dem Eigenkapital zu verrechnen. Die Erfolgswirkung tritt dann erst zum Zeitpunkt der Realisierung ein.

Aufgabe 17 > Seite 169

2.4.3 Bewertung zum beizulegenden Zeitwert

Der beizulegende Zeitwert ist der Betrag, zu dem zwischen sachverständigen, vertragswilligen und voneinander unabhängigen Geschäftspartnern ein Vermögenswert getauscht oder eine Verbindlichkeit beglichen werden könnte. Der beizulegende Zeitwert entspricht damit dem Marktwert oder Verkehrswert. Grundsätzlich darf der beizulegende Zeitwert nur dann zum Ansatz kommen, wenn eine verlässliche Bestimmung möglich ist.

Zwar hat der IASB in IFRS 13 „Fair value"-Regelungen zur Bestimmung des beizulegenden Zeitwerts mit Übernahme für nach dem 01.01.2013 beginnende Geschäftsjahre erlassen. Da diese Regelungen aber noch nicht in EU-Recht übernommen wurden, gelten weiterhin die nachfolgenden Regelungen.

Als **verlässlich bestimmbar** gilt der beizulegende Zeitwert eines Finanzinstruments, wenn

- ▶ die Schwankungsbreite von vernünftigen Schätzungen des beizulegenden Zeitwerts nicht signifikant ist oder
- ▶ die Eintrittswahrscheinlichkeiten der verschiedenen Schätzungen innerhalb dieser Schwankungsbreite vernünftig geschätzt oder bei der Schätzung des beizulegenden Zeitwerts verwendet werden können.

Diese beiden Punkte sind einerseits als Objektivierungskriterien, andererseits aber auch nur als bloße Auffanglösung zu verstehen (*Heuser/Theile*), da IAS 39 regelmäßig davon ausgeht, dass eine einwertige Schätzung möglich ist. So beschreibt der IAS 39 den beizulegenden Zeitwert als verlässlich bestimmbar für

- Finanzinstrumente, für die es einen öffentlich notierten Preis an einer aktiven Wertpapierbörse gibt

- Schuldinstrumente, die von einer unabhängigen Rating-Agentur bewertet werden und deren Cashflows vernünftig geschätzt werden können und

- Finanzinstrumente, für die ein angemessenes Bewertungsmodell angewendet werden kann, und für die in das Bewertungsmodell einfließenden Daten verlässlich bewertet werden können, da sie von einem aktiven Markt stammen.

2.4.4 Wertminderungstest

Nach IAS 39 ist eine **Wertminderung** eines finanziellen Vermögenswertes eingetreten, wenn der Buchwert höher ist, als der voraussichtlich erzielbare Betrag. Daher ist zu jedem Bilanzstichtag erneut zu ermitteln, ob objektive substanzielle Hinweise dafür vorhanden sind, dass eine Wertminderung eines finanziellen Vermögenswertes oder eines Portfolios von Vermögenswerten stattgefunden hat.

Sofern derartige substanzielle Hinweise vorliegen, ist der erzielbare Betrag zu schätzen und ein Wertminderungsaufwand zu erfassen. Der **Anwendungsbereich** beschränkt sich auf finanzielle Vermögenswerte, die zu fortgeführten Anschaffungskosten oder erfolgsneutral zum beizulegenden Zeitwert bewertet werden, da bei erfolgswirksamer beizulegender Zeitwert-Bewertung ohnehin zu jedem Bilanzstichtag mit dem beizulegenden Zeitwert bewertet wird.

Eine Wertminderung liegt vor, wenn objektive Hinweise auf eine dauerhafte Wertminderung vorliegen, die auf einem Ereignis beruhen, das nach dem erstmaligen Ansatz eingetreten ist. IAS 39 nennt hierzu:

- erhebliche finanzielle Schwierigkeiten des Emittenten

- ein tatsächlich erfolgter Vertragsbruch, wie z. B. Ausfall oder Verzug von Zins- oder Tilgungszahlungen

- hohe Wahrscheinlichkeit eines Insolvenzverfahrens oder eines sonstigen Sanierungsbedarfs des Emittenten

- Zugeständnisse von Seiten des Kreditgebers an den Kreditnehmer aufgrund von finanziellen Schwierigkeiten des Kreditnehmers, die der Kreditgeber ansonsten nicht gewähren würde

- das Verschwinden eines aktiven Marktes aufgrund von finanziellen Schwierigkeiten oder

- vergangenheitsbezogene Erfahrungen mit dem Forderungseinzug, der darauf schließen lässt, dass der gesamte Nennwert eines Forderungsportfolios nicht beizutreiben ist.

Der Wertminderungstest ist **wie folgt durchzuführen**:

Für finanzielle Vermögenswerte, die zu fortgeführten Anschaffungskosten bilanziert sind, also für Kredite und Forderungen und für bis zur Endfälligkeit gehaltene Finanzininvestitionen, sind die noch erwarteten Cashflows mit dem ursprünglichen effektiven Zinssatz abzuzinsen, um den erzielbaren Betrag zu erhalten. Cashflows aus kurzfristigen Forderungen werden i. d. R. aber nicht diskontiert.

Der so ermittelte Barwert ist mit dem Buchwert des finanziellen Vermögenswertes abzugleichen. Die Differenz ist im Periodenergebnis aufwandswirksam zu erfassen.

Bei zur Veräußerung verfügbaren finanziellen Vermögenswerten; für die eine erfolgsneutrale Bewertung zum beizulegenden Zeitwert über die Neubewertungsrücklage erfolgt, werden Kursschwankungen, die auf die normale Volatilität der Kurse zurückzuführen sind, erfolgsneutral im Eigenkapital erfasst. Hiervon zu unterscheiden sind jedoch die voraussichtlich **dauernden Wertminderungen**, wenn der Buchwert höher ist, als der voraussichtlich erzielbare Betrag und objektive Hinweise darauf schließen lassen, dass eine derartige Wertminderung stattgefunden hat. Eine tatsächliche Wertminderung wird sodann mit der Neubewertungsrücklage verrechnet. Ein etwaiger Restbetrag ist aufwandswirksam zu erfassen. Eine bereits vorher negative Neubewertungsrücklage ist ebenfalls erfolgswirksam aufzulösen.

Die Höhe des mit der Neubewertungsrücklage zu verrechnenden und im Periodenergebnis zu erfassenden Aufwands entspricht der Differenz aus den fortgeführten Anschaffungskosten und dem aktuellen beizulegenden Zeitwert.

Aufgabe 18 > Seite 169

2.4.5 Bewertung derivativer Finanzinstrumente

Zu den derivativen Finanzinstrumenten zählen alle Arten von **Optionen** und **Termingeschäften** sowie **Zins-Swaps**. Grundsätzlich unterliegen derivative FinanzinstrumentederBewertung zumbeizulegenden Zeitwert. Alle Wertänderungen sind erfolgswirksam zu buchen, soweit es sich nicht um Sicherungsgeschäfte handelt.

Finanzderivate, die zu Sicherungszwecken gehalten werden, werden bewertungstechnisch von IAS 39 unterschiedlich behandelt. IAS 39 unterscheidet die Kategorien

▶ Absicherung des beizulegenden Zeitwertes (fair value hedge)

▶ Absicherung von Zahlungsströmen (cashflow hedge)

▶ Absicherung von Nettoinvestitionen in einen ausländischen Geschäftsbetrieb (foreign currency hedges).

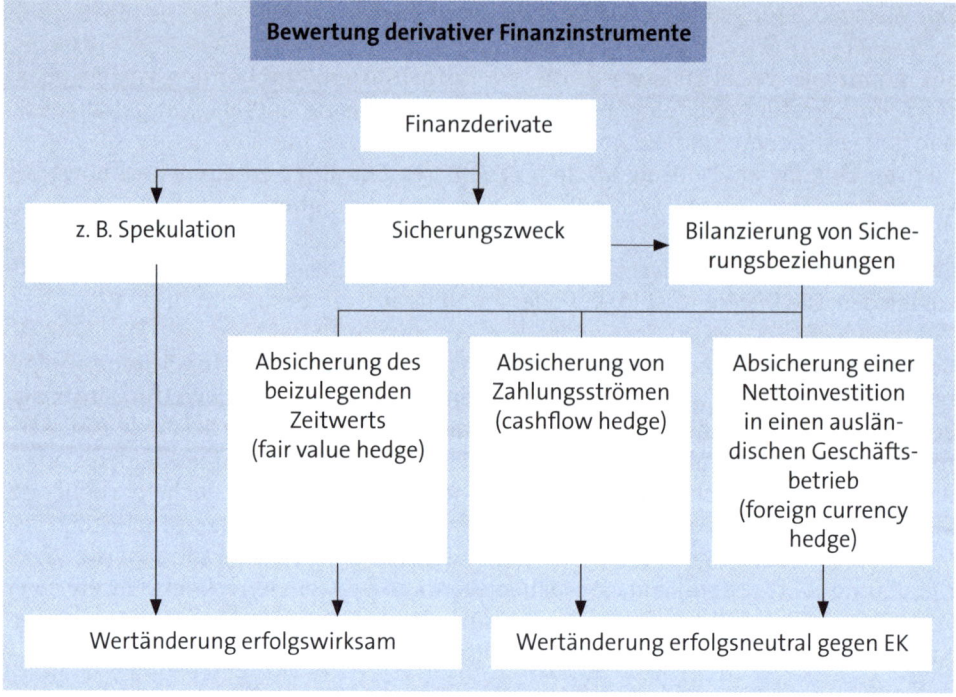

Bewertung derivativer Finanzinstrumente

Finanzderivate

z. B. Spekulation | Sicherungszweck | Bilanzierung von Sicherungsbeziehungen

Absicherung des beizulegenden Zeitwerts (fair value hedge) | Absicherung von Zahlungsströmen (cashflow hedge) | Absicherung einer Nettoinvestition in einen ausländischen Geschäftsbetrieb (foreign currency hedge)

Wertänderung erfolgswirksam | Wertänderung erfolgsneutral gegen EK

2.4.5.1 Absicherung des beizulegenden Zeitwertes

Als Absicherung des beizulegenden Zeitwerts beschreibt IAS 39 die vollständige oder teilweise Sicherung von Vermögenswerten oder Verbindlichkeiten gegen Änderungen des beizulegenden Zeitwertes eines bilanzierten Grundgeschäfts (Basisobjekt).

Als Beispiel benennt IAS 39 die Absicherung von fest verzinslichen Krediten aufgrund einer Zinsänderung. Hierbei werden Wertänderungen des Sicherungsinstruments (Finanzderivat) und des abgesicherten Grundgeschäfts jeweils erfolgswirksam berücksichtigt. Dies gilt selbst dann, wenn die besicherte Position ansonsten zu Anschaffungskosten bewertet wird. Das heißt, es erfolgt eine Anpassung des Buchwertes sowohl beim Grundgeschäft als auch beim Sicherungsinstrument. Im Idealfall gleichen sich damit die Ergebnisse daraus aus, sodass im Saldo eine erfolgsneutrale Erfassung in der Gewinn- und Verlustrechnung erfolgt.

2.4.5.2 Absicherung von Zahlungsströmen

IAS 39 beschreibt die Absicherung von Zahlungsströmen als Absicherung des Risikos von Schwankungen der Cashflows, die im Zusammenhang mit bereits bilanzierten Vermögenswerten oder Verbindlichkeiten oder im Zusammenhang mit noch geplanten Transaktionen stehen, wenn diese Schwankungen Auswirkungen auf das Periodenergebnis haben.

Als Beispiel zur Absicherung von Zahlungsströmen in Bezug auf bereits bilanzierte Vermögenswerte oder Verbindlichkeiten gilt der Einsatz eines Swap-Kontrakts, mit dem variabel verzinsliche Forderungen oder Verbindlichkeiten gegen fest verzinsliche Positionen getauscht werden.

Die Absicherung von Zahlungsströmen auf geplante Transaktionen können z. B. Kursänderungs- oder Preisrisiken im Rahmen einer nicht bilanzierten vertraglichen Verpflichtung zum Kauf oder zur Lieferung zu einem festgesetzten Preis in einer fremden Währung sein.

Die **Wertänderung** des Sicherungsinstrumentes wird bei der Absicherung von Zahlungsströmen erfolgsneutral im Eigenkapital erfasst. Dies allerdings nur, soweit die Voraussetzungen im Hinblick auf die Absicherung als wirksam bzw. effektiv im Sinne IAS 39 anzusehen sind.

Danach muss eine hohe Effektivität des Sicherungsgeschäfts (80 % - 125 % Kompensation der Schwankungen in Bezug auf das Grundgeschäft) gegeben sein, darüber hinaus eine genaue Dokumentation über die Funktion und Nachhaltigkeit der Sicherungswirkung vorliegen.

Führt das so abgesicherte Grundgeschäft oder die geplante Transaktion zum Ansatz eines Vermögenswertes oder einer Verbindlichkeit, so ist der zwischenzeitlich aus Veränderungen im Eigenkapital erfasste Betrag mit den Anschaffungskosten des Vermögenswertes oder der Verbindlichkeit zu verrechnen. Bei allen anderen Absicherungen von Zahlungsströmen sind die im Eigenkapital erfassten Beträge in der Periode erfolgswirksam zu erfassen, in der auch die abgesicherte Transaktion erfolgswirksam erfasst wird.

2.4.5.3 Absicherung einer Nettoinvestition in einem ausländischen Geschäftsbetrieb

Diese Absicherung soll dem Schutz des Anteils am Nettovermögen einer Beteiligung dienen. Absicherungen einer Nettoinvestition in einem ausländischen Geschäftsbetrieb sind in gleicher Weise zu erfassen, wie Absicherungen von Zahlungsströmen. Auch hier ist der wirksame Teil der Sicherungsvereinbarung im Eigenkapital auszuweisen (Währungsdifferenz) und der unwirksame Teil erfolgswirksam im Periodenergebnis zu erfassen.

2.5 Angaben zu Finanzinstrumenten

Nach IAS 32 Finanzinstrumente: Darstellung sind für **alle Arten** von Finanzinstrumenten jeweils die angewandte Bilanzierungs- und Bewertungsmethode sowie Art, Volumen und wesentliche vertragliche Vereinbarungen anzugeben. Insbesondere sind Informationen zum Kredit- und Zinsrisiko zu geben.

Die geforderten Angaben sollen ein besseres Verständnis der Bedeutung von Finanzinstrumenten für die Vermögens-, Finanz- und Ertragslage und die Cashflows eines Unternehmens sicherstellen; darüber hinaus sollen sie dazu beitragen, die Beträge, die Zeitpunkte und die Eintrittswahrscheinlichkeit der künftigen Cashflows abschätzen zu können, die aus solchen Finanzinstrumenten resultieren.

Geschäfte mit Finanzinstrumenten können dazu führen, dass Finanzrisiken vom Unternehmen selbst übernommen oder einem Dritten übertragen werden. Die geforderten Angaben bieten Informationen, die den Abschlussadressaten bei der Bewertung der mit Finanzinstrumenten verbundenen Risiken unterstützen.

Zu den umfangreichen Angabepflichten zu Finanzinstrumenten verweisen wir insbesondere auf den neuen Standard IFRS 7 Finanzinstrumente: Angaben) IFRS 7 führt zu einer Umstrukturierung der Offenlegungspflichten für Finanzinstrumente. Viele Angabepflichten zu Finanzinstrumenten werden in diesem neuen Standard vereint. Insbesondere werden Informationen zur Auswirkung von Finanzinstrumenten auf die Vermögens- und Ertragslage des Unternehmens gefordert. Außerdem werden neue Anforderungen bezüglich der Berichterstattung zu Risiken, die mit Finanzinstrumenten verbunden sind, gestellt.

Aktuell werden die Regelungen zur Bilanzierung von Finanzinstrumenten in einem Drei-Phasen-Modell (Phase 1: Klassifizierung und Bewertung; Phase 2: Wertminderung (Impairment); Phase 3: Sicherungsgeschäfte (hedge accounting)) komplett überarbeitet. Der ursprünglich für IFRS 9 „Finanzinstrumente" geplante Einführungstermin, der 01.01.2013, konnte nicht eingehalten werden. IFRS 9 ist nunmehr erstmals in der ersten Berichtsperiode eines am 01.01.2015 oder danach beginnenden Geschäftsjahres anzuwenden, sofern er bis dahin von der Europäischen Union übernommen wurde. Die nachfolgenden Ausführungen beziehen sich deshalb auf die zum 01.01.2013 anwendbaren Standards. IFRS 9 wird in einem Exkurs kurz dargestellt.

Exkurs IFRS 9 Finanzinstrumente
Aufgrund der Komplexität der Regeln zur Bilanzierung von Finanzinstrumenten hat sich der Board entschlossen, die Bilanzierung von Finanzinstrumenten in drei Phasen zu überarbeiten. Phase 1: Klassifizierung und Bewertung, Phase 2: Wertminderung, Phase 3: Bilanzierung von Sicherungsbeziehungen. Bisher ist nur Phase 1 abgeschlossen und veröffentlicht. Diese überarbeiteten Regelungen sollen verpflichtend angewendet werden für Geschäftsjahre, die am oder nach dem 01.01.2015 beginnen. Eine vorzeitige Anwendung ist zulässig. Da der Board zurzeit nur Phase 1 abgeschlossen hat, müssten Unternehmen, die IFRS 9 vorzeitig anwenden, bezüglich der Berücksichtigung von Wertminderungen und der Bilanzierung von Sicherungsbeziehungen weiterhin die entsprechenden Vorschriften aus IAS 39 Finanzinstrumente: Ansatz und Bewertung anwenden.

Auf europäischer Ebene kann der Standard zurzeit nicht in europäisches Bilanzrecht übernommen werden, da EFRAG sich entschieden hat eine Aussage zur Übernahme von IFRS 9 nur nach vollständiger Beendigung der drei Phasen zu machen. Dementsprechend dürfen Unternehmen aus den Mitgliedstaaten der Europäischen Union diesen Standard bis zur Übernahme auch nicht in Teilen vorzeitig anwenden, sondern müssen weiterhin vollständig nach IAS 39 bilanzieren.

Ziel der Neuregelung der Ansatz- und Bewertungsvorschriften für finanzielle Vermögenswerte und finanzielle Schulden ist es, aktuellen und zukünftigen Anteilseignern, Kreditgebern und anderen Schuldnern entscheidungsrelevante Informationen über die Höhe, den Zeitpunkt und die Ungewissheiten in Zusammenhang mit aus Finanzinstrumenten resultierenden Zahlungsströmen zu geben.

Dementsprechend verlangt IFRS 9 die Klassifizierung von Finanzinstrumenten nach dem Geschäftsmodell, da sich die Zahlungsströme in Abhängigkeit von dem gewählten Geschäftsmodell ergeben. Die Zuordnung zu dem jeweiligen Geschäftsmodel bestimmt auch die Folgebewertung entweder mithilfe der fortgeführten Anschaffungskostenmethode oder zum beizulegenden Zeitwert. Somit dürfen Unternehmen nicht kapitalmarktfähige Eigenkapitalanteile oder Derivate zu Anschaffungskosten bewerten. Auch diese Instrumente müssen einer Kategorie zugeordnet werden, allerdings dürfen Anschaffungskosten in bestimmten Fällen im Rahmen der Schätzung des Zeitwertes herangezogen werden.

Finanzielle Vermögenswerte sind beim Zugang zum Zeitwert zuzüglich der Anschaffungsnebenkosten zu erfassen. Bei der Folgebewertung sind sie zu fortgeführten Anschaffungskosten zu bewerten, wenn

- das Geschäftsmodell dem Ziel dient die Vermögenswerte zu halten um die vertraglich vereinbarten Zahlungen zu erzielen
- die vertraglichen Vereinbarungen vorsehen, dass zu vereinbarten Terminen die Zahlung von Zinsen und Tilgung vereinnahmt werden. Andere Zahlungen als Zins und Tilgung sind ggf. schädlich und führen zu einer Fair value-Bewertung.

Alle anderen finanziellen Vermögenswerte sind zum beizulegenden Zeitwert zu bewerten. Wertänderungen sind in der Gewinn- und Verlustrechnung zu erfassen – mit Ausnahme der Eigenkapitalanteile, die nicht für Handelszwecke gehalten werden. Für diese Anteile sieht der Standard ein Wahlrecht vor, die Wertänderungen in dem sonstigen Ergebnis auszuweisen.

Der Standard enthält für bestimmte Ausnahmefälle, die zu einem sog. Accounting Mismatch führen, die Möglichkeit, finanzielle Vermögenswerte im Zeitpunkt des Zugangs zum Zeitwert zu bewerten und die Wertänderungen in der Gewinn- und Verlustrechnung zu berücksichtigen. Ein accounting mismatch ist dann gegeben, wenn die Bilanzierungsregelungen die Wertänderungen unterschiedlich erfassen und deswegen zu unterschiedlichen Zeitpunkten Gewinne oder Verluste realisiert werden.

Umwidmungen von einer Kategorie in die andere sind nur bei Änderung des Geschäftsmodells zulässig.

Ebenso wie unter IAS 39 werden die überwiegende Zahl von finanziellen Schulden zu fortgeführten Anschaffungskosten bewertet. Nur die finanziellen Schulden, die zu Handelszwecken gehalten werden, sind zum beizulegenden Zeitwert zu bewerten. Auch bei den finanziellen Schulden gibt es die Möglichkeit, diese in bestimmten Ausnahmefällen im Zeitpunkt des Zugangs zum Zeitwert zu bewerten und die Wertänderungen in der Gewinn- und Verlustrechnung zu berücksichtigen. Umwidmungen sind nicht zulässig. Die Ausbuchungsregelungen wurden aus IAS 39 übernommen.

3. Vorräte

Vorräte sind im Wesentlichen in Standard IAS 2 geregelt. Daneben finden sich spezielle Regelungen für den Bereich Landwirtschaft im Standard IAS 41 und zum Ansatz von Fremdkapitalkosten im IAS 23.

3.1 Ausweis und Ansatz der Vorräte

Die Vorräte setzen sich nach IFRS und HGB aus folgenden Hauptposten zusammen:

IFRS	HGB
Freie Unterteilung gem. IAS 1 bzw. IAS 2:	**Mindestgliederung** gem. § 266 Abs. 2B I HGB für KapG
1. Handelswaren	
2. Roh-, Hilfs- und Betriebsstoffe	1. Roh-, Hilfs- und Betriebsstoffe
3. unfertige Erzeugnisse/Leistungen	2. unfertige Erzeugnisse, unfertige Leistungen
4. fertige Erzeugnisse	3. fertige Erzeugnisse und Waren
	4. geleistete Anzahlungen

Vorräte sind Vermögenswerte, die

► zum Verkauf im normalen Geschäftsgang gehalten werden

► sich in der Herstellung für einen solchen Verkauf befinden oder

► als Roh-, Hilfs- und Betriebsstoffe dazu bestimmt sind, bei der Herstellung oder Erbringung von Dienstleistungen verbraucht zu werden.

Die **Ansatzvorschriften** ergeben sich aus der allgemeinen Definition von Vermögenswerten aus dem Rahmenkonzept (Framework), d. h. die Vorräte müssen Vermögenswerte sein, die eine in der Verfügungsmacht des Unternehmens stehende Ressource darstellen und von der erwartet wird, dass dem Unternehmen aus ihr künftiger Nutzen zufließt.

3.2 Bewertung von Vorräten

Einen Überblick zur Bewertung von Vorräten nach IFRS und nach HGB zeigt folgende Übersicht:

IFRS	HGB
Zugangsbewertung Anschaffungs- bzw. Herstellungskosten	**Zugangsbewertung** Anschaffungs- bzw. Herstellungskosten
Vollkostenprinzip	Vollkostenprinzip
Folgebewertung Anschaffungs- und Herstellungskosten oder niedrigerer Nettoveräußerungswert	**Folgebewertung** Anschaffungs- und Herstellungskosten oder niedrigerer beizulegender Wert
Ermittlung des Nettoveräußerungswertes grundsätzlich absatzmarktorientiert bei Roh-, Hilfs- und Betriebsstoffen ggf. niedrigere Wiederbeschaffungskosten	**Ermittlung des beizulegenden Wertes** Veräußerungswert oder Wiederbeschaf- fungskosten bzw. Wiederherstellkosten
Einzelbewertungsgrundsatz	**Einzelbewertungsgrundsatz**
▸ Fifo	▸ Fifo
▸ gewichteter oder gleitender Durchschnitt	▸ gewogener Durchschnitt
▸ Festwert zulässig	▸ Lifo
	▸ Festwert möglich

Synopse: Bewertung von Vorräten

3.2.1 Zugangsbewertung

Vorräte werden grundsätzlich zu **Anschaffungs-/Herstellungskosten** bewertet. In die Anschaffungs-/Herstellungskosten sind alle Kosten des Erwerbes und der Be- und Verarbeitung sowie sonstige Kosten einzubeziehen, die notwendig sind, um die Vorräte in ihren derzeitigen Zustand zu versetzen und an ihren derzeitigen Ort zu bringen.

Zu den **Anschaffungskosten** gehören der Kaufpreis, nicht erstattungsfähige Einfuhrzölle und andere Steuern, Transport- und Verbringungskosten sowie sonstige direkt zurechenbare Kosten abzüglich Skonti, Rabatte und andere vergleichbare Beträge.

Inhaltliche Unterschiede zum **deutschen Handelsrecht** bestehen soweit nicht.

Gemäß IAS 41, Landwirtschaft, sind Vorräte, die landwirtschaftliche Erzeugnisse umfassen und die ein Unternehmen von seinen biologischen Vermögenswerten geerntet hat, beim erstmaligen Ansatz im Zeitpunkt der Ernte zum beizulegenden Zeitwert abzüglich der geschätzten Kosten zum Verkaufszeitpunkt anzusetzen.

3.2.1.1 Vollkostenprinzip

Die **Herstellungskosten** umfassen neben den direkt zurechenbaren Einzelkosten auch Teile der fixen und variablen Fertigungsgemeinkosten sowie anderer Gemeinkosten, die anfallen, um die Vorräte an ihren derzeitigen Ort und in ihren derzeitigen Zustand zu versetzen. Insofern entsprechen die Herstellungskosten nach IFRS dem **Vollkostenansatz**. Die **Unterschiede** zum deutschen **Handelsrecht** und zur **deutschen Steuergesetzgebung** ergeben sich aus nachfolgender Übersicht:

Kostenart	IFRS	HGB	EStR
Materialeinzelkosten Fertigungseinzelkosten Sondereinzelkosten der Fertigung	Ansatzpflicht	Ansatzpflicht	Ansatzpflicht
Materialgemeinkosten Fertigungsgemeinkosten Abschreibungen	Ansatzpflicht	Ansatzpflicht	Ansatzpflicht
Allgemeine Verwaltung Soziale Leistungen	Ansatzverbot, wenn nicht produktionsbezogen	Ansatzwahlrecht	Ansatzwahlrecht
Zinsen für Fremdkapital	Ansatzpflicht, soweit zurechenbar und längere Herstellungszeit	Ansatzwahlrecht, soweit direkt zurechenbar auf den Herstellungszeitraum	Ansatzwahlrecht, soweit direkt zurechenbar auf den Herstellungszeitraum
Vertriebskosten	Ansatzverbot	Ansatzverbot	Ansatzverbot

Materiell **relevante Unterschiede** zwischen IAS, HGB und EStR ergeben sich regelmäßig nicht, wenn durch entsprechende Ansatzwahlrechtsausübung der steuerliche Wertansatz mit der IFRS-Bewertung in Übereinstimmung gebracht wird. Diese Verfahrensweise ist schon deshalb zu empfehlen, um die sich ergebenden Steuerlatenzen zu vermeiden, da diese sich innerhalb der Vorräte nur mit erheblichem rechentechnischem Aufwand ermitteln lassen.

3.2.1.2 Aktivierung von Gemeinkosten

Während das deutsche **HGB** in Bezug auf die **Zurechnung von Material- und Fertigungsgemeinkosten** nur unbestimmt auf angemessene Teile abstellt, konkretisiert IAS 2, dass Grundlage für die Zurechnung von fixen Fertigungsgemeinkosten im Allgemeinen die Normalkapazität ist. Wenn die aktuelle Kapazität nicht allzu stark von der Norm abweicht, darf auch diese zu Grunde gelegt werden.

Den **variablen Gemeinkosten** muss allerdings die tatsächliche Kapazitätsauslastung zu Grunde gelegt werden. Das heißt, dass sobald die Normalkapazität wesentlich unterschritten wird, nur die Fixkosten der Normalauslastung aktiviert werden dürfen, da dies ansonsten zur Aktivierung von Leerkosten führen würde.

Ist die tatsächliche Kapazität hingegen wesentlich höher als die durchschnittliche Normalauslastung, muss der **Fixkostenverrechnungssatz** entsprechend gesenkt werden, um zu verhindern, dass überhöhte Fixkosten pro Stück aktiviert werden, was dem deutschen Realisationsprinzip entspricht.

Nach **deutschem Handels- und Steuerrecht** dürfen allgemeine Verwaltungskosten und soziale Leistungen wahlweise in die Herstellungskosten einbezogen werden. IAS 2 verlangt bei Einbezug dieser Gemeinkosten einen engen Produktionsbezug.

Aufgabe 19 > Seite 170

3.2.1.3 Aktivierung von Fremdkapitalzinsen

Während § 255 Abs. 3 HGB ein Wahlrecht bezüglich der Aktivierung von Fremdkapitalzinsen im Rahmen der Herstellungskostenermittlung enthält, verlangt IAS 23 die Aktivierung von Fremdkapitalkosten, die direkt dem Erwerb, dem Bau oder der Herstellung eines qualifizierten Vermögenswertes zugeordnet werden können. Fremdkapitalkosten im Sinne von IAS 23 sind Zinsen und sonstige Kosten, die bei einem Unternehmen im Zusammenhang mit der Aufnahme von Fremdkapital anfallen. Der Begriff Fremdkapitalkosten ist somit weiter als nach HGB.

Qualifizierte Vermögenswerte bedingen einen beträchtlichen Zeitraum, um sie ihrer eigentlichen Bestimmung zuzuführen. Danach kommen vor allem Fremdkapitalkosten im Rahmen langfristiger Auftragsfertigung infrage. Der Begriff der Fremdkapitalkosten umfasst nach IAS 23 neben Zins und Disagio auch alle übrigen mit der Fremdkapitalaufnahme verbundenen Kosten.

Die **Ermittlung** kann sowohl direkt (direkt zuordenbare Kreditgeschäfte) oder pauschaliert (gewichteter Durchschnitt der im Geschäftsjahr entstandenen Fremdkapitalkosten) erfolgen.

3.2.1.4 Bewertungsvereinfachungsverfahren

Bei der Ermittlung der Anschaffungs- und Herstellungskosten gilt grundsätzlich der **Einzelbewertungsgrundsatz**, soweit sie nicht austauschbar sind bzw. für spezielle Projekte hergestellt werden. Alle **anderen Vermögenswerte** des Vorratsvermögens können entweder mit der Fifo oder mit der gewogenen Durchschnittsmethode bewertet werden. Das Lifo-Verfahren (Last-in-first-out) ist nicht mehr zulässig.

Spezielle Vorschriften zur Festbewertung als dritte Möglichkeit einer Bewertungs-
vereinfachung sind in den IFRS nicht enthalten, da die IFRS Bilanzierung im Sinne von
Ansatz, Bewertung und Ausweis verstehen (vgl. F OB.1). Regeln zur Inventur enthalten
die IFRS nicht. Dementsprechend ist auch ein Festwert analog zu § 240 Abs. 3 HGB zugelassen, wenn der Gesamtwert für das Unternehmen von nachrangiger Bedeutung
ist und hinsichtlich seiner Größe, seinem Wert und seiner Zusammensetzung nur geringen Veränderungen unterliegt.

3.2.1.4.1 Das Fifo-Verfahren

Das Fifo-(First-in-first-out) Verfahren geht von der Annahme aus, dass die zuerst ange-
schafften oder hergestellten Vermögenswerte zuerst verbraucht oder veräußert worden sind, d. h. dass die am Bilanzstichtag vorhandenen Mengen demgemäß aus den
letzten Einkäufen stammen. Damit entsprechen die Bestände dem aktuellen Marktwert. Bei steigenden Preisen führt das Fifo-Verfahren allerdings tendenziell zur Über-
bewertung der Bestände.

Voraussetzung für das Fifo-Verfahren ist eine fortlaufende Aufzeichnung zumindest
aller Zugänge. Zur Bestimmung des wertmäßigen Endbestandes genügt es, von den jeweils letzten Eingangsrechnungen solange zurückzurechnen, bis der mengenmäßige
Bestand durch entsprechende Einkäufe gedeckt ist.

Aufgabe 20 > Seite 170

3.2.1.4.2 Die Durchschnittsbewertung

Bei der Durchschnittsbewertung wird aus dem Anfangsbestand und den Zugängen
einer Periode ein Durchschnittspreis gebildet, mit dem der Verbrauch und der Endbestand der Periode bewertet werden. Hierbei unterscheidet man zwei Möglichkeiten
der Durchschnittspreisermittlung:

- die permanente Durchschnittsbewertung
- die periodische Durchschnittsbewertung.

Bei der **permanenten Bewertung** wird der Durchschnittspreis nach jedem Zugang ermittelt. Damit werden Preisschwankungen regelmäßig egalisiert, mit dem Nachteil,
dass alte Werte im Verhältnis zu aktuellen Werten relativ hoch gewichtet sind.

Bei der periodischen Bewertung wird unter Berücksichtigung aller Zugänge einer Periode nur einmal am Ende der Periode der Durchschnittspreis ermittelt. Insofern ist diese Methode auch praktikabler als die permanente Durchschnittsbewertung. Durch die
periodische Gewichtung sind ältere Preise nicht so stark gewichtet, was zu einer zeit-
näheren Bewertung führt.

Aufgabe 21 > Seite 171

3.2.2 Folgebewertung

3.2.2.1 Nettoveräußerungswert

Grundsätzlich werden Vorräte auch in der Folge zu Anschaffungs-/Herstellungskosten bewertet. Jedoch ist nach IAS 2 bei der Bewertung auch der Nettoveräußerungswert zu berücksichtigen. Als Nettoveräußerungswert ist der geschätzte, im normalen Geschäftsgang erzielbare Verkaufserlös abzüglich der geschätzten Kosten für die Fertigstellung und Vertrieb.

Der Nettoveräußerungswert wird in jeder Folgeperiode neu ermittelt. Soweit der Nettoveräußerungswert unter den Anschaffungs-/Herstellungskosten liegt, muss eine Wertberichtigung erfolgen.

Nach IAS 2 ist der **Niederstwert** ausschließlich absatzmarktorientiert. Die absatzmarktorientierte Bewertung der Vorräte kann bei Roh-, Hilfs- und Betriebsstoffen ggf. durchbrochen werden.

Roh-, Hilfs- und Betriebsstoffe werden danach solange nicht abgewertet, wie die Fertigerzeugnisse, in die sie eingehen, mindestens zu Herstellungskosten verkauft werden können. Sollte dies nicht der Fall sein, können unter diesen Umständen Roh-, Hilfs- und Betriebsstoffe auch mit den Wiederbeschaffungskosten bewertet werden.

Wenn die Umstände, die in einer Vorperiode zu einer Abwertung der Vorräte geführt haben, nicht mehr bestehen, besteht nach IAS 2 zwingend eine Zuschreibungspflicht.

3.2.2.2 Erfassung als Aufwand

Entsprechend dem Prinzip der **periodengerechten Erfassung** von Aufwand und Ertrag wird beim Verkauf von Vorräten der Buchwert dieser Vorräte als Aufwand in jener Periode verbucht, in der die zugehörigen Erträge realisiert werden. Hingegen sind Aufwendungen aus Abschreibungen auf den Nettoveräußerungswert respektive Zuschreibungen in der Periode zu erfassen, in der die Abschreibung oder Zuschreibung erfolgt.

3.3 Angaben zu Vorräten

Nach IFRS müssen die Jahresabschlüsse zum Bereich Vorräte u. a. **folgende Angaben** enthalten:

▸ die angewandten Bilanzierungs- und Bewertungsmethoden sowie die Verfahren zur Ermittlung der Anschaffungs-/Herstellungskosten

▸ den Gesamtbuchwert der Vorräte mit unternehmensspezifischer Untergliederung

▸ den Buchwert der Vorräte, die zum Nettoveräußerungswert angesetzt wurden

▸ den Betrag der erfolgswirksam vorgenommenen Wertaufholungen und die Umstände oder Ereignisse, die zur Wertaufholung geführt haben

▸ den Buchwert der Vorräte, die als Sicherheit für Verbindlichkeiten dienen.

4. Fertigungsaufträge

Fertigungsaufträge sind im Wesentlichen im Standard IAS 11 geregelt. Daneben finden sich spezielle Regelungen für Dienstleistungserlöse im Standard IAS 18 und zum Ansatz von Fremdkapitalkosten im Standard IAS 23.

4.1 Ausweis von Fertigungsaufträgen

Ein **Fertigungsauftrag** ist ein Vertrag über die kundenspezifische Fertigung einzelner Gegenstände oder einer Anzahl von Gegenständen, die hinsichtlich Design, Technologie und Funktion oder hinsichtlich ihrer Verwendung aufeinander abgestimmt oder voneinander abhängig sind. Beispiele solcher Aufträge sind der Bau von Raffinerien, Staudämmen, Brücken, Pipelines, Tunnel, Schiffe, Flugzeuge oder andere komplexe Anlagen oder Ausrüstungen.

Diese **Einzelfertigungen** sind i. d. R. langfristiger Natur, d. h. die Fertigstellung dauert mitunter mehrere Jahre und unterscheidet sich von der Serienproduktion dadurch, das sich die Bilanzierung dieser langfristigen Fertigungsaufträge über mindestens zwei oder mehr Bilanzstichtage erstreckt.

Der **Bilanzausweis** ist in IAS 11 nicht geregelt. Nach IDW RS HFA 2 kommt aber insbesondere der Ausweis unter den Forderungen in Betracht. Das IDW schlägt vor, diese Position als „künftige Forderungen aus Fertigungsaufträgen" zu bezeichnen. Dieser Posten umfasst die bis dahin entstandenen Auftragskosten zzgl. vereinnahmter Gewinne abzüglich entstandener Verluste und bereits in Rechnung gestellte Abschlagszahlungen.

Ein **negativer Saldo** ist gemäß IDW RS HFA 2 unter einem Posten „Verpflichtungen aus Fertigungsaufträgen" zu passivieren. Die künftigen Forderungen und Verpflichtungen aus Fertigungsaufträgen sind entweder in der Bilanz gesondert auszuweisen oder in den notes anzugeben.

4.2 Ansatz und Bewertung von Fertigungsaufträgen

Wesentliches Bilanzierungsmerkmal von Fertigungsaufträgen nach IFRS ist die **Gewinnrealisierung entsprechend dem Leistungsfortschritt**. Ist das Ergebnis eines Fertigungsauftrages verlässlich zu schätzen, so sind die Auftragserlöse und Auftragskosten aus diesem Fertigungsauftrag entsprechend dem Leistungsfortschritt am Bilanzstichtag jeweils als Erträge und Aufwendungen nach der Percentage of completion-Methode zu erfassen. Die wesentlichen Unterschiede zur nach HGB zulässigen Completed contract-Methode zeigt die folgende Übersicht:

IFRS	HGB
Percentage of completion-Methode	**Completed contract-Methode**
► verkürzte Percentage of completion-Methode möglich ► erfolgswirksam ► Ausweis unter Forderungen ► Completed contract-Methode unzulässig	► Teilrechnungslegung möglich ► maximal Neutralisierung der Aufwendungen ► Ausweis unter Vorräten ► Percentage of completion-Methode unzulässig

Synopse: Ansatz und Bewertung von Fertigungsaufträgen

In Bezug auf die Verlässlichkeit der Ergebnisschätzung unterscheidet IAS 11 zwischen zwei verschiedenen Vertragstypen:

► **Festpreisverträge** sind Fertigungsaufträge, für den der Auftragnehmer einen festen Preis bzw. einen festgelegten Preis pro Einheit vereinbart.

► **Kostenzuschlagsverträge** sind Fertigungsaufträge, bei denen der Auftragnehmer abrechenbare oder anderweitig festgelegte Kosten zzgl. eines vereinbarten Prozentsatzes dieser Kosten oder ein festes Entgelt vergütet bekommt.

Auch Mischformen beider Auftragstypen sind möglich.

Je nach Vertragstyp müssen eine Reihe von Kriterien erfüllt sein, damit die Voraussetzung zur Anwendung der **Percentage of completion-Methode**, nämlich die verlässliche Schätzung des Gesamtergebnisses, möglich ist.

Festpreisverträge müssen kumulativ folgende Kriterien erfüllen, um das Ergebnis verlässlich schätzen zu können:

► Die gesamten Auftragserlöse und die dem Vertrag zurechenbaren Kosten müssen eindeutig bestimmbar und verlässlich ermittelt werden können.

► Es muss wahrscheinlich sein, dass die Auftragsleistung dem Unternehmen in voller Höhe zufließt.

► Auch die noch anfallenden Kosten bis zur Fertigstellung des Auftrages und der Grad der erreichten Fertigstellung müssen am Bilanzstichtag verlässlich ermittelt werden können.

Im Falle eines **Kostenzuschlagsvertrages** müssen kumulativ folgende Kriterien erfüllt sein:

► Es muss wahrscheinlich sein, dass die Auftragsleistung dem Unternehmen zufließt.

► Die dem Vertrag zurechenbaren Kosten müssen eindeutig bestimmbar und zuverlässig ermittelt werden können, unabhängig davon, ob sie gesondert abrechenbar sind.

Sofern die kumulierten Bedingungen der Percentage of completion-Methode erfüllt sind, handelt es sich um die Grundform dieser Methode.

Ist der Ertrag nicht zuverlässig zu ermitteln, so kommt eine so genannte **verkürzte Percentage of completion-Methode** zur Anwendung. Soweit abzusehen ist, dass mindestens die Kosten des Auftrages gedeckt werden können, sind die Erträge nur in der Höhe zu realisieren, die die periodischen Kosten gerade decken.

Ein erwarteter **Drohverlust** durch den Fertigungsauftrag ist bei beiden Methoden sofort als Aufwand zu erfassen. Zur Bestimmung des Fertigungsstandes sind wiederum mehrere Methoden gebräuchlich.

Nach welchem Verfahren der **Grad der Fertigstellung** zu ermitteln ist, wird durch IFRS nicht vorgeschrieben. Die gewählte Methode muss aber den bisher erreichten Fertigungsstand möglichst zuverlässig ermitteln können. Nach IFRS 11 umfassen diese **Methoden** je nach Vertragsart:

▸ das Verhältnis der angefallenen Auftragskosten zu geschätzten gesamten Auftragskosten (Cost-to-cost-Methode)

▸ eine Begutachtung der erbrachten Leistungen im Verhältnis der zu erbringenden Gesamtleistung oder

▸ die Vollendung eines physischen Teiles des Vertragswerkes im Verhältnis zur insgesamt geschuldeten Gesamtleistung.

Erhaltene Abschlagszahlungen oder Anzahlungen spiegeln jedoch die erbrachte Leistung i. d. R. nicht wieder.

Das in der Praxis dominierende Verfahren ist die so genannte **Cost-to-cost-Methode**. Danach ist das Verhältnis der bis zum Stichtag angefallenen Auftragskosten zu den am Stichtag geschätzten gesamten Auftragskosten maßgeblich.

Aufgabe 22 > Seite 171

4.3 Angaben zu Fertigungsaufträgen

Nach IAS 11 sind für Fertigungsaufträge u. a. **folgende Angaben** erforderlich:

▸ die angewandte Methode zur Schätzung des Fertigstellungsgrades (z. B. Cost-to-cost-Methode)

▸ die in der Berichtsperiode erfassten Auftragserlöse sowie die Methode zu deren Ermittlung

▸ die kumulierten angefallenen Auftragskosten und Gewinne

▸ Anzahlungen und Rückbehalte der Auftraggeber.

Weiterhin sind nach IAS 37 die aus den Fertigungsaufträgen resultierenden Rückstellungen und Haftungsverhältnisse anzugeben.

Aufgabe 23 > Seite 172

5. Eigenkapital

Das Eigenkapital ist in keinem gesonderten Standard geregelt. Es finden sich diverse Einzelregelungen in verschiedenen Standards und im Rahmenkonzept. Die wesentlichen IFRS-Vorschriften zum Eigenkapital finden sich in:

- F 4.20 ff. Rahmenkonzept für die Rechnungslegung
- IAS 1 Darstellung des Abschlusses
- IAS 32 Finanzinstrumente: Darstellung
- IAS 39 Finanzinstrumente: Ansatz und Bewertung
- IAS 19 Leistungen an Arbeitnehmer.

5.1 Ansatz

Eigenkapital ist der nach Abzug aller Schulden verbleibende Restbetrag der Vermögenswerte des Unternehmens (F 4.4c). Deshalb wirkt sich die Qualifizierung der Schulden direkt auf die Höhe des Eigenkapitals aus. **IFRS und HGB unterscheiden hier erheblich**.

IFRS	HGB
Rückzahlungspflicht	Haftungspflicht

Synopse: Abgrenzung von Eigenkapital zu Fremdkapital

Das **HGB** sieht die Abgrenzung zwischen Eigen- und Fremdkapital ausdrücklich vor dem Hintergrund der **Haftungsqualität** vor. Zweifelsfrei werden das gezeichnete Kapital sowie alle Rücklagen hier ausgewiesen.

Kein Ausweis als Eigenkapital ist zulässig, wenn das eingebrachte Kapital nicht nachrangig haftet, also erst nach Befriedigung aller anderen Gläubiger bedient wird. Dies gilt z. B. für die typische stille Beteiligung oder für bestimmte Formen des Genussscheinkapitals. Dagegen stellt die atypisch stille Beteiligung Eigenkapital dar.

Aufgabe 24 > Seite 173

Anderes gilt nach den Regeln der IAS 32.15 ff. Danach ist für die Qualifizierung als Eigen- bzw. Fremdkapital die nachträgliche oder faktische Rückzahlungsverpflichtung entscheidend.

So sind z. B. vereinbarte Rückzahlungsverpflichtungen von stillem Beteiligungs- oder Genussscheinkapital ausschlaggebend für den Ansatz als Fremd- und nicht als Eigenkapital.

Aufgabe 25 > Seite 173

Ganz problematisch kann sich dies auf den Eigenkapitalausweis von offenen Investmentfonds, von Personenhandelsgesellschaften und auch Genossenschaften auswirken. In diesen Fällen steht – nach deutschem Gesellschaftsrecht – den Gesellschaftern ein vertraglich nicht abdingbares Kündigungsrecht (mit anschließender Rückzahlung) zu. Dieses „puttable instrument" führt grundsätzlich zur Klassifizierung der Gesellschaftereinlagen als Fremdkapital. Personengesellschaften würden dann kein Eigenkapital ausweisen können. Damit aber nicht genug. Das so zu bezeichnende Fremdkapital, das einen Abfindungsanspruch des bisherigen Gesellschafters gegenüber der Gesellschaft und den übrigen Gesellschaftern darstellt, muss mit dem „fair value" bewertet werden. Das bedeutet, dass Gesellschafteransprüche auf der Grundlage des wirklichen Unternehmenswertes zu bewerten sind. Diese Bewertung würde dann fast zwangsläufig in der Mehrzahl der Fälle zu einer überschuldeten Bilanz führen. Um diesem aus dem nationalen Gesellschaftsrecht resultierenden Missstand Abhilfe zu schaffen, hat der IASB in IAS 32.16A - F Voraussetzungen formuliert, nach denen diese kündbaren (rückzahlbaren) Gesellschaftsanteile (puttables) als Eigenkapital ausgewiesen werden können.

5.2 Ausweis

Das Eigenkapital setzt sich aus folgenden Hauptpositionen zusammen:

IFRS	HGB
Mindestausweis nach IAS 1.54	**Vorgeschriebene Gliederung**
► gezeichnetes Kapital	► gezeichnetes Kapital
► Rücklagen	► Kapitalrücklage
	► Gewinnrücklagen
	► Gewinnvortrag/Verlustvortrag
	► Jahresüberschuss/Jahresfehlbetrag

Synopse: Ausweis des Eigenkapitals

IAS 1.54 sieht für den Einzelabschluss keine Mindestgliederung vor. Als Informationen, die in der Bilanz mindestens darzustellen sind, schreibt IAS 1.54 (r) das gezeichnete Kapital und Rücklagen, die den Anteilseignern der Muttergesellschaft zuzuordnen sind, vor. Aufgrund dieser weitgefassten Vorschrift ist die Beibehaltung des detaillierten HGB-Gliederungsschemas grundsätzlich möglich.

IAS 32.33 und 32.34 regeln, dass **eigene Anteile** in der Bilanz als Kürzungsbetrag vom Eigenkapital auszuweisen sind. Der Erwerb eigener Anteile ist im Abschluss als Veränderung des Eigenkapitals darzustellen. Diese Darstellung stimmt mit der Bilanzierung nach § 272 HGB überein.

Aufgabe 26 > Seite 173

5.3 Bewertung

Soweit die Vorschriften über die Gründung und die Kapitalerhöhung beachtet wurden und das Eigenkapital dementsprechend dem Wert des eingebrachten Vermögens entspricht, entwickelt sich das Eigenkapital automatisch im Rahmen des wirtschaftlichen Erfolgs des Unternehmens. Dies können Jahresüberschüsse oder -fehlbeträge bzw. Veränderungen der Rücklagen sein. Originäre Bewertungsprobleme für das ausgewiesene Eigenkapital ergeben sich nach IFRS und HGB nicht.

Nach IAS 21.32 sind **Währungsdifferenzen**, die sich aus dem Konzernabschluss ergeben können, sowie Neubewertungserfordernisse für Vermögens- oder Schuldposten (IAS 16.31 ff.; IAS 38.75 ff.; IAS 40.33 ff.) in gesonderten Rücklagen zu erfassen. Vgl. auch die Ausführungen zur Eigenkapitalveränderungsrechnung (Kapitel D.).

5.4 Mitarbeiterbeteiligungen

Aktienoptionen und andere anteilsorientierte Vergütungsformen sind insbesondere bei Start up-Unternehmen (aber nicht nur dort) eine beliebte Form der Entlohnung von Mitarbeitern. Die bilanzielle Behandlung solcher Optionen wurde in den vergangnen Jahren kontrovers diskutiert.

IFRS 2 enthält nachfolgende Anforderungen an die Bilanzierung anteilsbasierter Vergütungen:

► Der Wert der Mitarbeiteroptionen ist als Personalaufwand zu erfassen.

► Der gesamte Aufwand wird nach den Verhältnissen am Zusagedatum (Grant Date) bemessen.

► Dieser Gesamtaufwand verteilt sich auf den Zeitraum zwischen Optionszusage und dem Datum, an dem das Optionsrecht unwiderruflich wird (vesting period).

Der Personalaufwand ist in Höhe des beizulegenden Zeitwertes der Option im Zusagezeitpunkt zu bemessen (IFRS 2.10). Der Zeitwert definiert sich dabei als Differenz zwischen dem Gesamtwert und dem inneren Wert der Option.

Der **innere Wert** (IFRS 2, Anhang A) einer Option ist der Unterschied zwischen dem Tageskurs der Aktie und dem Basispreis der Option. Bei einem Basispreis von 15 € und einem Kurswert von 20 € hat die Option einen inneren Wert von 5 €.

Der **beizulegende Zeitwert** einer Option berücksichtigt Chancen und Risiken von Kurs-veränderungen bis zum Ablauf der Ausübungsfrist gegenüber dem aktuellen Tages-kurs. Der fair value soll nach „anerkannten Optionspreismodellen" ermittelt werden. Es werden in der Literatur das Black-Scholes-Merton-Modell und Binominalmodelle ge-nannt. Einzelheiten hierzu finden sich im Anhang B4 ff. zu IFRS 2.

Nach IFRS 2.B6 müssen alle Optionspreismodelle die folgenden Faktoren berück-sichtigen:

► Ausübungspreis

► Laufzeit

► aktueller Kurs der zu Grunde liegenden Aktien

► erwarteter Kurs des Aktienkurses

► erwartete Dividenden auf den Aktien

► den risikolosen Zins für die Laufzeit der Option.

Der beizulegende Zeitwert bewegt sich so lange oberhalb des inneren Wertes, wie die Sperrfrist noch nicht abgelaufen ist. In dieser Phase ist es zumindest nicht un-wahrscheinlich, dass der Kurs zu irgendeinem Zeitpunkt über den aktuellen Kurs hin-aus ansteigt.

Zum Zeitpunkt der Gewährung der Option wird deren Gesamtwert nach dem Black-Scholes-Merton- oder einem Binominalmodell ermittelt und bis zum Ende der Sperr-frist fixiert.

Dieser Gesamtwert wird linear unter Berücksichtigung einer erwarteten Anpassung der Anzahl der ausgeübten Optionen auf die Sperrfrist verteilt und als Personal-aufwand erfasst.

Aufgabe 27 > Seite 173

Eine anteilsorientierte Vergütung muss nicht mit dem Versprechen verbunden sein, zu einem bestimmten Preis und zu einem bestimmten Zeitpunkt Aktien des Unter-nehmens erwerben zu dürfen. Sie kann auch rein virtuell gestaltet sein. In einem sol-chen Fall erhalten die Mitarbeiter so genannte **„stock appreciation rights"**, die sie so stellen, als ob sie eine Option erhalten hätten. Eine Vergütung wird demzufolge in der Höhe gezahlt, in der der Kurs-und Basispreis zum Zusagedatum denjenigen zum Ves-ting Date überschreitet.

Der Basispreis beträgt am Zusagetag 1.000 und am Vesting Date 1.800. An den Rechteinhaber sind 800 zu bezahlen. Diese Zahlung stellt Personalaufwand dar und ist demzufolge auch dort zu erfassen.

Im Gegensatz zur Option auf Eigenkapital wird dieser Personalaufwand bis zum Zahlungszeitpunkt nicht gegen eine Kapitalrücklage, sondern gegen Rückstellungen gebucht.

Dies ist bereits nach derzeit geltenden **HGB-Regeln** ein zulässiger Rückstellungsgrund. Die Rückstellung ist nach den Wertverhältnissen und Erwartungen am jeweiligen Stichtag zu berechnen. Bei gleichbleibenden Wertentwicklungen wird sie über die so genannte „Service Period" angesammelt. Bei schwankenden Werten verändern sich die Zuführungsbeträge der Perioden.

Als **Beispiel für die Berichterstattung über Aktienoptionspläne** soll der folgende Auszug aus dem Geschäftsbericht der mensch + maschine AG, Wessling, für das Jahr 2006 dienen:

Entwicklung der Optionen und Wandlungsrechte								
	Tranche 1	Tranche 2	Tranche 3	Tranche 4	Tranche 5	Tranche 6	Tranche 7	
Tag der Gewährung	**1.6.1999**	**2.6.2000**	**5.6.2001**	**3.6.2002**	**2.6.2003**	**12.7.2005**	**31.5.2006**	**Total**
Ausgegebene Optionen	181.800	176.600	226.296	249.268	241.108	315.250	249.426	1.639.748
Ausübungspreis (EUR)	15,00	12,47	6,85	6,21	2,45	3,59	5,64	
Maximale Laufzeit	6/8 Jahre	6/8 Jahre	6/8 Jahre	6/8 Jahre	6/8 Jahre	6/8 Jahre	6/8 Jahre	
Zu Beginn der Berichtsperiode ausstehende Optionen (01.01.2006)	58.400	104.200	134.300	181.156	121.732	307.460	0	907.248
In der Berichtsperiode gewährte Optionen	0	0	0	0	0	0	249.426	249.426
verwirkte Optionen (Ausscheiden)	0	0	1.400	4.408	3.700	13.700	0	23.208
ausgeübte Optionen	0	0	0	0	4.500	0	0	4.500
verfallene Optionen (Zeitablauf)	16.400	53.200	0	0	0	0	0	69.600
Am Ende der Berichtsperiode ausstehende Optionen (31.12.2006)	42.000	51.000	132.900	176.748	113.532	293.760	249.426	1.059.366
Ausübbare Optionen (31.12.2006)	42.000	51.000	132.900	176.748	19.700	0	0	422.348
Kapitalzufuhr in TEUR bei: Wandlung ausübbarer Optionen	630	636	910	1.098	48	0	0	3.322
Wandlung aller Optionen	630	636	910	1.098	278	1.055	1.407	6.014

Aktienoptionspläne

Die MuM SE bietet ihren Geschäftsführenden Direktoren und sonstigen Mitarbeitern Aktienoptionen an. Der Bezugspreis je Aktie ist der durchschnittliche Schlusskurs der MuM-Aktie an der Frankfurter Wertpapierbörse an den ersten 30 Börsenhandelstagen nach der jährlich stattfindenden Bilanzpressekonferenz. Das Bezugsrecht kann frühestens nach Ablauf der Wartezeit ausgeübt werden. Die Wartezeit beträgt ab Aktienoptionsangebot 2 bzw. 4 Jahre. Das Bezugsrecht besteht vier Jahre ab Ablauf der Wartefrist. Das Bezugsrecht kann nur in bestimmten Ausübungszeiträumen ausgeübt werden. Es kann zudem nur ausgeübt werden, wenn der Börsenkurs der MuM-Aktie innerhalb der letzten 10 aufeinander folgenden Börsenhandelstage vor den jeweiligen Ausübungszeiträumen mindestens 15% über dem Bezugskurs liegt.

Im Jahr 2006 wurden 249.426 neue Aktienoptionen ausgegeben und 4.500 Aktienoptionen gewandelt. In der Periode sind 69.600 Optionen verfallen und wurden 23.208 Optionen verwirkt. Zum 31.12.2006 werden 1.059.366 Optionen gehalten. Die Wandlung der Optionen erfolgt durch Kapitalerhöhung aus dem bedingten Kapital, der Wandlungspreis bewirkt also einerseits eine Kapitalzufuhr, andererseits eine entsprechende Erhöhung der Aktienanzahl. In den letzten beiden Zeilen der auf der Vorseite dargestellten Tabelle ist die jeweilige Kapitalzufuhr pro Ausgabejahr und gesamt aufgeführt, und zwar in der oberen Zeile nur für die zum 31.12.2006 ausübbaren und in der unteren Zeile für alle ausstehenden Optionsrechte. Daraus ergibt sich, dass bei Wandlung aller 422.348 Stück bereits ausübbaren Optionen eine Kapitalzufuhr von TEUR 3.322 erfolgt. Bezogen auf die Aktienstückzahl zum 31.12.2006 von 12.611.532 sowie auf das Eigenkapital zum 31.12.2006 von TEUR 14.912 entspräche dies einem Zuwachs der

Aktienstückzahl um 3,35% und einem Anstieg des Eigenkapitals um 22,28%. Bezogen auf die Gesamtzahl von 1.0059.366 ausstehenden Optionen und einer zugehörigen Kapitalzufuhr von TEUR 6.014 ergeben sich folgende Werte: Aktienstückzahl +8,40% und Kapitalzuwachs +40,32%.

Mit IFRS 2 sind aktienbasierte Vergütungsregelungen grundsätzlich mit dem beizulegenden Zeitwert (Fair Value) der dafür erbrachten Gegenleistung zu bewerten. Dabei gelten alle Transaktionen mit Mitarbeitern als aktienbasierte Vergütungsregelung, bei denen für erhaltene Güter oder in Anspruch genommene Leistungen im Gegenzug Eigenkapitalinstrumente des Unternehmens gewährt werden.

Da der Fair Value einer erbrachten Arbeitsleistung i. d. R. nicht zu bestimmen ist, wird der Fair Value des dafür gewährten Eigenkapitalinstruments herangezogen. Maßgeblich für die Bestimmung des Fair Values ist der Zeitpunkt der Gewährung des Eigenkapitalinstruments. Der Wert aktienbasierter Vergütungssysteme ist als Personalaufwand zu erfassen und über die Serviceperiode erfolgswirksam zu verteilen.

Der Gesamtwert der nach IFRS bewerteten und ausgegebenen Aktienoptionen beläuft sich zum 31.12.2006 auf TEUR 949 (VJ 773). Für die Berechnungen anhand eines modifizierten Black-Scholes-Merton-Modells wurden die unten aufgeführten Modellparameter und erwarteten Fluktuationswerte verwendet.

Die erwarteten Laufzeiten der Optionen basieren, sowie diese vorlagen, auf historischen Daten bezüglich der Ausübungszeiträume. Falls zum Ausgabestichtag keine adäquaten historischen Daten vorlagen, wurde die erwartete Laufzeit auf Basis der Einschätzung des Managements, dass die Aktienoptionen möglichst schnell ausgeübt werden, ermittelt. Dies begründet sich u. a. mit den steuerlichen Vor-

teilen für die Optionsinhaber, die eine frühzeitige Ausübung aller Optionen begünstigen, da aufgrund der aktuellen steuerlichen Regelungen in Deutschland die Differenz zwischen Ausübungspreis und aktuellem Kurs als geldwerter Vorteil zu versteuern ist, während Kursgewinne nach einem Jahr steuerfrei sind.

Das Erfolgsziel der Steigerung des durchschnittlichen Börsenkurses innerhalb der letzten zehn aufeinander folgenden Börsenhandelstagen vor dem jeweiligen Ausübungszeitraum um mindestens 15% des Ausübungspreises wurde nicht in die Bewertung einbezogen, da die Erreichung dieses Ziels nach Einschätzung des Managements auf Basis der Plandaten zu den jeweiligen Ausgabestichtagen erwartet wurde.

Die zukünftige Volatilität während der erwarteten Laufzeit der Aktienoptionen wurde auf Basis historischer Volatilitäten unter Berücksichtigung der zukünftigen erwarteten Kursentwicklung geschätzt. Grundsätzlich ist unter Berücksichtigung von IFRS 2. B25 die annualisierte historische Volatilität über die erwartete Laufzeit der Optionen zu verwenden. Die Vergleichbarkeit historischer Perioden mit zukünftigen Perioden ist für die Mensch und Maschine SE allerdings, analog zu den Regelungen des IFRS 2. B25 (d) nur eingeschränkt möglich, da seit der Börsennotierung im Jahr 1997 durch die Entwicklung am Neuen Markt und der anschließenden Restrukturierung die Wertschwankungen im Aktienkurs nicht repräsentativ für die zukünftige Entwicklung sind. Dementsprechend werden die zukünftig zu erwartenden Volatilitäten auf Basis von historischen 12 Monats Volatilitäten berechnet.

Parameter für Black-Scholes-Merton-Modell						
	Tranche 5		Tranche 6		Tranche 7	
	2 Jahre	4 Jahre	2 Jahre	4 Jahre	2 Jahre	4 Jahre
Aktienkurs am Bewertungsstichtag in EUR	2,43	2,43	4,65	4,65	4,59	4,59
Maximale Laufzeit zum Ausgabestichtag	6 Jahre	8 Jahre	6 Jahre	8 Jahre	6 Jahre	8 Jahre
Erwartete Laufzeit der Optionen	2 Jahre	4 Jahre	2 Jahre	4 Jahre	2 Jahre	4 Jahre
Ausübungspreis zum erwarteten Ausübungszeitpunkt in EUR	2,45	2,45	3,59	3,59	5,64	5,64
Erwartete Dividendenrendite	0,00 %	0,00 %	4,30 %	4,30 %	5,45 %	5,17 %
Risikoloser Zinssatz für die Laufzeit	2,21 %	2,70 %	2,23 %	2,75 %	3,52 %	3,61 %
Erwartete Volatilität für die Laufzeit	74,32 %	74,32 %	45,29 %	45,29 %	37,58 %	37,58 %
Erwartete Fluktuation der Optionsinhaber für die Laufzeit	17,06 %	22,38 %	7,71 %	15,00 %	5,00 %	14,57 %

5.5 Neubewertungsrücklage

Die IFRS erfordern gegebenenfalls Neubewertungen von Vermögenswerten (vgl. z. B. IAS 16, 36 und 38). Ergeben sich hierbei Bewertungen, die über dem Buchwert liegen, so sind die Unterschiedsbeträge in der Neubewertungsrücklage zu erfassen (vgl. Gliederungspunkte 1.3.1.2; 2.4.5 und die dort gegebenen Erläuterungen).

Soweit durch eine **Neubewertung in Folgeperioden** ein zuvor aufgewerteter Vermögenswert zu vermindern ist, wird die zuvor gebildete Neubewertungsrücklage zunächst bis zu den fortgeführten Anschaffungs- oder Herstellungskosten erfolgsneutral aufgelöst. Liegt der Zeitwert sogar darunter, ergibt sich ein ergebniswirksamer Wertminderungsaufwand.

Bei **Abgängen** von neubewerteten Vermögenswerten ist die Neubewertungsrücklage in entsprechender Höhe erfolgsneutral in den Gewinnrücklagen zu erfassen. Grundsätzlich ist die Neubewertungsrücklage um den Anteil der latenten Steuern, die im Zusammenhang mit der Neubewertung zu berücksichtigen sind, zu verrechnen.

5.6 Angaben zum Eigenkapital

Gemäß IAS 1.76 hat ein Unternehmen Angaben zum Eigenkapital entweder in der Bilanz oder im Anhang vorzunehmen. Regelmäßig werden die **folgenden Angaben** im Anhang gemacht:

► für jede Klasse von Anteilen:
  - die Anzahl
    · der genehmigten Anteile
    · der ausgegebenen und voll eingezahlten Anteile
    · der ausgegebenen und nicht voll eingezahlten Anteile

- den Nennwert der Anteile oder Angaben, dass die Anteile keinen Nennwert haben
- eine Überleitungsrechnung der Anzahl der im Umlauf befindlichen Anteile am Anfang und am Ende der Periode
- die Rechte, Vorzugsrechte und Beschränkungen für die jeweilige Kategorie von Anteilen einschließlich Beschränkungen bei der Ausschüttung von Dividenden und der Rückzahlung des Kapitals .
- die Anteile am Unternehmen, die vom Unternehmen selbst, von Tochterunternehmen oder von assoziierten Unternehmen gehalten werden und
- Anteile, die für die Ausgabe aufgrund von Optionen und Verkaufsverträgen vorgehalten werden unter Angabe von Modalitäten und Beiträgen

► eine Beschreibung von Art und Zweck jeder Rücklage innerhalb des Eigenkapitals.

Sofern es sich bei dem Unternehmen um eine **Personenhandelsgesellschaft** handelt, müssen Informationen beigebracht werden, die denjenigen, die für **Kapitalgesellschaften** vorgeschrieben sind, gleichwertig sind. Gleichzeitig ist es erforderlich, Veränderungen jeder Eigenkapitalkategorie während der Periode zu beschreiben (IAS 1.79).

5.7 Zusammenfassung

Zusammenfassend kann für die **Behandlung des Eigenkapitals** festgehalten werden:

► Die Übernahme der handelsrechtlichen Untergliederung des Eigenkapitals in den IFRS-Abschluss ist grundsätzlich zulässig.

► IFRS definiert das Eigenkapital enger als das Handelsrecht. Wenn z. B. Genussrechte oder stilles Beteiligungskapital voll am Verlust teilnimmt und eine Nachrangigkeit im Insolvenzfall besteht, gehört dieses Kapital aufgrund der Haftungsqualität handelsrechtlich zum Eigenkapital. Nach IFRS kommt es ausschließlich auf das Rückzahlungskriterium an. So werden z. B. Genussrechte, die rückzahlbar sind, unabhängig von der Vertragsdauer als Fremdkapital ausgewiesen. Beachte aber die Sonderregelungen in IAS 32.16A - F.

► Eigene Anteile werden nach IFRS nicht als Vermögenswerte behandelt und deswegen passivisch vom Eigenkapital abgesetzt.

► Mitarbeiterbeteiligungen: Gemäß IFRS 2 „Anteilsbasierte Vergütung" ist die Erfassung des geldwerten Vorteils an die begünstigten Mitarbeiter aus dem Jahresabschluss deutlich zu machen.

6. Verbindlichkeiten

Nach F 4.4. ist eine Schuld eine gegenwärtige Verpflichtung des Unternehmens, die aus Ereignissen der Vergangenheit entsteht und deren Erfüllung für das Unternehmen erwartungsgemäß mit einem Abfluss von Ressourcen mit wirtschaftlichem Nutzen verbunden ist. Die Rahmengrundsätze verwenden den englischen Begriff „Liabilities" im Sinne des deutschen Begriffs Schulden. Diese umfassen sowohl die Verbindlichkeiten als auch die Rückstellungen (vgl. F 4.4, F 4.15 und F 4.19). Dementsprechend werden im Folgenden erst Verbindlichkeiten und dann Rückstellungen besprochen.

Verbindlichkeiten, die in der Bilanz auszuweisen sind, beschreibt IAS 1.68:

- Verbindlichkeiten aus Lieferungen und Leistungen und sonstige Verbindlichkeiten
- latente Steuerschulden und -erstattungsansprüche
- Rückstellungen
- langfristig verzinsliche Schulden
- Steuerschulden und -erstattungsansprüche.

Eine Reihenfolge oder weitergehende Gliederung schreibt IAS 1 nicht vor. Sie sind allerdings nach IAS 1.69 zusätzlich zu untergliedern und auszuweisen, wenn eine solche Darstellung notwendig ist, um die Vermögens- und Finanzlage des Unternehmens den tatsächlichen Verhältnissen entsprechend darzustellen. Die Darstellung ist sowohl in der Bilanz als auch als Anhangangabe möglich. Damit werden dem Bilanzierenden viele Spielräume offen gelassen. Nach IAS 1.60 sind auch Verbindlichkeiten in kurz- und langfristig zu unterteilen und getrennt auszuweisen.

Wesentliche IFRS-Vorschriften im Bereich der Verbindlichkeiten sind:

- IAS 1 Darstellung des Abschlusses
- IAS 32 Finanzinstrumente: Darstellung
- IAS 37 Rückstellungen, Eventualschulden und Eventualforderungen
- IAS 39 Finanzinstrumente: Ansatz und Bewertung
- IFRS 7 Finanzinstrumente: Angaben.

6.1 Ansatz der Verbindlichkeiten

Der Ansatz von Verbindlichkeiten im **IFRS**-Abschluss ist von der Wahrscheinlichkeit des Abflusses von Ressourcen und der Bestimmbarkeit des Erfüllungsbetrages abhängig.

Nach **HGB** sind als Verbindlichkeiten alle vertraglich vereinbarten Zahlungsverpflichtungen zu passivieren, die dem Grunde und der Höhe nach eindeutig bestimmt sind. Einer Verbindlichkeit steht zum Zeitpunkt der Einbringung i. d. R. ein Anspruch in vergleichbarer Höhe gegenüber.

Nach **IFRS** erfolgt die Bilanzierung aller originären oder derivativen finanziellen Verbindlichkeiten des Unternehmens aus vergangenen Ereignissen, deren Tilgung zum Abfluss von Ressourcen führt, die einen wirtschaftlichen Nutzen enthalten.

Die Verbindlichkeit wird mit ihrer Erfüllung bzw. wenn diese aufgrund vertraglicher Vereinbarungen entfällt, nicht mehr bilanziert.

6.2 Ausweis der Verbindlichkeiten

Für den Bilanzausweis der Verbindlichkeiten sieht IAS 1.54 zwingend den Ausweis nachfolgender Posten vor:

► Verbindlichkeiten aus Lieferungen und Leistungen und sonstige Verbindlichkeiten

► Rückstellungen

► Ertragsteuerschulden und -erstattungsansprüche

► langfristige verzinsliche Schulden

► latente Steueransprüche und -schulden.

IAS 1 enthält keine Gliederungsvorgaben. Nach HGB gilt die viel umfangreichere Mindestgliederung gemäß § 266 Abs. 3 C. 1 - C. 8 HGB.

Sowohl nach IFRS als auch nach HGB können zusätzliche Positionen aufgenommen werden, um die Vermögens- und Finanzlage des Unternehmens den tatsächlichen Verhältnissen entsprechend besser darzustellen.

Als kurzfristig sind Verbindlichkeiten auszuweisen, die (IAS 1.60):

► innerhalb des gewöhnlichen Verlaufs des Geschäftszyklus des Unternehmens getilgt werden

► für Handelszwecke gehalten werden

► innerhalb eines Jahres nach dem Bilanzstichtag getilgt werden.

► Das Unternehmen darf nicht ohne Weiteres die Erfüllung der Verbindlichkeit um 12 Monate nach dem Bilanzstichtag verschieben.

Alle anderen Verbindlichkeiten sind als langfristig anzusehen. Abgrenzungskriterien werden durch IAS 1.61 - 1.67 formuliert.

Ergänzende Darstellungen können auch im Anhang erfolgen. Somit eröffnet sich dem Aufsteller des Jahresabschlusses ein erheblicher Spielraum zur Darstellung seiner Verbindlichkeiten.

6.3 Bewertung der Verbindlichkeiten

Einen Überblick der Bewertung der Verbindlichkeiten nach IFRS und nach HGB gibt folgende Übersicht:

IFRS	HGB
kurzfristige Verbindlichkeiten mit dem Erfüllungsbetrag	Verbindlichkeiten mit dem Erfüllungsbetrag
langfristige Verbindlichkeiten mit dem Zweitwert, ggf. mit dem Barwert	
Fremdwährungsverbindlichkeiten mit dem Stichtagskurs unter Berücksichtigung der Zugangsbewertung und der Folgebewertung	Fremdwährungsverbindlichkeiten bis zu einem Jahr mit dem Stichtagskurs unter Berücksichtigung der Zugangsbewertung und der Folgebewertung
	Fremdwährungsverbindlichkeiten länger als ein Jahr mit dem Stichtagskurs oder dem höheren historischen Kurs

Synopse: Bewertung der Verbindlichkeiten

Sofern eine Verbindlichkeit erstmals erfasst wird, ist sie gemäß IAS 39.43 mit ihrem beizulegenden Zeitwert zu bewerten. Als **beizulegender Zeitwert** gilt der Wert der erhaltenen Gegenleistung. Sofern ein Darlehen unter Berücksichtigung eines Disagios vereinbart wurde, bezieht sich die Gegenleistung auf den zugeflossenen Auszahlungsbetrag. In Höhe dieses Auszahlungsbetrages ist dementsprechend die Verbindlichkeit erstmals zu passivieren.

Zu jedem späteren Bilanzstichtag ist in einem solchen Fall im Rahmen der **Folgebewertung** gemäß IAS 39.47 das Darlehen durch Aufzinsung (Effektivzinsmethode) schrittweise auf den Rückzahlungsbetrag zu erhöhen.

Beispiel

Die Pfiffig GmbH erhält am 31.12.2008 ein Darlehen von 1,0 Mio. € zu folgenden Konditionen:

Disagio   5 %
Zins p. a.   5 %
Rückzahlung voll am 31.12.2013
Effektivzins beträgt 6,19 %.
Die Anschaffungskosten des Darlehens betragen 950.000 €.

Die fortgeführten Anschaffungskosten entwickeln sich wie folgt:

	08	09	10	11	12	13
01.01.	–	950,0	958,8	968,2	978,2	988,8
Effektivverzinsung	–	58,8	59,4	60,0	60,6	61,2
Zinszahlung	–	- 50,0	- 50,0	- 50,0	- 50,0	- 50,0
31.12.	950,0	958,8	968,2	978,2	988,8	1.000,0

Die Umrechnung von **Fremdwährungsverbindlichkeiten** erfolgt zum Geldkurs am Bilanzstichtag. Nicht realisierte Kursgewinne oder -verluste, die sich aus Kursschwankungen gegenüber dem letzten Bilanzstichtag ergeben, sind erfolgswirksam zu erfassen (IAS 21.21, 23a, 28).

Hat der Unternehmer etwas anderes als ein Darlehen oder ein Wirtschaftsgut erhalten, wurde z. B. ein Leasingverhältnis begründet, so ist die Leasing-Verbindlichkeit mit dem Zeitwert des Leasingobjektes zu bewerten. Ist der Barwert der Verbindlichkeit niedriger als der Zeitwert des Leasingobjektes, dann ist der Barwert anzurechnen.

Aufgabe 28 > Seite 174

6.4 Angaben zu den Verbindlichkeiten

Besondere Angabepflichten bestehen nicht. Über die Mindestgliederung gem. IAS 1.68 unter Berücksichtigung der Fristigkeiten sind **ergänzende Positionen erlaubt**, wenn dadurch die Vermögens- und Finanzlage des Unternehmens den tatsächlichen Verhältnissen entsprechend besser dargestellt wird.

Da Verbindlichkeiten aber Bestandteil der Finanzinstrumente im Sinne von IAS 32 sind, wird auf die Ausführungen zu IFRS 7 Finanzinstrumente: Angaben verwiesen.

7. Rückstellungen

7.1 Ansatz der Rückstellungen

Der einschlägige Standard zur Bilanzierung von Rückstellungen ist IAS 37. Gemäß der Einführung zu IAS 37 werden Schulden, deren Fälligkeit und Höhe ungewiss sind, als Rückstellungen definiert. Eine **Rückstellung** ist **nur dann** anzusetzen, wenn

► einem Unternehmen aus einem Ereignis der Vergangenheit eine gegenwärtige Verpflichtung (rechtlich oder faktisch) entstanden ist

► es wahrscheinlich ist, dass zur Erfüllung der Verpflichtung ein Abfluss von Ressourcen mit wirtschaftlichem Nutzen erforderlich ist, und

► eine zuverlässige Schätzung der Höhe der Verpflichtungen muss möglich sein.

Bereits hieraus wird erkennbar, dass die Verpflichtung immer gegenüber Dritten bestehen muss, nicht jedoch gegenüber dem Unternehmen selbst. Damit sind **Aufwandsrückstellungen** nach IFRS **nicht mehr passivierungsfähig**.

Ebenfalls nicht als Rückstellung, sondern als **Eventualschuld**, die im Anhang zu erläutern ist, sind solche rechtlichen oder faktischen Verpflichtungen zu qualifizieren, die wahrscheinlich nicht zu einer Vermögensminderung führen oder deren Erfüllungsbetrag nicht mit hinreichender Zuverlässigkeit geschätzt werden kann. Letzteres ist jedoch nahezu immer zu schätzen. Darauf verweist auch IAS 37.26.

Die Systematik des Ansatzes von Rückstellungen kann wie folgt dargestellt werden:

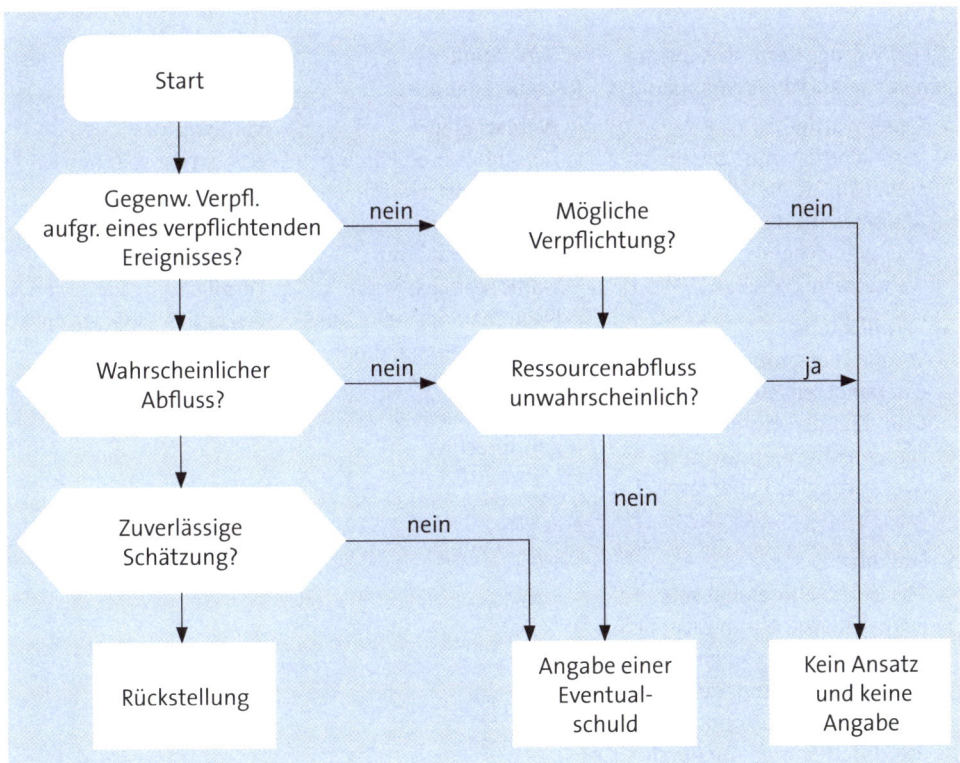

Prüfschema zum Ansatz von Rückstellungen

Stellen wir die Voraussetzungen zur **Bildung von Rückstellungen** nach IFRS den Regelungen des **HGB** gegenüber, so ergibt sich im Ergebnis, dass nach HGB bereits dann die Bildung einer Rückstellung zulässig sein kann, wenn nach **IFRS** lediglich die Angabe einer Eventualschuld im Anhang möglich ist. Dies soll die nächste Abbildung verdeutlichen:

IFRS	HGB
Bilanzierung bei	**Bilanzierung** bei
► gegenwärtiger Verpflichtung gegenüber Dritten aufgrund eines vergangenen Ereignisses ► Inanspruchnahme wahrscheinlich ► verlässliche Schätzung möglich	► wirtschaftlicher Verursachung oder rechtlicher Verpflichtungen ► Möglichkeit der Inanspruchnahme ausreichend

Synopse: Ansatz der Rückstellungen

Die allgemeinen Voraussetzungen zur Bildung von Rückstellungen nach IFRS lassen sich wie folgt zusammenfassen:

Gegenwärtige Verpflichtung aus einem Ereignis der Vergangenheit	Wahrscheinlicher Ressourcenabfluss	Verlässliche Schätzung des Betrages möglich
► **Gegenwärtig** Verpflichtung muss bereits bestehen. In Zweifelsfällen muss das Bestehen der Verpflichtung eher wahrscheinlich als unwahrscheinlich sein. ► **Verpflichtung** Verpflichtung muss gegenüber einer anderen Partei bestehen. Grund für die Verpflichtung kann rechtlicher (gesetzlich oder vertraglich) oder faktischer Art sein. ► **Ereignis** Das Unternehmen hat keine realistische Alternative, sich der Verpflichtung zu entziehen (einer erteilten Auflage zum Filtereinbau könnte sich das Unternehmen nur durch Einstellung der Produktionstätigkeit entziehen).	► **Wahrscheinlich** Der Abfluss von Ressourcen mit wirtschaftlichem Nutzen für das Unternehmen muss wahrscheinlich (more likely than not) sein. Das heißt, es müssen mehr Gründe für den Eintritt des Ereignisses als dagegen sprechen.	► **Verlässlich** Nur in sehr seltenen Fällen wird es nicht möglich sein, eine Bandbreite von möglichen Verpflichtungsbeträgen verlässlich schätzen zu können.

Entscheidend ist also, dass nach HGB eine wirtschaftliche Verursachung vorliegen und mit der **Möglichkeit** der Inanspruchnahme gerechnet werden muss. Dies ist nach IFRS nicht ausreichend. Gemäß IAS 37.23 muss die Wahrscheinlichkeit einer Inanspruchnahme größer sein als die Wahrscheinlichkeit, dass das Ereignis nicht eintritt. Eine derartige Quantifizierung entspricht bereits heute der Rechtsprechung des BFH. Allerdings darf dies jedoch aufgrund des Vorsichtsprinzips nicht im Sinne einer mathematisch quantifizierten Wahrscheinlichkeit (mehr als 50 % Klausel) interpretiert werden. Es müssen gute, stichhaltige Gründe für eine Inanspruchnahme gegeben sein.

Danach ist dann eine **Rückstellung zu bilden**, wenn mehr Gründe für als gegen das Be- oder Entstehen einer Verbindlichkeit oder die künftige Inanspruchnahme sprechen. Die nach HGB vorgesehene Möglichkeit der Inanspruchnahme ist demgegenüber bereits dann gegeben, wenn diese zwar eher unwahrscheinlich ist, aber bei einer gedachten Veräußerung des Unternehmens den Erwerber veranlassen würde, diesen Betrag im Kaufpreis zu berücksichtigen.

Ungewisse Verbindlichkeiten und **drohende Verluste aus schwebenden Geschäften** sind sowohl nach HGB als auch nach IFRS zurückzustellen, wenn eine bürgerlich- oder öffentlich-rechtliche Verpflichtung besteht.

Liegt lediglich eine faktische Verpflichtung vor, z. B. aus Kulanz, ist nach HGB eine Rückstellung bereits dann zu bilden, wenn das Unternehmen sich der Leistung nicht entziehen kann, weil anderenfalls der Schaden größer wäre. Das gilt nach IFRS auch. Nach IAS 37.20 ist **zusätzlich** für die Rückstellungsbildung aber erforderlich, dass die Leistung den davon betroffenen Geschäftspartnern vor dem Bilanzstichtag ausreichend ausführlich mitgeteilt wurde. Einige Autoren gehen davon aus, dass es reicht, wenn das Unternehmen unzweifelhaft ein entsprechendes, in der Öffentlichkeit bekanntes Image hat, seinen faktischen Verpflichtungen nachzukommen.

Ein weiteres Beispiel faktisch begründeter Verpflichtungen des Unternehmens ist die Rückstellung für **Restrukturierungsmaßnahmen**.

Gemäß IAS 37.70 ff. können folgende Maßnahmen zu einer Rückstellungspflicht führen:

▸ Verkauf oder Schließung eines Geschäftszweiges

▸ Stilllegung von Standorten in einem Land oder einer Region oder die Verlegung von Geschäftsaktivitäten von einem Land oder einer Region in ein anderes bzw. eine andere

▸ Änderungen in der Struktur des Managements, z. B. Auflösung einer Managementebene

▸ Grundsätzliche Umorganisation mit wesentlichen Auswirkungen auf den Charakter und Schwerpunkt der Geschäftstätigkeit des Unternehmens.

In all diesen Fällen hat ein Unternehmen eine Rückstellung für Restrukturierungsmaßnahmen zu bilden, wenn die Voraussetzungen des IAS 37.72 erfüllt sind. Danach muss die faktische Verpflichtung des Unternehmens gegenüber Dritten durch einen **hinreichend detaillierten Plan** konkretisiert und bei den Betroffenen die gerechtfertigte Erwartung geweckt worden sein, dass die Restrukturierungsmaßnahmen auch realisiert werden.

Eine Verpflichtung gegenüber Dritten besteht auch aufgrund von **Pensionszusagen**, die vor 1987 gegeben wurden. Diese Verpflichtung ist demnach gemäß IFRS **passivierungspflichtig**, während es für das HGB noch das Passivierungswahlrecht gemäß Art. 28 des EGHGB gibt.

Keine Verpflichtung gegenüber Dritten besteht bei den nach HGB passivierungsfähigen und passivierungspflichtigen Aufwandsrückstellungen. Passivierungspflichtig sind unterlassene Instandhaltungen, die innerhalb der ersten drei Monate des Folgejahres nachgeholt werden.

Nach IFRS besteht für **Aufwandsrückstellungen** ausnahmslos ein **Passivierungsverbot**.

7.2 Ausweis der Rückstellungen

Berücksichtigt man die oben beschriebenen Grundsätze zum Ansatz von Rückstellungen, dann lässt sich der Ausweis der Rückstellungen wie folgt strukturieren:

Ungewisse Verbindlichkeiten	Ungewisse Verbindlichkeiten
Passivierungspflicht	Passivierungspflicht, mit Ausnahme der Pensionszusagen vor 1987
Rückstellungen für drohende Verluste aus schwebenden Geschäften	**Rückstellungen für drohende Verluste aus schwebenden Geschäften**
Passivierungspflicht	Passivierungspflicht
Aufwandsrückstellung	**Aufwandsrückstellung**
Passivierungsverbot	Passivierungspflicht für bestimmte Instandhaltungsaufwendungen und Aufwendungen für Abraumbeseitigung
Restrukturierungsrückstellung	**Restrukturierungsrückstellung**
Sonderregelungen: Ansatz, wenn Beschluss und Ankündigung im selben Geschäftsjahr erfolgen	Rechtsprechung: Beschluss vor Bilanzstichtag, Ankündigung reicht bis Bilanzaufstellung

Synopse: Ausweis der Rückstellungen

7.3 Bewertung der Rückstellungen

Einen Überblick zur Bewertung von Rückstellungen nach IFRS und nach HGB gibt folgende Übersicht:

IFRS	HGB
Rückstellungen sind mit dem Betrag, der nach der bestmöglichen Schätzung der Ausgabe, die zur Erfüllung der gegenwärtigen Verpflichtung zum Bilanzstichtag erforderlich ist (IAS 37.36), anzusetzen.	**Rückstellungen** sind in Höhe des nach vernünftiger kaufmännischer Beurteilung notwendigen Erfüllungsbetrags anzusetzen. (§ 253 Abs. 1 HGB)
Die Verpflichtung ist dann auf ihren Barwert am Bilanzstichtag abzuzinsen, wenn der Zinseffekt eine wesentliche Auswirkung auf die Bewertung hat (IAS 37.45).	Abzinsungspflicht für alle Rückstellungen, die zum Abschlussstichtag eine voraussichtliche Restlaufzeit von mehr als einem Jahr haben (§ 253 Abs. 2 HGB).

Synopse: Bewertung von Rückstellungen

Die Formulierungen beider Regelwerke zur Bewertung der Rückstellungen ähneln sich sehr und führen i. d. R. auch zu identischen Ergebnissen.

Allerdings sind Fälle denkbar, in denen bei einer Bandbreite der Eintrittswahrscheinlichkeiten der Ereignisse nach HGB der höchste, d. h. der vorsichtigste Wert anzusetzen ist, während nach IAS 37.39 der Mittelwert aus den unterstellten Wahrscheinlichkeiten anzusetzen wäre, wenn die zu bewertende Rückstellung eine große Anzahl von Positionen umfasst.

IAS 37.39 führt hierzu folgendes Beispiel auf:

Beispiel

Ein Unternehmen verkauft Güter mit einer Gewährleistung, nach der Kunden eine Erstattung der Reparaturkosten für Produktionsfehler erhalten, die innerhalb der ersten sechs Monate nach Kauf entdeckt werden. Bei kleineren Fehlern an allen verkauften Produkten würden Reparaturkosten in Höhe von 1.000.000 € entstehen. Bei größeren Fehlern an allen verkauften Produkten würden Reparaturkosten in Höhe von 4.000.000 € entstehen. Erfahrungswert und künftige Erwartungen des Unternehmens deuten darauf hin, dass 75 % der verkauften Güter keine Fehler haben werden, 20 % kleinere Fehler und 5 % größere Fehler aufweisen dürften. Nach IAS 37.24 bestimmt ein Unternehmen die Wahrscheinlichkeit eines Abflusses der Verpflichtungen aus Gewährleistungen insgesamt.

Der Erwartungswert für die Reparaturkosten beträgt:

(75 % von Null) + (20 % von 1.000.000) + (5 % von 4.000.000) = 400.000

Auch Aufgabe 29 verdeutlicht das Bewertungsverfahren.

Aufgabe 29 > Seite 174

Wird nicht die Belastung aus einer großen Anzahl von Positionen gesucht, sondern diejenige für eine einzelne Verpflichtung, dann ist diese mit dem jeweils wahrscheinlichsten Ergebnis der bestmöglichen Schätzung der Belastung zu bewerten. Aber auch hier können sich Fälle ergeben, in denen die bestmögliche Schätzung zu einem höheren oder niedrigeren Betrag führt als der separat bewertete Einzelfall.

Beispiel

Ein Unternehmen muss den Fehler in einer großen, für einen Kunden speziell gebauten Anlage beseitigen. Das tatsächlich wahrscheinlichste Ergebnis ist, dass die Beseitigung beim ersten Versuch gelingt und 1.000 € kostet. Trotzdem ist eine höhere Rückstellung zu bilden, wenn ein wesentliches Risiko besteht, dass weitere Reparaturen erforderlich werden.

Aufgabe 30 > Seite 174

Sowohl nach IFRS als auch nach HGB sind Rückstellungen für **drohende Verluste aus schwebenden Geschäften** unter Berücksichtigung aller geplanten Aufwendungen und Erträge zu bilanzieren. Dabei erfolgt ein saldierter Ausweis.

Dies gilt auch für die **sonstigen Rückstellungen** nach HGB. Ansprüche gegenüber Dritten, z. B. gegenüber Versicherungen, die im Zusammenhang mit den Verpflichtungen entstehen, sind nach HGB von der ermittelten Verpflichtung abzuziehen.

Dieser Sachverhalt ist nach IFRS anders zu bilanzieren. Ein Erstattungsanspruch ist nach IAS 37.53 nicht von der zu passivierenden Rückstellung abzuziehen, sondern separat als Vermögenswert zu behandeln.

Beispiel

Die Pfiffig GmbH, Steuerberatungsgesellschaft, wird aufgrund einer Falschberatung zu einer Schadensersatzleistung i. H. v. 2.000 € verurteilt. Davon wird die Vermögensschadenhaftpflichtversicherung 1.800 € übernehmen.

Zu bilanzieren ist hier eine sonstige Rückstellung i. H. v. 2.000 € und eine sonstige Forderung gegen die Versicherungsgesellschaft i. H. v. 1.800 €.

Nach § 253 Abs. 2 HGB sind alle Rückstellungen abzuzinsen, die zum Abschlussstichtag eine voraussichtliche Restlaufzeit von mehr als einem Jahr haben. Somit werden Geldleistungsverpflichtungen (Pensionsrückstellungen, Urlaubsrückstellungen) und Sachleistungsverpflichtungen (z. B. Instandhaltungsverpflichtungen, Rekultivierung) von der Abzinsungpflicht erfasst.

IAS 37.45 verpflichtet den Bilanzaufsteller nur zu einer Abzinsung, wenn der Zinseffekt eine wesentliche Wirkung auf den Ansatz der Verpflichtung ausübt. Eine wesentliche Wirkung wird vornehmlich zu einer Abzinsungsverpflichtung führen, wenn es sich um sehr langfristige Rückstellungen, beispielsweise für die Wiederherstellung nach der Beendigung eines Mietvertrages bzw. für Rekultivierungen handelt.

Anders als IAS 37 der für die Abzinsung die Anwendung eines Abzinsungssatzes vor Steuern verlangt, der die aktuellen Markterwartungen im Hinblick auf den Zinseffekt sowie die für die Schuld spezifischen Risiken widerspiegelt, fordert das HGB die Anwendung eines der Restlaufzeit entsprechenden durchschnittlichen Marktzinssatzes der vergangenen sieben Geschäftsjahre. Somit sind die nach IFRS bewerteten Rückstellungen deutlich näher an der wirtschaftlichen Realität.

Aufwendungen und Erträge werden in der Gewinn- und Verlustrechnung gemäß IAS 37.54 saldiert ausgewiesen, soweit sie sich auf einen zurückzustellenden Sachverhalt beziehen.

Die Bewertungsvorschriften der IFRS für Rückstellungen lassen sich wie folgt zusammenfassen:

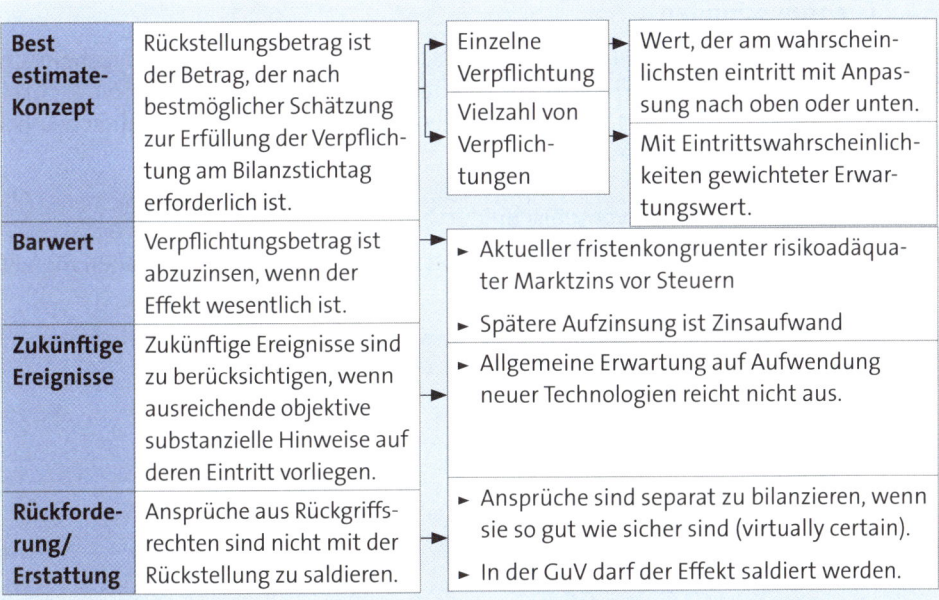

Best estimate-Konzept	Rückstellungsbetrag ist der Betrag, der nach bestmöglicher Schätzung zur Erfüllung der Verpflichtung am Bilanzstichtag erforderlich ist.	Einzelne Verpflichtung	Wert, der am wahrscheinlichsten eintritt mit Anpassung nach oben oder unten.
		Vielzahl von Verpflichtungen	Mit Eintrittswahrscheinlichkeiten gewichteter Erwartungswert.
Barwert	Verpflichtungsbetrag ist abzuzinsen, wenn der Effekt wesentlich ist.	► Aktueller fristenkongruenter risikoadäquater Marktzins vor Steuern ► Spätere Aufzinsung ist Zinsaufwand	
Zukünftige Ereignisse	Zukünftige Ereignisse sind zu berücksichtigen, wenn ausreichende objektive substanzielle Hinweise auf deren Eintritt vorliegen.	► Allgemeine Erwartung auf Aufwendung neuer Technologien reicht nicht aus.	
Rückforderung/ Erstattung	Ansprüche aus Rückgriffsrechten sind nicht mit der Rückstellung zu saldieren.	► Ansprüche sind separat zu bilanzieren, wenn sie so gut wie sicher sind (virtually certain). ► In der GuV darf der Effekt saldiert werden.	

7.4 Angaben zu den sonstigen Rückstellungen, Eventualschulden und Eventualforderungen

7.4.1 Rückstellungen

Im Anhang sind bestimmte Angaben zu den sonstigen Rückstellungen in der Form eines **Rückstellungsspiegels** zu machen (IAS 37.84 ff.). Insbesondere sind darzustellen:

► Stand zu Beginn der Periode

► Zuführung zu den Rückstellungen

► Inanspruchnahme der Rückstellungen

► Auflösung der Rückstellungen

► Erhöhung des Rückstellungsbetrages aufgrund der Veränderung des kapitalisierten Betrages sowie der Veränderung des Kapitalisierungszinssatzes

► Stand zum Ende der Periode.

Sofern Rückstellungen in Gruppen zusammengefasst werden, sind die Sachverhalte wie folgt zu erläutern (IAS 37.85):

► Beschreibung der Art der Verpflichtung sowie der erwarteten Fälligkeiten

► Angabe von Unsicherheiten hinsichtlich des Betrages und der Fälligkeiten

► Höhe aller erwarteten Erstattungen unter Angabe der angesetzten Vermögenswerte.

7.4.2 Eventualschulden

Angabepflichtig sind gemäß IAS 37.86 auch Schulden, deren Eintrittswahrscheinlichkeit nicht so hoch beurteilt wird, dass eine Rückstellung oder gar eine Verbindlichkeit infrage käme. Andererseits darf der Vermögensabfluss aber nicht unwahrscheinlich sein. In diesen Fällen sind anzugeben:

► Beschreibung der Art der Eventualschulden

► nach den Regeln von IAS 37.36 bis 37.52 geschätzter Betrag der finanziellen Auswirkungen

► Angaben von Unsicherheiten hinsichtlich des Betrages und/oder der Fälligkeiten

► Möglichkeiten einer Erstattung.

Aufgabe 31 > Seite 175

7.4.3 Eventualforderungen

In diesem Zusammenhang sei auf IAS 37.89 verwiesen. Danach sind Eventualforderungen nach den Regeln, die für Eventualverbindlichkeiten gelten und beschrieben werden, ebenfalls auszuweisen.

7.4.4 Schutzklauseln

Schutzklauseln, wie wir sie aus dem Aktienrecht kennen, beschreibt IAS 37.92. Wenn nicht auszuschließen ist, dass das Unternehmen durch die vollständige Angabe der Informationen nach IAS 37.84 - 37.89 in einem Rechtsstreit mit anderen Parteien über den Gegenstand der Rückstellungen, Eventualschulden oder Eventualforderungen gezogen und ernsthaft beeinträchtigt wird, ist es nicht verpflichtet, die grundsätzlich erforderlichen Angaben zu machen. Das Unternehmen hat jedoch den Charakter des Rechtsstreites und die Tatsache, dass auf die Angabe bestimmter Sachverhalte verzichtet wurde, zu skizzieren. Dabei sollen die Gründe benannt werden, warum auf die Angabe verzichtet wurde.

8. Künftige Leistungen an Arbeitnehmer

8.1 Überblick über künftige Leistungen an Arbeitnehmer

IAS 19 regelt die Bilanzierung der Leistungen an Arbeitnehmer. Dabei unterscheidet IAS 19 vier Kategorien dieser Leistungen:

1. kurzfristig fällige Leistungen, die innerhalb von 12 Monaten nach Ende der Berichtsperiode, in der die entsprechende Arbeitsleistung erbracht wurde, in voller Höhe fällig werden (z. B. Löhne)

2. Leistungen, die nach Beendigung des Arbeitsverhältnisses fällig werden (z. B. Renten/Altersversorgungsleistungen)

3. andere, langfristig fällige Leistungen, die nicht innerhalb von 12 Monaten nach Ende der Berichtsperiode, in der die entsprechende Arbeitsleistung erbracht wurde, in voller Höhe fällig werden (z. B. Jubiläumsleistungen)

4. Leistungen, die aus Anlass der Beendigung des Arbeitsverhältnisses fällig werden (z. B. Abfindungen).

Daneben regelt IFRS 2 anteilsbasierte Vergütungen (z. B. Aktienoptionen).

Die nächste Übersicht soll die dargestellten **fünf Leistungsarten** dem Bilanzausweis entsprechend systematisieren:

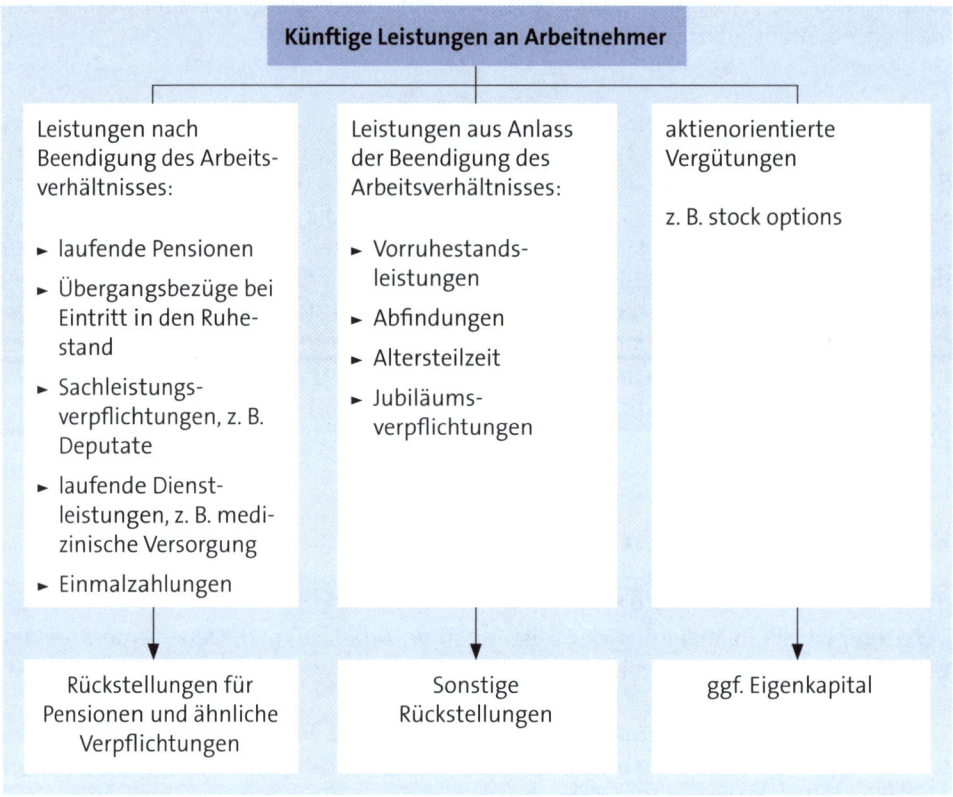

8.2 Rückstellungen für Pensionen und ähnliche Verpflichtungen

8.2.1 Ansatz der Pensionsrückstellungen

Leistungen an Arbeitnehmer, die **nach Beendigung des Arbeitsverhältnisses** zu erbringen sind, werden dann als Rückstellung für Pensionen und ähnliche Verpflichtungen ausgewiesen, wenn und soweit sich der Arbeitgeber zur späteren Leistung verpflichtet hat, ohne gleichzeitig einen Anspruch auf Erstattung dieser Leistungen gegenüber Dritten aufgebaut zu haben.

IAS 19 unterscheidet **zwei Grundtypen** der **betrieblichen Altersversorgung**:

► Als **beitragsorientiert werden** Pensionspläne bezeichnet, bei denen ein Unternehmen festgelegte Beträge an eine eigenständige Einrichtung zahlt und weder rechtlich noch tatsächlich über die Beitragspflicht hinaus zu weiteren Leistungen verpflichtet ist.

Das sind typischerweise Leistungen an Pensionskassen und Direktversicherungen. Hieraus ergeben sich weder nach IFRS noch nach HGB Bilanzierungsprobleme, da die

laufenden Beitragsleistungen als Personalaufwand zu behandeln sind und nur ausnahmsweise fällige, aber noch nicht abgeflossene Beträge als kurzfristige Verbindlichkeiten auszuweisen sind.

▸ Als **leistungsorientiert** werden solche Pensionspläne bezeichnet, die nicht unter beitragsorientierte Pläne fallen. Das Unternehmen verpflichtet sich zur späteren Zahlung bestimmter Beträge an ehemalige Mitarbeiter.

Diese Verpflichtung ist als Rückstellung für Pensionen zu bilanzieren, wenn und soweit das Unternehmen, bezogen auf diese Verpflichtung, keinen Anspruch gegenüber
Dritten auf die Refinanzierung der Pensionszahlungen hat. Dieser Anspruch kann vom
verpflichteten Unternehmen aus der Bildung eines so genannten „Planvermögens"
i. S. v. IAS 19.102 begründet worden sein.

8.2.2 Bewertung der Pensionsrückstellungen

Im Einzelnen ermittelt sich die nach IFRS auszuweisende Rückstellung gemäß IAS 19.57
wie folgt:

1. Ermittlung der leistungsorientieren Verpflichtung zum Bilanzstichtag
2. Ermittlung der aufwands- oder ertragswirksam zu erfassenden Beträge
3. Ermittlung der im sonstigen Ergebnis zu erfassenden Beträge.

8.2.2.1 Barwert der leistungsorientierten Verpflichtung

Der Barwert der leistungsorientierten Verpflichtung zum Bilanzstichtag wird versicherungsmathematisch unter Berücksichtigung der abgeleisteten Dienstjahre des
berechtigten Arbeitnehmers ermittelt. Demnach baut sich die Rückstellung kontinuierlich bis zum Erreichen des Rentenalters auf. IAS 19.68 bezeichnet die einzelnen abgeleisteten Dienstjahre als „Leistungsbausteine" und die entsprechende Zuführung
zur Rückstellung als „Dienstzeitaufwand".

Der kumulierte erarbeitete Dienstzeitaufwand ist gemäß IAS 19.69 auf den jeweiligen
Bilanzstichtag abzuzinsen. Als zu buchender Aufwand für die Altersversorgung ergibt
sich also immer die Summe aus dem Dienstzeitaufwand und dem Zinsaufwand.

Aufgabe 32 > Seite 175

Die vorangegangene Aufgabe geht von Annahmen aus, die das Ergebnis einer bestmöglichen Schätzung darstellen. Das ist in der Praxis natürlich nicht ganz so einfach
zu lösen. Dennoch sollen nach IAS 19.76 die folgenden Annahmen, die die Kosten der
Leistungen nach Beendigung des Arbeitsverhältnisses maßgeblich bestimmen, „best-
möglich" geschätzt werden.

Die zu berücksichtigenden versicherungsmathematischen **Annahmen** umfassen:

► **Demografische Annahmen** über die voraussichtliche Zusammensetzung der gegenwärtigen und früheren Arbeitnehmerschaft. Hierzu werden berücksichtigt:

- die Sterblichkeit der Begünstigten während des Arbeitsverhältnisses und während der Ruhestandszeit
- Fluktuation, Invalidisierungsraten und Frühpensionierungsverhalten
- Anteil der begünstigten Arbeitnehmer mit Angehörigen, die für Leistungen qualifiziert werden
- Raten der Inanspruchnahme von Leistungen aus Plänen zur medizinischen Versorgung.

► **Finanzielle Annahmen:**

- der Zinssatz für die Abzinsung, wie er in IAS 19.83 beschrieben wird und auf der Grundlage der Renditen zu bestimmen ist, die am Bilanzstichtag für erstrangige, festverzinsliche Industrieanleihen am Markt erzielt werden
- das künftige Gehalts- und Leistungsniveau
- im Fall von Leistungen im Rahmen medizinischer Versorgung den Kostentrend im Bereich der medizinischen Versorgung, einschließlich der Kosten für die Bearbeitung von Ansprüchen und Leistungsauszahlungen
- die erwarteten Erträge aus Planvermögen, die ebenfalls zum Bilanzstichtag zu bewerten und von den errechneten Rückstellungen abzuziehen sind.

8.2.2.2 Ermittlung der aufwands- oder ertragswirksam zu erfassenden Beträge

Die aufwands- oder ertragswirksam zu erfassenden Beträge umfassen:

► den laufenden Dienstzeitaufwand (19.70 - 74)

► etwaigen nachzuverrechnenden Dienstzeitaufwand und Gewinne oder Verluste aus der Abgeltung (IAS 19.99 - 112)

► Nettozinsen auf die Nettoschuld (IAS 19.123 - 126).

Dienstzeitaufwand umfasst:

► Den laufenden Dienstzeitaufwand, der bei der Berechnung der Verpflichtung aufgrund der von den Arbeitnehmern in der Berichtsperiode erbrachte Arbeitsleistung entfällt.

► Nachzuverrechnenden Dienstzeitaufwand, der bei der Berechnung der Verpflichtung aufgrund der von den Arbeitnehmern für Arbeitsleistungen vorangegangener Perioden entfällt. Dies kann der Fall sein, wenn ein leistungsorientierter Plan eingeführt, zurückgenommen oder geändert (bspw. auch durch eine erhebliche Reduzierung der vom Plan erfassten Arbeitnehmer) wird. Das ist bspw. dann der Fall, wenn in die Berechnung der leistungsorientierten Verpflichtung Dienstzeiten aufgrund der Neuzusagen einbezogen werden, die noch keine unverfallbaren Pensionsansprüche begründen.

► Etwaige Gewinne oder Verluste aus der Abgeltung des Plans.

Der dadurch begründete **Anstieg des Barwertes** der leistungsorientierten Verpflichtung des Arbeitgebers ist linear über den durchschnittlichen Zeitraum von der (Neu-) Zusage bis zur Unverfallbarkeit der Anwartschaften zu verteilen.

Der noch nicht über die G+V verrechnete Dienstzeitaufwand, der aber bereits in den Barwert der Pensionsverpflichtung eingegangen ist, muss im Zuge der Bewertung der Pensionsrückstellung zum jeweiligen Bilanzstichtag subtrahiert werden (vgl. hierzu auch Aufgabe 33).

8.2.2.3 Ermittlung der im sonstigen Vermögen zu erfassenden Beträge

Sofern das verpflichtete Unternehmen einen **Refinanzierungsanspruch** gegen ein ausgelagertes Fondsvermögen oder einen Dritten hat, ist der Zeitwert dieses Vermögens zu ermitteln und vom Barwert der Pensionsverpflichtung zu subtrahieren.

Der Aufwand für Altersversorgung wird saldiert mit einem eventuellen Ertrag aus der Vermögensveränderung des Fonds.

Als Planvermögen gelten Vermögenswerte, die durch einen langfristig ausgelegten Fonds zur Erfüllung von Leistungen an Arbeitnehmer gebunden werden. Das Fondsvermögen muss außerhalb der Verfügungsgewalt des Unternehmens und des Zugriffs der Gläubiger liegen und das Unternehmen darf weder rechtlich noch faktisch verpflichtet sein, Leistungen unmittelbar an Arbeitnehmer zu zahlen, soweit bzw. solange ausreichendes Vermögen im Fonds vorhanden ist (siehe hierzu auch IAS 19.113).

Der **beizulegende Wert des Planvermögens** ist zu schätzen, wenn ein Marktwert nicht verfügbar ist. Geschätzt wird der beizulegende Wert, indem erwartete Einnahmenüberschüsse auf den Stichtag diskontiert werden und dabei ein Zinssatz verwendet wird, der sowohl die Risiken, die mit dem Planvermögen verbunden sind, als auch die Rückzahlungstermine oder das erwartete Veräußerungsdatum dieser Vermögenswerte berücksichtigt.

Aufgrund der **Verrechnungsnotwendigkeit** wird lediglich ein Saldo in der Bilanz ausgewiesen. Dieser Saldo kann positiv sein, wenn das Planvermögen höher ist als die Verpflichtung gegenüber den Mitarbeitern. Auf der Passivseite der Bilanz wäre lediglich ein Überschuss von Verpflichtungen aus Pensionszusagen gegenüber dem Planvermögen auszuweisen.

Aufgabe 33 > Seite 175

8.2.2.4 Übersicht über die wichtigsten Bewertungsregeln nach IFRS und HGB

Abschließend sollen die **wichtigsten Bewertungsregeln**, die das IFRS vorsieht, denjenigen des HGB gegenübergestellt werden:

IFRS	HGB
Barwert der künftigen Ansprüche, bezogen auf die bisher erbrachte Leistung	**Barwert** der künftigen Ansprüche, bezogen auf die bisher erbrachte Leistung (Anwartschaftsbarwertverfahren) Alternativ Teilwertverfahren
versicherungsmathematische **Verfahren** zur Ermittlung des Barwertes unter Berücksichtigung von	versicherungsmathematische **Verfahren** zur Ermittlung des Barwertes unter Berücksichtigung von
► Sterblichkeit	► Sterblichkeit
► Gehalts- und Rententrends	► Gehalts- und Rententrends
► Fluktuation, Invalidisierungsraten und Frühpensionierungsverhalten	► Fluktuation, Invalidisierungsraten und Frühpensionierungsverhalten
Zinssatz für langfristige, fristenkongruente Anlagen zum Bilanzstichtag	**Zinssatz** handelsrechtlich Wahlrecht zwischen Sieben-Jahres-Durchschnittssatz (vgl. Bundesbank-Tabellen) oder Vereinfachungsregelung pauschale Restlaufzeit von 15 Jahren steuerrechtlich 6 %

Synopse: Bewertung von Pensionsverpflichtungen und Planvermögen

8.2.3 Ausweis der Pensionsrückstellungen

IAS 19.133 enthält keine Regelungen dafür, ob ein Unternehmen eine Unterscheidung nach kurz- oder langfristigen Aktiva oder Passiva aus Leistungen nach Beendigung des Arbeitsverhältnisses vorzunehmen hat. In der deutschen und internationalen Bilanzierungspraxis werden die Pensionsverpflichtungen nur unter den langfristigen Aktiva bzw. Passiva ausgewiesen.

IFRS	HGB
Bilanzausweis	Bilanzausweis
► keine Regelung	► gesetzliche Regelung
► Saldierung mit Planvermögen	► Saldierung mit Planvermögen

IFRS	HGB
G+V-Ausweis	**G+V-Ausweis**
► Aufwendungen für Altersversorgung saldiert	► Aufwendungen für Altersversorgung saldiert
► Angabe u. a. des Zinsaufwandes, Dienstzeitaufwandes und der Veränderung des Planvermögens im Anhang	► Angabe u. a. des Zinsaufwandes, Dienstzeitaufwandes und der Veränderung des Planvermögens im Anhang

Synopse: Ausweis der Pensionsrückstellungen

8.2.4 Angaben zu Pensionsrückstellungen

Ob das Unternehmen den laufenden Dienstzeitaufwand, den Zinsaufwand und die erwarteten Erträge aus dem Planvermögen in der Gewinn- und Verlustrechnung separat oder zusammengefasst als Bestandteil bestimmter Aufwands- oder Ertragsarten ausweist, ist nicht vorgeschrieben (IAS 19.119).

Allerdings regelt IAS 19.120 detailliert, welche Angaben ein Unternehmen im Anhang zu machen hat, wenn leistungsorientierte Pensionspläne existieren.

Von den **zahlreichen Angaben**, die darzustellen sind, erscheinen die Folgenden besonders bedeutend:

► die vom Unternehmen angewandte Methode zur Erfassung versicherungsmathematischer Gewinne und Verluste

► die allgemeine Beschreibung des leistungsorientierten Plans

► die Darstellung aller Aktiv- und Passivposten, die im Zusammenhang mit Pensionsverpflichtungen ausgewiesen werden, einschließlich Aussagen zur Art der Wertfindung

► die Aufgliederung des Zeitwertes des Planvermögens in die Kategorien der Vermögenswerte

► die Darstellung der in der Bilanz ausgewiesenen Nettoschuld bzw. des ausgewiesenen Nettovermögens aufgrund des Planes

► die detaillierte Darstellung des tatsächlich verrechneten Altersversorgungsaufwandes

► die Angabe der wichtigsten versicherungsmathematischen Annahmen.

8.3 Andere langfristig fällige Leistungen an Arbeitnehmer

8.3.1 Ansatz

Gemäß IAS 19.153 gehören zu den anderen langfristig fälligen Leistungen an Arbeitnehmer u. a.:

▸ langfristig fällige vergütete Abwesenheitszeiten, z. B. Sonderurlaub nach langjähriger Dienstzeit o. a. vergütete Dienstfreistellungen

▸ Jubiläumsgelder u. a. Leistungen für lange Dienstzeit

▸ langfristige Erwerbsunfähigkeitsleistungen

▸ Gewinn- und Erfolgsbeteiligung, die 12 oder mehr Monate nach Ende der Periode, in der die entsprechende Arbeitsleistung erbracht wurde, fällig sind und

▸ aufgeschobene Vergütungen, sofern diese 12 oder mehr Monate nach Ende der Periode, in der sie verdient wurden, ausgezahlt werden.

Sicherlich zählen dazu die Verpflichtungen gegenüber Arbeitnehmern aus der so genannten **„Altersteilzeit"**.

8.3.2 Bewertung

Nach IAS 19.154 unterliegen die anderen **langfristig fälligen Leistungen** an Arbeitnehmer gewöhnlich nicht den gleichen Unsicherheiten, wie dies bei Leistungen nach Beendigung des Arbeitsverhältnisses der Fall ist. Für sie lässt das IFRS-Regelwerk eine **vereinfachte Bilanzierungsmethode** zu.

Die Methode unterscheidet sich von derjenigen für Leistungen nach Beendigung des Arbeitsverhältnisses insbesondere durch folgende **Anforderungen**:

▸ Versicherungsmathematische Gewinne und Verluste sind sofort zu erfassen; ein Korridor, wie er zur Bewertung einer leistungsorientierten Verpflichtung unter Tz. 8.2.2.1 beschrieben wurde, findet hier keine Anwendung und

▸ noch zu verrechnender Dienstzeitaufwand ist in voller Höhe sofort zu erfassen (vgl. hierzu auch Tz. 8.2.2.3).

Dies bedeutet, dass beispielsweise die **Jubiläumsverpflichtung** in Höhe des Barwertes der Verpflichtung am jeweiligen Bilanzstichtag auszuweisen ist. Dabei ist nicht der Barwert der Gesamtverpflichtung anzusetzen. Versicherungsmathematisch wird unter Berücksichtigung der zum Bilanzstichtag bereits abgeleisteten Dienstjahre des berechtigten Arbeitnehmers der Barwert ermittelt.

Diese Berechnungsgrundlage gilt ebenso für Verpflichtungen aus **Altersteilzeit**. Es ist unerheblich, ob mit dem Mitarbeiter eine Altersteilzeit nach dem so genannten „Gleichverteilungsmodell" oder nach dem so genannten „Blockmodell" vereinbart wurde. Bei beiden Modellen sind die vom Unternehmen zu leistenden Aufstockungsbeträge, soweit sie einen Abfindungscharakter haben, sofort zu passivieren (IAS 19.165 ff.). Dabei ist der zurückgestellte Aufstockungsbetrag über die Laufzeit des Teilzeitmodells in Anspruch zu nehmen.

Beachtlich ist allerdings, dass mögliche **Erstattungsansprüche** des Unternehmens **gegenüber der Bundesagentur für Arbeit** nur zu aktivieren sind, wenn die entsprechenden Voraussetzungen nach IAS 37.53 vorliegen. Das ist dann der Fall, wenn die Ansprüche „so gut wie sicher" sind. Diese Ansprüche dürfen nicht rückstellungsmindernd bilanziert werden.

8.3.3 Ausweis

Die beschriebenen Leistungen aus Anlass der Beendigung des Arbeitsverhältnisses sind getrennt von den Rückstellungen, die sich auf Leistungen nach Beendigung des Arbeitsverhältnisses beziehen, darzustellen. Sie sind als sonstige Rückstellungen auszuweisen.

9. Latente Steuern

9.1 Ansatz der latenten Steuern

Die Bilanzierung von latenten Steuern ist im Standard IAS 12 Ertragssteuern geregelt. Latente Steuern sind nach IAS 12.15 grundsätzlich für alle zu versteuernden Differenzen abzugrenzen, die aus Ansatz- und/oder Bewertungsunterschieden zwischen den handelsrechtlichen und den entsprechenden steuerlichen Werten resultieren. Als weitere Bedingung müssen sich die Differenzen im Zeitablauf auflösen und auf die ertragsteuerliche Bemessungsgrundlage auswirken.

Die Berücksichtigung von Steuerabgrenzungen in der Handelsbilanz hat vornehmlich den Sinn, den aus der steuerlichen Gewinnermittlung übernommenen Steueraufwand an den Steueraufwand anzupassen, der sich aus dem handelsrechtlichen Ergebnis ermittelt. Sowohl das HGB (§ 274 HGB) als auch IAS 12 basieren auf dem international gebräuchlichen Bilanz orientieren Konzept, dem sog. Temporary-Konzept. Dabei erfasst das Bilanz orientierte Konzept – von den in IAS 12.15 aufgeführten Ausnahmen abgesehen – alle Bilanzierungs- oder Bewertungsabweichungen zwischen der Handels- und der Steuerbilanz, also auch die erfolgsneutral direkt im Eigenkapital erfassten Abweichungen. Dabei sind auch die sog. quasi-permanenten Differenzen und steuerliche Verlustvorträge zu berücksichtigen.

Anders als das HGB (§ 274a HGB) sieht IAS 12 keine Erleichterungen für kleine Kapitalgesellschaften und Personenhandelsgesellschaften nach § 264a HGB vor.

Die **Abgrenzung latenter Steuern** nach IFRS und HGB lassen sich wie folgt darstellen:

IFRS	HGB
Temporary Differences Bilanz orientierte Liability-Methode	**Temporary Differences Bilanz orientierte Liability-Methode**
► Wertansätze der Vermögensgegenstände und Schulden nach Steuerrecht werden denjenigen gegenübergestellt, die sich nach handelsrechtlichen Vorschriften ergeben.	► Wertansätze der Vermögensgegenstände und Schulden nach Steuerrecht werden denjenigen gegenübergestellt, die sich nach handelsrechtlichen Vorschriften ergeben.
► Ansatzgebot sowohl bei aktiven als auch bei passiven latenten Steuern	► Ansatzgebot sowohl bei aktiven als auch bei passiven latenten Steuern
► Aktivierung von Vorteilen aus Verlustvorträgen	► Aktivierung von Vorteilen aus Verlustvorträgen

Synopse: Ansatz und Abgrenzung latenter Steuern

Grundsätzlich lassen sich bei der Ermittlung latenter Steuern **vier Fälle** unterscheiden:

1. **Vermögenswert lt. Handelsbilanz ist höher als der Steuerbilanzwert,**
   z. B. wird in der Handelsbilanz linear und in der Steuerbilanz degressiv abgeschrieben.

2. **Vermögenswert lt. Handelsbilanz ist niedriger als der Steuerbilanzwert,**
   z. B. wird der beizulegende Wert in der Handelsbilanz angesetzt, obwohl die Ursache eine voraussichtlich nur vorübergehende Wertminderung ist. Diese Ursache kann nicht zu einer Teilwertabschreibung in der Steuerbilanz führen.

3. **Schulden in der Handelsbilanz sind höher als in der Steuerbilanz,**
   z. B. Rückstellungen für drohende Verluste aus schwebenden Geschäften sind in der Steuerbilanz nicht passivierbar.

4. **Schulden in der Handelsbilanz sind niedriger als in der Steuerbilanz,**
   z. B. Rückstellungen für unterlassene Instandhaltungen, die innerhalb der ersten drei Monate des Folgejahres nachgeholt werden, sind gemäß IAS 37.14 nicht passivierbar, aber nach § 5 Abs. 1 EStG i. V. m. § 249 Abs. 1 S.1 Nr. 1 HGB passivierungspflichtig.

In diesen und ähnlichen Fällen sind nach den IFRS-Regeln Abgrenzungen für latente Steuern vorzunehmen.

Aufgabe 34 > Seite 175

Neben den dargestellten temporären Bewertungs- und Ansatzunterschieden in der Handels- und Steuerbilanz verlangt IAS 12.34 auch, den Vorteil aus der Verrechenbarkeit eines vorhandenen steuerlichen Verlustvortrages zu aktivieren.

Die steuerlich wirksame Verrechenbarkeit muss allerdings wahrscheinlich sein. Dazu ist es gemäß IAS 12.36 erforderlich, dass in ausreichendem Maße aufrechenbare latente Steuerschulden vorhanden sind oder aufgrund noch nicht genutzter Steuergestaltungsmöglichkeiten geschaffen werden können.

Ist dies nicht der Fall, kann ein latenter Steueranspruch, der sich aus einem nicht genutzten steuerlichen Verlustvortrag errechnet, nicht aktiviert werden (IAS 12.36).

Nach den im IFRS vorgegebenen Ansatz-, Bewertungs- und Ausweisregeln für Ertragsteuerschulden bzw. -forderungen **sind zu unterscheiden**:

► tatsächliche Steuererstattungsansprüche und -schulden aus veranlagten Steuerschuldverhältnissen und

► latente Ansprüche und Schulden aus vorübergehenden Bewertungsunterschieden zwischen IFRS-Handelsbilanz und Steuerbilanz.

Während es hinsichtlich der tatsächlichen Steuererstattungsansprüche und Schulden keine Unterschiede zwischen der Bilanzierung nach HGB und IFRS gibt, sind latente Steueransprüche und -schulden differenziert zu betrachten.

Nach IAS 12.15 sind für alle zu versteuernden temporären Differenzen latente Steuern abzugrenzen, es sei denn, die Abgrenzung erwächst aus:

► einem Geschäfts- oder Firmenwert, der steuerlich nicht abschreibbar ist

► dem erstmaligen Ansatz eines Vermögenswertes oder einer Schuld wenn

  - kein Unternehmenszusammenschluss der Anlass für den Ansatz ist **und**

  - zum Zeitpunkt des Geschäftsvorfalles weder das handelsrechtliche Periodenergebnis noch das zu versteuernde Ergebnis den steuerlichen Verlust beeinflusst.

Die Ausnahmen von der Abgrenzungsverpflichtung werden im IAS 12.21 bzw. IAS 12.22 näher begründet.

Wenn ein **Geschäfts- oder Firmenwert** nicht abgeschrieben werden darf, dann hat dieser einen steuerlichen Wert von Null. Wie hoch auch immer der Geschäfts- oder Firmenwert in der Handelsbilanz sein mag, in jedem Fall ist er höher als Null. Das würde zwangsläufig im Jahr der Aktivierung zu einer latenten Steuer führen, die sich im Verlauf der Folgejahre aufgrund der handelsrechtlich zulässigen Abschreibungen wieder ausgleichen würde.

IAS 12.21 erlaubt nicht die Passivierung der latenten Steuerschulden, weil es sich beim Geschäfts- oder Firmenwert um eine Residualgröße unter Berücksichtigung aller Belastungen handelt und der Ansatz der latenten Steuerschuld wiederum eine Erhöhung des Geschäfts- oder Firmenwertes zur Folge hätte. Das würde die Aussagekraft der Bilanz beeinträchtigen.

Beispiel

Die Kapitalkonsolidierung nach einem Anteilskauf kann zur Aktivierung eines Geschäfts- oder Firmenwertes führen. Steuerlich ist dieser Wert in Deutschland nicht abschreibbar. Gemäß IAS 12.15a darf keine latente Steuerbelastung ausgewiesen werden. Auch in den Folgejahren, in denen handelsrechtlich der goodwill abgeschrieben wird, sind keine Steuerabgrenzungen möglich.

Ebenso führt ein negativer Geschäfts- oder Firmenwert nicht zu einer Aktivierung eines latenten Steueranspruchs (IAS 12.24).

Latente Steuern sind nach IAS 12.15b darüber hinaus ebenfalls nicht abzugrenzen, wenn Vermögenswerte oder Schulden erstmalig bilanziert werden, die Bilanzierung nicht aufgrund eines Unternehmenszusammenschlusses erfolgt und zum Zeitpunkt der Bilanzierung weder das handelsrechtliche noch das steuerliche Periodenergebnis beeinflusst wird.

Beispiel

Ein Unternehmer erwirbt einen Vermögensgegenstand für 1.000 €. Im Zusammenhang damit wird eine steuerfreie Investitionszulage i. H. v. 100 € ausbezahlt.

In der Handelsbilanz werden entweder die Anschaffungskosten um 100 € gekürzt und i. H. v. 900 € aktiviert oder 100 € passivisch abgegrenzt und 1.000 € aktiviert (IAS 20.24). Die Verbuchung ist ergebnisneutral. In der Steuerbilanz werden die tatsächlichen Anschaffungskosten i. H. v. 1.000 € aktiviert und die Zulage steuerfrei vereinnahmt. Die Einbuchung ist auch in diesem Fall ergebnisneutral. Eine Steuerabgrenzung unterbleibt.

9.2 Ausweis der latenten Steuern

Einen Überblick zum Ausweis von latenten Steuern nach IFRS und nach HGB gibt folgende Übersicht:

IFRS	HGB
Ausweispflicht von aktiven und passiven latenten Steuern im langfristigen Vermögen	Ausweiswahlrecht bezüglich der aktiven Steuerlatenz
getrennter Ausweis von latenten bzw. tatsächlichen Steuerschulden bzw. -ansprüchen	Ausweiswahlrecht zwischen sog. Bruttomethode (getrennter Ausweis der aktiven und passiven Steuerlatenzen) und sog. Nettomethode (Saldierung der aktiven und passiven Steuerlatenzen)
Saldierung von Ansprüchen und Schulden eingeschränkt möglich	Nettomethode zulässig

Synopse: Ausweis latenter Steuern

Steueransprüche und Steuerschulden sind getrennt von anderen Vermögenswerten und Schulden in der Bilanz auszuweisen. Darüber hinaus müssen **latente Steueransprüche** und **Steuerschulden** von den tatsächlichen Steuererstattungsansprüchen und tatsächlichen Steuerschulden im Ausweis getrennt werden.

Nach IAS 1.70 dürfen latente Steuerabgrenzungen nicht als kurzfristige Vermögenswerte bzw. Schulden ausgewiesen werden, wenn das Unternehmen in seinem Abschluss zwischen kurzfristigen und langfristigen Vermögenswerten und Schulden unterscheidet.

Für die Aufrechnung von tatsächlichen Steuererstattungsansprüchen und tatsächlichen Steuerschulden gelten nach IAS 12.71 die normalen Aufrechnungsregeln. Es besteht also **grundsätzlich ein Aufrechnungsgebot**, wenn der Ausgleich der Forderung oder Schuld in Höhe des saldierten Betrages vorgesehen ist oder im Zeitpunkt der Realisierung des Steuererstattungsanspruches die dazugehörige Schuld abgelöst werden soll.

Latente Steueransprüche und latente Steuerschulden sind nach IAS 12.74 dann zu saldieren, wenn entweder das Unternehmen ein **einklagbares Recht** zur Aufrechnung tatsächlicher Steuererstattungsansprüche gegen tatsächliche Steuerschulden hätte und die latenten Steueransprüche und die latenten Steuerschulden sich auf Ertragsteuern beziehen, die von der gleichen Steuerbehörde erhoben würden. Voraussetzung ist, dass sich die Aufrechnungslage auf dasselbe Steuersubjekt bezieht.

Ausnahmsweise müssen verschiedene Steuersubjekte, z. B. in einem Konzern, dann aufrechnen, wenn sie gemeinsam beabsichtigen, den Ausgleich in jeder zukünftigen Periode herbeizuführen, in der die Ablösung oder Realisierung erheblicher Beträge an latenten Steuerschulden bzw. Steuererstattungsansprüche zu erwarten ist. Das ist dann der Fall, wenn die tatsächlichen Steuerschulden und Erstattungsansprüche auf Nettobasis verrechnet werden können oder gleichzeitig mit der Realisierung von Ansprüchen die Verpflichtung ablösbar ist.

Von **derselben Steuerbehörde** darf ausgegangen werden, wenn eine tatsächliche Aufrechnungsmöglichkeit im Sinne von § 226 AO i. V. m. § 395 BGB besteht, das heißt, dass dieselbe Steuerbehörde die Verwaltungshoheit über die Steuern innehat. Dies wird auch als so genannte **Kassenidentität** bezeichnet. Diese Kassenidentität ist nicht gegeben, wenn ein Unternehmen beispielsweise latente Körperschaftsteuerverbindlichkeiten hat, die es mit Gewerbesteuererstattungsansprüchen verrechnen möchte.

9.3 Bewertung der latenten Steuern

Latente Steuerabgrenzungen sind gemäß IAS 12.47 anhand der **erwarteten Steuersätze** zu bemessen. Erwartet heißt, dass von Steuersätzen und Steuerregeln auszugehen ist, die am Bilanzstichtag gültig sind bzw. mit denen man zum Zeitpunkt der Vermögensveränderung mit überwiegender Wahrscheinlichkeit rechnen muss. Dies ist dann der Fall, wenn zum Bilanzstichtag die künftigen Steuersätze bzw. -regeln gesetzlich normiert sind, auch wenn die materielle Wirkung durch tatsächliches Inkraftsetzen zum Bilanzstichtag noch nicht eingetreten ist.

Es ist erkennbar, dass sich aus diesen Annahmen Schwierigkeiten der **Schätzung** ergeben können. Gemäß IAS 12.51 ist die Bewertung latenter Steuerschulden und latenter Steueransprüche nämlich unter Berücksichtigung der geplanten unternehmerischen Entscheidungen vorzunehmen, also auf welche Art und Weise ein Unternehmen zum Bilanzstichtag erwartet, den Buchwert seiner Vermögenswerte zu realisieren oder seine Schulden zu erfüllen.

Dies heißt nichts anderes, als dass im Rahmen der Bewertung der latenten Steuern zu untersuchen ist, ob ein Vermögenswert verkauft und der daraus resultierende Gewinn versteuert wird oder ob ein Vermögenswert über die gesamte Nutzungsdauer im Unternehmen gehalten wird und die entsprechenden Überschüsse aus dem Verbrauchsprozess zu versteuern sind. IAS 12.51 A - E stellt hierzu Beispiele dar:

Beispiel

Der Vermögenswert habe einen Buchwert von 100 und ein Steuerwert von 60. Ein Steuersatz von 20 % wäre bei einem Verkauf des Vermögenswertes und ein Steuersatz von 30 % wäre bei der langfristig geplanten Nutzung des Wirtschaftsgutes anwendbar.

Als Lösung wird vorgeschlagen, eine latente Steuer von 8 (20 % von 40) zu bilden, falls die Veräußerung unmittelbar bevorsteht. Es ergäbe sich eine Steuerschuld von 12 (30 % von 40), falls der Vermögenswert im Unternehmen für die Zeit seiner Nutzungsdauer planmäßig verbraucht würde.

Wie bereits oben dargestellt, sind latente Steuern nur dann abzugrenzen, wenn es zu **temporären Differenzen** zwischen Handelsbilanzwerten und Steuerbilanzwerten kommt. Die Differenzen müssen sich also spätestens bis zur Liquidation des Unternehmens ausgleichen.

Schematisch lässt sich die Ermittlung des Abgrenzungsbetrages der latenten Steuern wie folgt ermitteln:

	Wert lt. Handelsbilanz
-	Wert lt. Steuerbilanz
=	Temporäre Differenz
•	Steuersatz
=	Steuerlatenz zum Bilanzstichtag
-	Steuerlatenz zu Beginn des Jahres
=	**Steuerlatenz der Periode**

Nach IAS 12.58 sind die tatsächlichen und auch die latenten Steuern als Ertrag oder Aufwand zu erfassen und in das Periodenergebnis einzubeziehen. Auf die dort angeführten Ausnahmen gehen wir an dieser Stelle nicht ein.

Aufgabe 35 > Seite 176

Latente Steueransprüche und latente Steuerschulden sind entsprechend IAS 12.53 **nicht abzuzinsen**.

9.4 Angaben zu Steuern

IAS 12.79 ff. regeln, welche **Hauptbestandteile des Steueraufwandes** bzw. **Steuerertrages** im Anhang anzugeben sind. Diese Anhangangaben betreffen im Wesentlichen die Gewinn- und Verlustrechnung. Sie sind erforderlich, weil die tatsächlichen und latenten Steueransprüche und -schulden in der Bilanz getrennt voneinander darzustellen sind und keiner weiteren Erläuterung bedürfen.

In der **Gewinn- und Verlustrechnung** wird dagegen regelmäßig der Steueraufwand oder der -ertrag in einem zusammengefassten Posten ausgewiesen. Die Differenzierung ist im Anhang vorzunehmen. Die Hauptbestandteile des Steueraufwandes bzw. Steuerertrages, die getrennt im Anhang anzugeben sind, werden in IAS 12.80 - 82A dargestellt. Nur die **wesentlichen Positionen** sollen hier aufgelistet werden:

- ► tatsächlicher Steueraufwand (davon periodenfremd)
- ► latenter Steueraufwand aus Entstehung bzw. Umkehrung temporärer Unterschiede
- ► latenter Steueraufwand aus Änderungen der Steuersätze
- ► Minderung des tatsächlichen oder latenten Steueraufwandes aufgrund der Nutzung von Verlustvorträgen

► tatsächliche oder latente Steuern aus Neubewertung u. a. Geschäftsvorfällen, die direkt gegen Eigenkapital gebucht werden

► Steueraufwand aus außerordentlichen Posten.

Als ein im Anhang besonders zu erläuternder Sachverhalt ist gemäß IAS 12.81 die **Relation zwischen Steueraufwand** bzw. **Steuerertrag** und dem **handelsrechtlichen Periodenergebnis vor Ertragsteuern** alternativ in einer der beiden folgenden Formen darzustellen:

► Entweder als Überleitungsrechnung zwischen dem Steueraufwand bzw. -ertrag und dem Produkt aus dem handelsrechtlichen Periodenergebnis vor Ertragsteuern und dem anzuwendenden Steuersatz, wobei auch die Grundlage anzugeben ist, auf der der anzuwendende Steuersatz berechnet wird

► oder in einer Überleitungsrechnung zwischen dem durchschnittlichen effektiven Steuersatz und dem anzuwendenden Steuersatz. Auch hier ist die Grundlage anzugeben, nach der der anzuwendende Steuersatz berechnet wird.

Aufgabe 36 > Seite 176

Aufgabe 37 > Seite 177

C. Gesamtergebnisrechnung

IAS 1 verlangt die Darstellung des Gesamtergebnisses. Dabei wird das Gesamtergebnis als die Veränderung des Eigenkapitals dargestellt, welche aus der Gewinn- und Verlustrechnung und/oder aus dem sonstigen Gesamtergebnis resultiert.

Gewinn- und Verlustrechnung	Gesamtergebnis
Sonstiges Gesamtergebnis	

Ermittlung des Gesamtergebnisses

Bei der Darstellung des Gesamtergebnisses hat der Bilanzierende ein Wahlrecht. Er kann die Ermittlung entweder in einem Berichtsinstrument darstellen oder in zwei getrennten. In letzterem Fall endet die Gewinn- und Verlustrechnung mit dem Ergebnis und beginnt die Ermittlung des sonstigen Ergebnisses mit dem Ergebnis der Gewinn- und Verlustrechnung. Die Veränderung des Eigenkapitals wird in der Eigenkapitalüberleitungsrechnung dargestellt.

Die wesentlichen Vorschriften zur Gewinn- und Verlustrechnung sind insbesondere im Standard IAS 1.81 ff. geregelt. Daneben sind aber auch die Standards IAS 8 (Bilanzierungs-und Bewertungsmethoden, Änderungen von Schätzungen und Fehlern) und IAS 18 (Erträge) von Bedeutung.

1. Ausweisvorschriften

Einen Überblick über die wichtigsten Merkmale der Gewinn- und Verlustrechnung nach IFRS und nach HGB gibt die folgende Übersicht:

IFRS	HGB
▸ **Umsatzkostenverfahren** gem. 1.103	▸ **Umsatzkostenverfahren** gem. § 275 Abs. 3
▸ **Gesamtkostenverfahren** gem. 1.102	▸ **Gesamtkostenverfahren** gem. § 275 Abs. 2
▸ **Mindestausweis** gem. 1.82 f.	▸ **gesetzlich vorgeschriebene Gliederung**
- Umsatzerlöse	
- Finanzierungsaufwendungen	
- Gewinn- und Verlustanteile an assoziierten Unternehmen und Joint Ventures, die nach der Equity-Methode bilanziert werden	
- Steueraufwendungen	
- Ergebnis aus der gewöhnlichen Tätigkeit	
- Minderheitenanteile Periodenergebnis	

IFRS	HGB
- keine größen- oder rechtsformabhängigen Erleichterungen	► Kleine und mittelgroße Kapitalgesellschaften sowie Personengesellschaften i. S. v. § 264a dürfen ein Rohergebnis ausweisen. Kleine Kapitalgesellschaften sowie Personengesellschaften i. S. v. § 264a können gem. § 276 außerdem auf die Erläuterungen zum außerordentlichen Ergebnis verzichten.

Synopse: Merkmale der Gewinn- und Verlustrechnung

IAS 1.99 lässt das Umsatzkostenverfahren und das Gesamtkostenverfahren als Ausweisalternativen zu. Auf die Erläuterung der Verfahrensweisen des Umsatz- bzw. Gesamtkostenverfahrens soll an dieser Stelle verzichtet werden. Es gibt keine systembedingten Unterschiede dieser Verfahren nach IFRS gegenüber denjenigen nach HGB.

Beachtenswert ist jedoch, dass es aufgrund von Unterschieden in der Bewertung der Vermögensgegenstände zu **Ausweisunterschieden** in der Gewinn- und Verlustrechnung kommt, sofern diese nach dem Umsatzkostenverfahren strukturiert werden.

So sind **Vertriebskosten** und die **allgemeinen Verwaltungskosten** nach IFRS nicht aktivierbar. Sie gehören demnach nicht zu den Umsatzkosten. Sie sind als Aufwand der Periode, in der sie anfallen, zu verrechnen.

Sofern die Gewinn-und Verlustrechnung mit einer geringen Gliederungstiefe aufgebaut wird, sind umfangreiche Erläuterungen im Anhang vorzunehmen. Umgekehrt ist es möglich, die Gewinn- und Verlustrechnung detailliert darzustellen. In gleichem Maße entfallen dann die entsprechenden Anhangsangaben. Die letzte Alternative entspricht den geltenden Regeln des § 275 HGB.

Der Mindestausweis nach IAS 1.82 wird ergänzt durch die Vorschriften nach IAS 8. Danach sind für die Darstellung des Ergebnisses aus der gewöhnlichen Tätigkeit, für die Änderung von Schätzungen, für die Berichtigung grundlegender Fehler und für die Änderungen von Bilanzierungs- und Bewertungsmethoden die dort kodifizierten Regeln zu beachten. Aufwendungen und Erträge dürfen weder in der GuV noch im Anhang als außerordentliche Posten ausgewiesen werden (IAS 1.87).

Aufgabe 38 > Seite 177

Von erheblicher Bedeutung für die Ergebnisermittlung ist die **Definition des Realisierungszeitpunktes** der Erlöse.

Im Wesentlichen stimmen die Regelungen aus dem Verkauf von Gütern nach IAS 18 und HGB überein. Auf zwei wichtige Unterschiede sei jedoch hingewiesen.

Nach IAS 18.18 sind Erträge nur dann zu realisieren, wenn hinreichend sichergestellt ist, dass der mit dem Geschäft verbundene wirtschaftliche Nutzen dem Unternehmen auch zufließt. Dies kann z. B. dann zweifelhaft sein, wenn geliefert oder geleistet wird, obwohl der Kunde im Lieferzeitpunkt von Zahlungsunfähigkeit bedroht ist.

Dies kann aber auch zweifelhaft sein, wenn der Verkauf mit dem Recht der Rückgabe verbunden ist, wie es im Einzelhandel nicht selten geschieht. In diesen Fällen muss der Verkäufer die „drohenden Rücknahmen" verlässlich schätzen (IAS 18.17) und daraufhin den Ertrag realisieren.

Obwohl die Erfassung der Erlöse also grundsätzlich in einem unmittelbaren Zusammenhang mit der Bilanzierung der Ansprüche steht, stellen wir im Folgenden die wesentlichen Grundsätze zur Realisierung der Erlöse nach IFRS und HGB komprimiert gegenüber.

IFRS	HGB
Gemäß IAS 18.14 sind Erlöse aus dem **Verkauf von Gütern** zu erfassen, wenn die folgenden Kriterien erfüllt sind: ► Das Unternehmen hat die maßgeblichen Risiken und Chancen, die mit dem Eigentum der verkauften Waren und Erzeugnisse verbunden sind, auf den Käufer übertragen. ► Dem Unternehmen verbleibt weder ein fortführendes Verfügungsrecht, wie es gewöhnlich mit dem Eigentum verbunden ist, noch eine wirksame Verfügungsmacht über die verkauften Waren und Erzeugnisse. ► Die Höhe der Erlöse kann verlässlich bestimmt werden. ► Es ist hinreichend wahrscheinlich, dass dem Unternehmen der wirtschaftliche Nutzen aus dem Verkauf zufließen wird. ► Die im Zusammenhang mit dem Verkauf angefallenen und noch anfallenden Kosten können verlässlich bestimmt werden.	Gemäß § 277 Abs. 1 HGB sind **Umsatzerlöse** aus dem **Verkauf** und der **Vermietung** oder **Verpachtung** von für die gewöhnliche Geschäftstätigkeit der Gesellschaft typischen Erzeugnissen und Waren sowie aus von für die gewöhnliche Geschäftstätigkeit der Gesellschaft typischen **Dienstleistungen** nach Abzug von Erlösschmälerungen und Umsatzsteuer auszuweisen. Nach dem **Realisationsprinzip** sind Gewinne nur zu berücksichtigen, wenn sie am Abschlussstichtag realisiert wurden (§ 252 Abs. 1 Nr. 4 HGB). Demnach sind Erträge aus Lieferungs- und Leistungsgeschäften als realisiert anzusehen, wenn der Lieferant den betreffenden Vermögensgegenstand vertragsgemäß übergeben hat, die Gefahr übergegangen und dadurch ein Anspruch auf Gegenleistung entstanden ist.

IFRS	HGB
Erträge aus der **Erbringung von Dienstleistungen** sind nach IAS 18.20 zu realisieren, wenn: ▸ die Höhe der Erträge verlässlich bemessen werden kann ▸ es hinreichend wahrscheinlich ist, dass der wirtschaftliche Nutzen aus dem Geschäft dem Unternehmen zufließen wird ▸ der Fertigstellungsgrad des Geschäftes am Bilanzstichtag verlässlich bemessen werden kann ▸ die für das Geschäft angefallenen Kosten und die bis zu seiner vollständigen Abwicklung zu erwartenden Kosten verlässlich bemessen werden können.	
Des Weiteren sind **Zinsen**, **Nutzungsentgelte** und **Dividenden** nach IAS 18.30 wie folgt zu erfassen: ▸ Zinsen sind zeitproportional unter Berücksichtigung der Effektivverzinsung des Vermögenswertes zu erfassen. ▸ Nutzungsentgelte sind periodengerecht in Übereinstimmung mit den Bestimmungen des zu Grunde liegenden Vertrages zu erfassen.	Zinserträge aus festverzinslichen Wertpapieren und Forderungen werden üblicherweise unabhängig vom Zeitpunkt der Fälligkeit pro rata temporis erfasst. Ansprüche aus Gewinnbeteiligungen an Kapitalgesellschaften oder aus Gewinnabführungsverträgen gelten grundsätzlich im Zeitpunkt des Beschlusses der ausschüttenden Gesellschaft als realisiert.

Synopse: Erlösrealisierung

2. Angaben zur Gewinn- und Verlustrechnung

2.1 Angaben zur Gewinn- und Verlustrechnung im Regelfall

Die Anhangangaben können dann verhältnismäßig knapp ausfallen, wenn in der Gewinn- und Verlustrechnung bereits eine weitgehende betragsmäßige Darstellung des Geschäftserfolges vorgenommen wurde. IAS 1.97 ff. gestattet es ausdrücklich, wesentliche Ertrags- oder Aufwandsposten in der GuV oder im Anhang darzustellen. Dies kann grundsätzlich nach dem Gesamtkostenverfahren oder dem Umsatzkostenverfahren geschehen. IAS 12.79 ff. fordert die Aufschlüsselung des Steueraufwandes bzw. -ertrages im Anhang.

Sofern im Jahresabschluss Bilanzierungs- und Bewertungsmethoden geändert, Schätzungen angepasst, Fehler korrigiert und dadurch Aufwendungen oder Erträge begründet werden, ist gem. IAS 8 darüber zu berichten.

Ausdrücklich schreiben IAS 18.35 Erläuterungen zu den angewandten Bilanzierungs- und Bewertungsmethoden einschließlich der Methoden zur Feststellung des Fertigstellungsgrades bei Dienstleistungsgeschäften vor. Es wird auch die Angabe von Beträgen gefordert, wenn diese für das Unternehmen bedeutend sind und bestimmten Bereichen zugeordnet werden können.

Sofern kundenspezifische Fertigungsaufträge von Unternehmen realisiert werden, sind nach IAS 11.39 ff. im Anhang bestimmte Angaben zur Entwicklung dieser Aufträge zu machen.

Die Umsätze, die dem gewöhnlichen Tätigkeitsbereich der Gesellschaft zuzuordnen sind, sollen nach IAS 18.1 in folgender Weise differenziert werden:

- Erträge aus dem Verkauf von Waren und Erzeugnissen
- Erträge aus der Erbringung von Dienstleistungen
- Erträge aus Zinsen, Nutzungsentgelte und Dividenden

2.2 Segmentberichterstattung nach IFRS 8

Börsennotierte Unternehmen haben ausgewählte Jahresabschlussdaten für bestimmte Aktivitätsfelder offen zu legen. In einen Konzernabschluss einbezogene Unternehmen sind zur Offenlegung auf der Konzernebene verpflichtet. Die entsprechenden Regelungen enthält IFRS 8.

2.2.1 Segmentabgrenzung

Nach IFRS sind die Segmente so darzustellen, wie sie das Unternehmen selbst zu internen Berichts- und Steuerungszwecken verwendet.

Für die Segmentberichterstattung sind auch nicht zwangsläufig die auf den Gesamtabschluss angewendeten Bilanzierung- und Bewertungsregeln maßgebend. Wenn das Unternehmen für interne Zwecke davon abweichende Regeln anwendet, dann hat auch auf dieser Grundlage die Segmentberichterstattung zu erfolgen. Allerdings muss dann eine Überleitung zum Gesamtabschluss beschrieben werden (IFRS 8.28).

Da IFRS 8 der Managemententscheidung hinsichtlich der Abgrenzung sowie der Bewertung und Bilanzierung Vorrang gibt, werden im IFRS 8 nur punktuell Hinweise allgemeiner Art zur Berichterstattung gegeben.

So beschreibt IFRS 8.5 die Segmente als Unternehmensteile,

- deren Geschäftsaktivitäten zu Aufwendungen und Erträgen führen
- deren operatives Ergebnis von der Unternehmensleitung regelmäßig zur Erfolgs-beurteilung und zur Ressourcenallokation herangezogen wird und
- für die Finanzinformationen verfügbar sind.

Da moderne Management-Informationssysteme in großen Unternehmen sehr diffe-renziert Unternehmensteile darstellen, können Segmentberichte, die sich vollständig daran orientieren, eher desorientieren als entscheidungsnützliche Information liefern. Deshalb empfiehlt IFRS 8.19 eine Höchstzahl von 10 Berichtssegmenten. Wenn danach Zusammenfassungen notwendig sind, müssen wesentliche Merkmale der jeweiligen Segmente übereinstimmen und im Ergebnis entscheidungsnützliche Informationen liefern.

Heuser/Theile stellen die Kriterien wie folgt dar:

Kriterien nach IFRS 8.12	Wesentliche Aspekte
(a) Art der Produkte und Dienstleistungen	► Ähnlichkeit des Bestimmungszwecks ► Substitute/Komplementärgüter
(b) Art der Produktionsprozesse	► gemeinsame Nutzung von Produktionsan-lagen ► ähnliche Qualifikation der Arbeitskräfte ► Einsatz gleicher/ähnlicher Rohstoffe
(c) Kundengruppen	► Privatkunden, gewerbliche Kunden, staatliche Institutionen ► Abhängigkeit von Großkunden
(d) Vertriebsmethoden	► Ähnlichkeit der Vertriebsmethoden ► gemeinsame Vertriebsorganisation ► gemeinsame Vertriebskanäle
(e) Art des gewöhnlichen Regelungsumfeldes (Regulatory Environment)	► ähnliche zivilrechtliche Bestimmungen (z. B. für bestimmte Branchen) ► ähnliche steuerliche Rahmenbedingungen

2.2.2 Segmentangaben

Aufgrund des Vorrangs des Management Approach enthält IFRS 8 nur wenige kon-krete Anforderungen an die **Gestaltung** der **Segmentberichterstattung**. Es sind nach IFRS 8.20 die für das Verständnis des Geschäftes entscheidungsnützlichen Informati-onen anzugeben. Diese betreffen das **Ergebnis**, das **Vermögen**, die **Schulden** sowie die jeweilige **Überleitung** zum Konzerngesamtwert.

2.2.2.1 Ergebnis

Zwar definiert IFRS 8.23 keine Ergebnisgrößen, aber es sind diejenigen darzustellen, über die intern berichtet wird. In der Praxis sind dies die Kennzahlen:

- ► EBITDA = Ergebnis vor Abschreibungen, Zinsen und Steuern
- ► EBIT = Ergebnis vor Zinsen und Steuern
- ► EBT = Ergebnis vor Steuern.

Es sind jedoch auch andere Kennzahlen denkbar.

Nach IFRS 8.23 sind daneben bestimmte Ergebniskomponenten anzugeben, die im dargestellten Ergebnis enthalten sind. Dies sind – soweit relevant – Außenumsätze, Innenumsätze, Zinserträge und -aufwendungen, Abschreibungen, wesentliche Ertrags- und Aufwandspositionen (z. B. Restrukturierungskosten, Rückstellungsauflösungen etc.), Equity-Ergebnisse, Ertragsteuern sowie wesentliche zahlungswirksame Posten, soweit nicht schon an anderer Stelle genannt.

2.2.2.2 Vermögen

Auch hierzu gibt es keine konkreten Vorgaben. Es reicht, wenn das Brutto- oder das Nettovermögen angegeben wird. Nach IFRS 8.24 sind jedoch Angaben über Komponenten zu machen. Dies sind ggf. Equity-Beteiligungen und Investitionen in langfristige Vermögenswerte.

2.2.2.3 Schulden

Wenn die Unternehmensleitung sich regelmäßig über Schuldenstände informieren lässt, dann sind diese auch für die Segmentberichterstattung relevant. Darüber hinaus ist die Angabe von Schulden, bezogen auf die Segmente, nicht vorgeschrieben.

2.2.2.4 Überleitung

Nach IFRS 8.28 sind die folgenden Segmentangaben zu den Konzerngesamtwerten überzuleiten:

- ► Umsatzerlöse
- ► Segmentergebnisse zum Konzernergebnis vor Steuern und Ergebnis eingestellter Geschäftsbereiche
- ► Vermögen
- ► Schulden
- ► sowie jede andere angabepflichtige, weil im Segmentergebnis bzw. Segmentvermögen enthaltene Größe.

Die Überleitungsrechnung berücksichtigt Konsolidierungsmaßnahmen und abweichende Bilanzierungs- und Bewertungsmethoden. Sofern das berichtende Unternehmen nicht über mehrere Segmente verfügt, sind die Außenumsätze nach Produktgruppen (IFRS 8.23) bzw. Außenumsätze und langfristiges Vermögen nach Regionen, mindestens aber separat auf das In- und Ausland mit Unterteilung nach wesentlichen Ländern (IFRS 8.33) darzustellen.

Berichtspflichtige Segmente sind gemäß IAS 8.13 dann zu bilden, wenn eines der drei folgenden Kriterien erfüllt wird:

▸ Der Umsatz des Segmentes beträgt 10 % oder mehr des Gesamtumsatzes.

▸ Das Segmentergebnis, positiv oder negativ, beträgt 10 % oder mehr des Gesamtergebnisses aller berichtspflichtigen Segmente.

▸ Der Buchwert des Segmentvermögens beträgt 10 % oder mehr als das Gesamtvermögen aller berichtspflichtigen Segmente.

Überschreitet ein Segment erstmals die dargestellten Schwellenwerte, ist die Darstellung sowohl für das Berichts-als auch für das angepasste Vorjahr vorgeschrieben (IFRS 8.18). Ausnahmsweise kann darauf verzichtet werden, wenn z. B. mangels interner Berichterstattung eine Aufteilung der Vorjahreszahlen nicht durchführbar ist.

Die Darstellung der Segmente ist ebenfalls vorgeschrieben, wenn voraussichtlich nur im Berichtsjahr, also vorübergehend, keine der Schwellen überschritten werden (IFRS 8.17). Gleichzeitig ist aus Gründen der Bilanzkontinuität davon auszugehen, dass eine Berichtspflicht nicht besteht, wenn voraussichtlich einmalig nur im Berichtsjahr eine Schwelle überschritten wird.

Freiwillig dürfen auch dann Segmente gebildet werden, wenn die Schwellen nicht überschritten werden (IFRS 8.13).

Insgesamt müssen 75 % aller externen Umsätze auf die dargestellten Segmente entfallen (IFRS 8.15). Schon aus diesem Grund kann es notwendig werden, Segmente zu bilden, die die Schwellenwerte nicht überschreiten, um in der Summe 75 % des Außenumsatzes im Segmentbericht abbilden zu können.

2.3 Ergebnis je Aktie

Unternehmen, deren **Stammaktien** oder potenzielle Stammaktien gehandelt werden oder demnächst an einer Börse gehandelt werden sollen, haben das Ergebnis je Aktie auszuweisen (IAS 33.2). Wenn Unternehmen ein Ergebnis je Aktie ausweisen, ohne dazu verpflichtet zu sein, ist die Ermittlung des Ergebnisses je Aktie in gleicher Weise zu ermitteln, als wäre es dazu verpflichtet (IAS 33.3).

Als Ergebnis wird das **unverwässerte Ergebnis** und das **verwässerte Ergebnis** je Aktie ausgewiesen, jeweils basierend auf dem Nettoperiodenergebnis, das den Stammaktionären zuzuordnen ist.

2.3.1 Unverwässertes Ergebnis

Gemäß IAS 33.10 wird das den Stammaktionären zurechenbare Periodenergebnis je Aktie (gewichteter Durchschnitt umlaufender Stammaktien in der Berichtsperiode) als unverwässertes Ergebnis definiert.

Als Stammaktien definiert IAS 33.5 solche Eigenkapitalinstrumente, die allen anderen Eigenkapitalinstrumenten nachgeordnet sind. In der Literatur wird allerdings die Stammaktie nicht einheitlich definiert. Die herrschende Meinung definiert stimmrechtslose Vorzugsaktien i. S. von § 139 AktG nicht als Stammaktien i. S. von IAS 35.5.

Wenn man sich dieser Meinung anschließt, dann ist zur Bereinigung der Berechnung die an Vorzugsaktionäre zu leistende Dividende abzuziehen von denjenigen, die an Stammaktionäre ausgeschüttet werden.

Aufgabe 39 > Seite 177

2.3.2 Verwässertes Ergebnis

Zur Berechnung des verwässerten Ergebnisses je Aktie wird der den Stammaktionären zurechenbare Periodengewinn um die Auswirkungen aller potenziell **verwässernden** Stammaktien bereinigt (IAS 33.33).

Potenziell verwässernd sind z. B. Wandelschuldverschreibungen, Optionen oder Bezugsrechte. Bei der Berechnung wird davon ausgegangen, dass alle potenziellen Stammaktien auch wirklich in Stammaktien umgewandelt werden.

Darüber hinaus ist bei der Berechnung des verwässerten Ergebnisses zu quantifizieren, um welchen Betrag sich dieses verändert, wenn die Umwandlung tatsächlich erfolgt (IAS 33.36). Es tritt z. B. ein Ergebniseffekt ein, wenn für gewandelte Schuldverschreibungen keine Zinsen mehr gezahlt werden.

Aufgabe 40 > Seite 178

3. Bilanzkorrektur sowie Änderungen von Bilanzierungs- und Bewertungsmethoden

Bilanzadressaten sollen in der Lage sein, die Abschlüsse eines Unternehmens im Zeitablauf zu vergleichen, um Tendenzen der Vermögens-, Finanz- und Ertragslage sowie des Cashflows erkennen zu können (IAS 8.15). Der **Zeitvergleich** wird erschwert, wenn nicht sogar unmöglich gemacht, wenn die Korrektur von Bilanzierungsfehlern die Vermögens- und/oder die Ertragslage beeinflusst. Das Gleiche gilt, wenn Bilanzierungs- und Bewertungsmethoden geändert werden.

Für beide Fälle sehen die IFRS Regeln zur Anpassung vor.

3.1 Änderungsnotwendigkeiten aufgrund von Fehlern

Fehler sind nach IAS 8.41 solche, die in der aktuellen Berichtsperiode entdeckt werden und so bedeutsam sind, dass die Abschlüsse einer oder mehrerer früherer Perioden zum Zeitpunkt ihrer Veröffentlichung nicht mehr als verlässlich anzusehen sind.

Dies können Rechenfehler sein, Fehler bei der Anwendung von Bilanzierungs- und Bewertungsmethoden, Fehlbeurteilungen von Sachverhalten sowie die Aufdeckung eines Betruges oder eines Versehens. Fehler sind nach IAS 8.41 aber auch solche, die absichtlich herbeigeführt wurden, um eine bestimmte Darstellung der Vermögens-, Finanz- oder Ertragslage oder des Cashflows zu erreichen.

Sofern es sich um wesentliche Fehler handelt, erfolgt die Berichtigung gemäß IAS 8.42 rückwirkend im ersten vollständigen Abschluss, der zur Veröffentlichung nach der Entdeckung der Fehler genehmigt wurde. Dies kann in der Weise geschehen, als lediglich die zum Vergleich dargestellten Beträge früherer Perioden korrigiert werden oder dadurch, dass die Vorperioden so berichtigt werden, als wäre der Fehler nicht passiert.

Aufgabe 41 > Seite 178

Darüber hinaus sind vergleichende Informationen anzupassen, wenn dies durchführbar und wirtschaftlich vertretbar ist. Nach IAS 8.49 sind in einem solchen Fall folgende Angaben erforderlich:

► die Art des Fehlers aus einer früheren Periode

► der Betrag der Berichtigung für die Berichtsperiode und für jede dargestellte frühere Periode

► die Aussage, ob die vergleichenden Informationen angepasst wurden oder ob dies nicht durchführbar war. Im letzten Fall sind die Umstände aufzuzeigen, die zu diesem Zustand geführt haben.

3.2 Bilanzanpassungen aufgrund der Änderung von Bilanzierungs- und Bewertungsmethoden

Im Regelfall sind die einmal gewählten Bilanzierungs- und Bewertungsmethoden **kontinuierlich** anzuwenden (IAS 8.13).

Wenn jedoch veränderte Bilanzierungs-und Bewertungsmethoden nach den Regeln eines Standards oder einer Interpretation notwendig werden oder zu einer besseren und verlässlicheren Information über die Vermögens-, Finanz-oder Ertragslage sowie über die Cashflows des Unternehmens führen, sollten diese berücksichtigt werden. Nach IAS 8.19 (a) oder (b) sind die Änderungen einer Bilanzierungs- oder Bewertungsmethode grundsätzlich rückwirkend durchzuführen. Nur wenn die rückwirkende Änderung undurchführbar ist, ist gemäß IAS 8.27 die prospektive Anwendung zum frühest möglichen Zeitpunkt zulässig.

Dementsprechend werden die Wirkungen der Bilanzierungs- oder Bewertungsmethoden auf die Ereignisse und Geschäftsvorfälle grundsätzlich ab deren Entstehungstag rückwirkend angewendet. Die nicht ausgeschütteten Ergebnisse und der Eröffnungsbilanzwert der Gewinnrücklagen sind anzupassen (IAS 8.26).

Aufgabe 42 > Seite 179

Kommt die prospektive Änderung in Frage, so bedeutet dies, dass die Änderungen aufgrund der neuen Bilanzierungs- oder Bewertungsmethode auf Ereignisse oder Geschäftsvorfälle anzuwenden sind, die nach dem Zeitpunkt der Änderung eintreten.

Hat die Änderung einer Bilanzierungs- oder Bewertungsmethode **wesentliche Auswirkungen auf die Berichtsperiode**, eine frühere dargestellte Periode oder kann sie wesentliche Auswirkungen auf spätere Perioden haben, so sind nach IAS 8.29 folgende Angaben erforderlich:

► Art der Änderung der Bilanzierung- und Bewertungsmethode

► Gründe für die Änderung

   - separat für jeden einzelnen betroffenen Posten des Abschlusses und

   - sofern IAS 33 auf das Unternehmen zutrifft, auf das unverwässerte und das verwässerte Ergebnis je Aktie

► der Betrag der Anpassung, der sich auf frühere Perioden bezieht, die im Abschluss nicht durch Vergleichsinformationen berücksichtigt sind und

► die Aussage, warum ggf. wesentliche vergleichende Informationen nicht angepasst werden konnten und Angabe der Gründe, die zur Methodenänderung geführt haben. In diesem Zusammenhang ist auch darzustellen, ab welchem Zeitpunkt die Methodenänderung angewendet wurde.

Aufgabe 43 > Seite 179

D. Eigenkapitalveränderungsrechnung

Nach IAS 1.10 umfasst ein **vollständiger IFRS-Abschluss** auch eine sog. Eigenkapitalveränderungsrechnung, also eine Aufstellung, die sämtliche Veränderungen des Eigenkapitals enthält, unabhängig davon, ob sie sich mit oder ohne Transaktionen der Eigentümer ergeben.

Das HGB verlangt in bestimmten Fällen die Erstellung eines Eingekapitalspiegels (vgl. § 264 Abs. 1 Satz 2 und § 297 Abs. 1 HGB). Die Unterschiede zwischen einer Eigenkapitalveränderungsrechnung nach IFRS und einem Eigenkapitalspiegel nach HGB zeigt folgende Übersicht:

IFRS	HGB
Eigenkapitalveränderungrechnung als eigenständiger Abschlussbestandteil gem. IAS 1.10	**Eigenkapitalspiegel** gem. § 264 Abs. 1 Satz 2 und § 297 Abs. 1 HGB in bestimmten Fällen
(a) das Gesamtergebnis für die Periode, wobei die Beträge, die den Eigentümern des Mutterunternehmens und den nicht beherrschenden Anteilen zuzurechnen sind, getrennt auszuweisen sind	Form und Inhalt nicht vom Gesetz vorgegeben
(b) für jeden Eigenkapitalbestandteil den Einfluss einer rückwirkenden Anwendung oder rückwirkenden Anpassung, die gemäß IAS 8 bilanziert wurde, und	Überleitung aller Eigenkapitalpositionen vom Anfang des Berichtsjahres zum Ende des Berichtsjahres
(c) für jeden Eigenkapitalbestandteil eine Überleitung vom Buchwert zu	
Beginn der Periode zum Buchwert am Ende der Periode	

Synopse: Merkmale der Eigenkapitalveränderungsrechnung

Für die IFRS-Rechnungslegung ist die **Eigenkapitalveränderungsrechnung** insbesondere deshalb von Bedeutung, weil neben den Kapitalein- und -rückzahlungen eine nicht geringe Anzahl von Transaktionen ohne Berührung der Erfolgsrechnung direkt gegen das Eigenkapital gebucht werden kann.

Da diese Möglichkeit besteht, ist es für die Beurteilung eines finanziellen Engagements durch den Anteilseigner von erheblichem Interesse, dass sich eine derartige, nachvollziehbare Eigenkapitalentwicklung detailliert auf einzelne Eigenkapitalpositionen bezieht.

Die Eigenkapitalveränderungsrechnung im Sinne von IAS 1.96 enthält alle denkbaren Einzelpositionen des Eigenkapitals, die beginnend mit ihrem Anfangsbestand bis zum Endbestand einer Berichtsperiode detailliert darzustellen sind:

- ► Gezeichnetes Kapital
- ► Kapitalrücklagen
- ► Gewinnrücklagen
- ► Neubewertungsrücklage
- ► Bewertungsergebnisse für available-for-sale investments
- ► Bewertungsergebnisse für cashflow hedges und
- ► Periodenergebnis
- ► jeden Ertrags- und Aufwands-, Gewinn- oder Verlustposten, der für die betreffende Periode direkt im Eigenkapital zu erfassen ist
- ► für jeden Eigenkapitalbestandsteil die gemäß IAS 8 erfassten Auswirkungen aus Änderungen der Bilanzierungs- und Bewertungsmethoden sowie Fehlerberichtigungen.

In der Praxis wird es kaum Fälle geben, in denen sämtliche Positionen erläutert werden müssen.

Als **Beispiel** für die Darstellung der Eigenkapitalveränderungsrechnung soll die Darstellung aus dem Geschäftsbericht 2006 des Volkswagen-Konzernabschlusses dienen (Geschäftsbericht 2006, S. 159).

Beipiel

Eigenkapital

Mio. €	Gezeichnetes Kapital	Kapitalrücklage	Angesammelte Gewinne	Währungsumrechnungsrücklage	Rücklage für Pensionen	Rücklage für Cashflow-Hedges	Gewinnrücklagen		Anteile anderer Gesellschafter	Summe Eigenkapital
							Rücklage für Marktbewertung Wertpapiere	Auf Aktionäre der VW AG entfallendes Eigenkapital		
Stand am 01.01.2005	1.089	4.451	20.534	- 2.401	- 1.090	84	–	22.667	47	22.714
Kapitalerhöhung	4	62	–	–	–	–	–	66	–	66
Dividendenausschüttung	–	–	409	–	–	–	–	409	5	414
Erfasste Erträge und Aufwendungen	–		1.120	956	- 1.231	- 410	248	683	2	685
Latente Steuern	–	–	–		469	194	- 76	587	–	587
Übrige Veränderung	–	–	6	–	–	–	–	6	3	9
Stand am 31.12.2005	1.093	4.513	21.251	- 1.445	- 1.852	- 132	172	23.600	47	23.647
Stand am 01.01.2006	1.093	4.513	21.251	- 1.445	- 1.852	- 132	172	23.600	47	23.647
Kapitalveränderung	- 89	429	–	–	–	–	–	340	–	340
Dividendenausschüttung	–	–	450	–	–	–	–	450	1	451
Erfasste Erträge und Aufwendungen	–	–	2.749	- 250	318	1.083	85	3.985	1	3.986
Latente Steuern	–	–	–	–	-116	- 449	- 15	- 580	–	- 580
Übrige Veränderung	–	–	- 1	–	10	–	–	9	8	17
Stand am 31.12.2006	1.004	4.942	23.549	- 1.695	- 1.640	502	242	26.904	55	26.959

Das Gezeichnete Kapital der Volkswagen AG lautet auf Euro. Die Aktien sind nennwertlose Stückaktien und lauten auf den Inhaber. Eine Aktie gewährt einen rechnerischen Anteil von 2,56 € am Gesellschaftskapital. Neben Stammaktien existieren Vorzugsaktien, die mit dem Recht auf eine um 0,06 € höhere Dividende als die Stammaktien, jedoch nicht mit einem Stimmrecht ausgestattet sind.

Das Gezeichnete Kapital setzt sich aus 286.980.067 nennwertlosen Stammaktien und 105.238.280 Vorzugsaktien zusammen und beträgt 1.004 Mio. € (Vorjahr: 1.093 Mio. €). Die Volkswagen AG hat im Berichtsjahr 41.719.353 Stück (106.801.543,68 €) Eigene Stammaktien eingezogen. Dem standen 6.769.620 Stück (17.330.227,20 €) neue Stammaktien aus der Ausübung von Wandelschuldverschreibungen im Rahmen des Aktienoptionsplans gegenüber.

Entwicklung der Stammaktien und des Gezeichneten Kapitals:

	Stück		€	
	2006	2005	2006	2005
Stand am 01.01.	427.168.080	425.528.220	1.093.550.285	1.089.352.243
Einziehung eigener Stammaktien	41.719.353	–	106.801.544	–
Ausgegebene Aktien (Aktienoptionsplan)	6.769.620	1.639.860	17.330.227	4.198.042
Stand am 31.12.	392.218.347	427.168.080	1.004.078.968	1.093.550.285

E. Kapitalflussrechnung

Kapitalflussrechnungen sind in Standard IAS 7 geregelt. Sie sind grundsätzlich wie folgt aufzubauen:

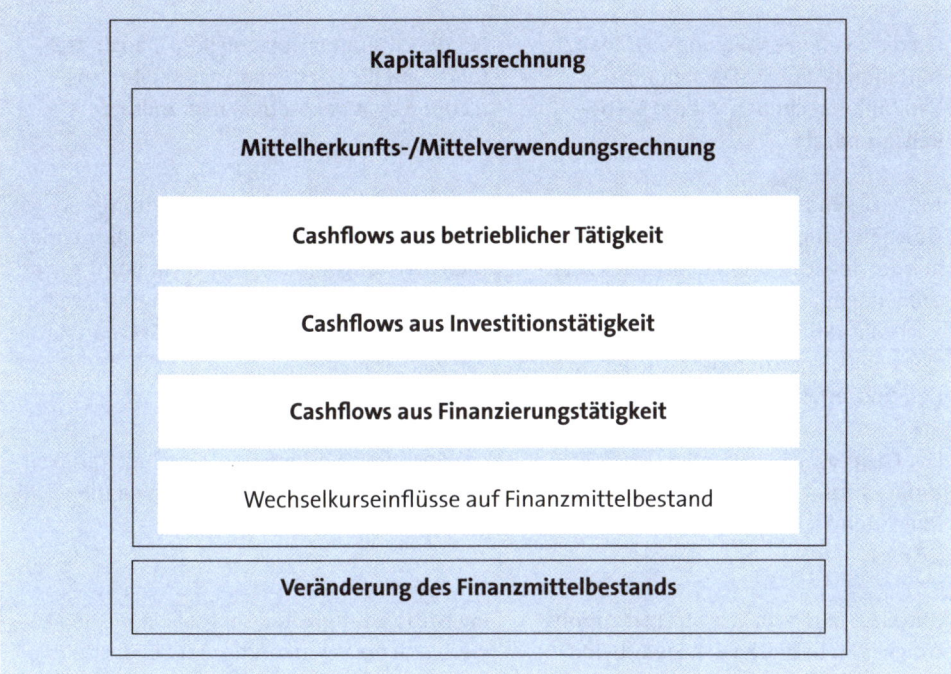

Die nachfolgende Übersicht stellt die Merkmale der Kapitalflussrechnungen nach IFRS und nach HGB gegenüber.

IFRS	HGB
Die Kapitalflussrechnung ist ein **Pflichtbestandteil** des Jahres- und Konzernabschlusses.	Mit Ausnahme der Fälle in § 264 Abs. 1 Satz 2 ist die Kapitalflussrechnung **nur Pflichtbestandteil** des Konzernabschlusses.
	Es bestehen keine gesetzlichen Regeln zur Darstellung. Aber nach DRS2 ist eine Kapitalflussrechnung für Konzernabschlüsse wie folgt strukturierbar:
Mittelzu- und -abflüsse aus	Mittelzu- und -abflüsse aus
► lfd. Geschäftstätigkeit	► lfd. Geschäftstätigkeit
► Investitionstätigkeit	► Investitionstätigkeit
► Finanzierungstätigkeit	► Finanzierungstätigkeit

IFRS	HGB
Der **Finanzmittelfonds** umfasst alle Bilanzpositionen, die jederzeit ohne Kündigungsfrist und Zusatzgebühren verfügbar sind.	Der **Finanzmittelfonds** umfasst alle Bilanzpositionen, die jederzeit ohne Kündigungsfrist und Zusatzgebühren verfügbar sind.
Für die Zusammensetzung des Finanzmittelfonds und die Darstellung der Kapitalflussrechnung gilt der **Stetigkeitsgrundsatz**.	Für die Zusammensetzung des Finanzmittelfonds und die Darstellung der Kapitalflussrechnung gilt der **Stetigkeitsgrundsatz**.
Mittelzu- und -abflüsse aus der **laufenden Geschäftätigkeit** stammen vornehmlich aus der dem Unternehmenszweck zuzuordnenden Tätigkeit. Hier werden aber auch alle Aktivitäten, die nicht der Investitions- oder Finanzierungstätigkeit zuzuordnen sind, erfasst.	Nach DRS 2.23 werden Zahlungsströme aus der **Produktion und Lieferung von Gütern und Dienstleistungen**, soweit sie nicht unmittelbar der Investitions- oder Finanzierungstätigkeit zuzuordnen sind, der laufenden Geschäftstätigkeit zugeordnet.
Der **Cashflow** aus laufender Geschäftstätigkeit kann nach der direkten oder der indirekten Methode ermittelt werden (IAS 7.18 ff).	Der **Cashflow** aus laufender Geschäftstätigkeit kann direkt oder indirekt ermittelt werden (DRS 2.24 ff).
Mittelzu- und -abflüsse aus **Investitionstätigkeiten** betreffen den Erwerb und die Veräußerung langfristiger Vermögenswerte und sonstiger Finanzinvestitionen, sofern sie nicht zu den Zahlungsmitteläquivalenten gehören (IAS 7.6).	**Investitionstätigkeiten** sind solche, die den Erwerb und die Veräußerung von Gegenständen des Anlagevermögens sowie von längerfristigen finanziellen Vermögenswerten, die nicht den Finanzmittelfonds zuzurechnen sind, betreffen (DRS 2.6).
	DRS2 gibt ein **Mindestgliederungsschema** für den Cashflow aus Investitionstätigkeit vor.
Finanzierungstätigkeiten betreffen Veränderungen der Eigenkapitalposition und Finanzschulden des Unternehmens (IAS 7.6).	**Finanzierungstätigkeiten** betreffen zahlungswirksame Aktivitäten, die sich auf Eigenkapitalposten und Finanzschulden des Unternehmens auswirken (DRS 2.6).

Synopse: Merkmale der Kapitalflussrechnungen

1. Zweck der Kapitalflussrechnung

IAS 1 schreibt die Kapitalflussrechnung als einen **eigenständigen Bestandteil** des IFRS-Abschlusses vor. Das **wesentliche Ziel** der Kapitalflussrechnung ist die Bereitstellung von Informationen über die Finanzlage des Unternehmens und ggf. des Konzerns sowie die Beurteilung der Fähigkeit, Zahlungsmittel und Zahlungsmitteläquivalente in der Zukunft zu erwirtschaften. Darüber hinaus sollen Kapitalflussrechnungen auch die Zusammenhänge zwischen den Veränderungen des Bestandes an Zahlungsmitteln und Zahlungsmitteläquivalenten und deren Ursachen darstellen.

Aufgrund ihres Aufbaues, ihrer Zielsetzung und ihres Ergebnisses dienen Kapitalflussrechnungen darüber hinaus weiteren Aufgaben:

► Basis für unternehmerische Finanzplanungen

► Grundlage für die Unternehmensplanung und Unternehmenssteuerung

► Grundlage für eine Unternehmensbewertung auf der Basis von Cashflows.

2. Aufbau der Kapitalflussrechnung

Die Kapitalflussrechnung ist in bestimmter Weise aufzubauen. Einerseits ist die Zusammensetzung des Fonds, und andererseits ist die Art der Ursachendarstellung/-rechnung zu definieren.

IAS 7.6 beschreibt als **Bestandteile** des Fonds die Zahlungsmittel und Zahlungsmitteläquivalente. Dabei werden Zahlungsmittel als Barmittel und Sichteinlagen definiert und Zahlungsmitteläquivalente als kurzfristige, äußerst liquide Finanzinvestitionen, die jederzeit in bestimmte Zahlungsmittelbeträge umgewandelt werden können und nur unwesentlichen Wertschwankungsrisiken unterliegen. Zu Letzteren werden Wertpapiere nur dann gezählt, die – gerechnet vom Erwerbszeitpunkt – eine Restlaufzeit von weniger als 3 Monaten besitzen und geringen Wertschwankungen unterliegen (IAS 7.7). Börsennotierte Eigenkapitalanteile erfüllen diese Voraussetzung nicht.

Darüber hinaus bezeichnet IAS 7.8 **Verbindlichkeiten gegenüber Banken** grundsätzlich als den Finanzierungsaktivitäten zuzuordnende Mittel. Dies bezieht sich ausdrücklich auf lang- und mittelfristige Bankdarlehen, da Kontokorrente von diesen Verbindlichkeiten gegenüber Banken ausgenommen sind. Damit sind die auch in Deutschland üblichen Kontokorrentverbindungen ausdrücklich den Zahlungsmitteläquivalenten zuzuordnen.

Das betriebliche Geschehen kann auf unterschiedliche Weise Einfluss auf den Bestand an Zahlungsmitteln und Zahlungsmitteläquivalenten ausüben. IAS 7 unterscheidet dabei **Mittelzu- und -abflüsse** aus:

► laufender Geschäftstätigkeit

► Investitionstätigkeit

► Finanzierungstätigkeit.

2.1 Cashflow aus der laufenden Geschäftstätigkeit

IAS 7.14 beschreibt Cashflows aus der laufenden Geschäftstätigkeit als solche, die in erster Linie aus erlöswirksamen Tätigkeiten des Unternehmens stammen. Es werden folgende **Beispiele** dafür angeführt:

Einzahlungen	Auszahlungen
▸ Zahlungseingänge aus dem Verkauf von Gütern und der Erbringung von Dienstleistungen ▸ Zahlungseingänge aus Nutzungsentgelten, Honoraren, Provisionen u. a. Erlösen ▸ Zahlungseingänge für Schadensregulierungen und Versicherungsleistungen ▸ Rückerstattung von Ertragsteuern, es sei denn, sie können direkt der Finanzierungs- und Investitionstätigkeit zugeordnet werden	▸ Auszahlungen an Lieferanten von Gütern und Dienstleistungen ▸ Auszahlungen an und für Beschäftigte ▸ Auszahlungen an Versicherungen für Prämien ▸ Auszahlung von Ertragsteuern, es sei denn, sie können direkt der Finanzierungs- und Investitionstätigkeit zugeordnet werden Auszahlungen für Handelsverträge

2.2 Cashflow aus der Investitionstätigkeit

IAS 7.16 schreibt die gesonderte Angabe des Cashflows aus der Investitionstätigkeit vor. Dieser Cashflow präzisiert das Potenzial, mit dem aus vorhandenen Ressourcen künftige Erträge und Cashflows erwirtschaftet werden sollen. Deshalb sind Zahlungsmittelbewegungen aus dem Erwerb und der Veräußerung langfristiger Vermögenswerte und den sonstigen Finanzinvestitionen, die nicht zu den Zahlungsmitteläquivalenten und nicht zum Handelsbestand eines Unternehmens gehören, wie folgt zusammenzufassen.

Einzahlungen	Auszahlungen
▸ Einzahlungen aus dem Verkauf von Sachanlagen, immateriellen und anderen langfristigen Vermögenswerten	▸ Auszahlungen für die Beschaffung von Sachanlagen, immateriellen und anderen langfristigen Vermögenswerten. Hierzu zählen auch Auszahlungen für aktivierte Entwicklungskosten und für selbst erstellte Sachanlagen
▸ Einzahlungen aus der Veräußerung von Eigenkapital-oder Schuldinstrumenten anderer Unternehmen und von Anteilen an Joint-Ventures (Einschränkung wie oben)	▸ Auszahlungen für den Erwerb von Anteilen an anderen Unternehmen, von Schuldtiteln anderer Unternehmen und von Anteilen an Joint-Ventures (sofern dieser Titel nicht als Zahlungsmitteläquivalent betrachtet wird oder zu Handelszwecken gehalten wird)
▸ Einzahlungen aus der Tilgung von Dritten gewährten Krediten und Darlehen, soweit dies nicht zum Unternehmensgegenstand gehört	▸ Auszahlungen für Dritten gewährte Kredite und Darlehen, sofern dies nicht zum Unternehmensgegenstand gehört
▸ Einzahlungen aus standardisierten und anderen Termingeschäften, Options- und Swap-Geschäften, es sei denn, diese Verträge werden zu Handelszwecken gehalten oder die Einzahlungen werden als Finanzierungstätigkeit klassifiziert	▸ Auszahlungen für standardisierte und andere Termingeschäfte, Options- und Swap-Geschäfte, es sei denn, diese Verträge werden zu Handelszwecken gehalten oder die Auszahlungen werden als Finanzierungstätigkeit klassifiziert

2.3 Cashflow aus der Finanzierungstätigkeit

Als Mittelzu- und -abflüsse aus der Finanzierungstätigkeit des Unternehmens werden gemäß IAS 7.17 **ausschließlich Vorgänge der Außenfinanzierung** bezeichnet. Diese beziehen sich auf die Erhöhung und Verminderung des Eigenkapitals, des nicht dem operativen Bereich zuzuordnenden Fremdkapitals sowie der Ausleihungen des Unternehmens. Der Cashflow soll Auskunft darüber geben, wie sich zukünftige Ansprüche der Kapitalgeber gegenüber dem Unternehmen entwickeln werden.

Als Beispiele für Cashflows aus der Finanzierungstätigkeit führt IAS 7.17 an:

Einzahlungen	Auszahlungen
► Einzahlungen aus der Ausgabe von Anteilen oder anderen Eigenkapitalinstrumenten	► Auszahlungen an Eigentümer zum Erwerb oder Rückerwerb von (eigenen) Anteilen an dem Unternehmen
► Einzahlungen aus der Ausgabe von Schuldverschreibungen, Schuldscheinen und Rentenpapieren sowie aus der Aufnahme von Darlehen und Hypotheken, aus der Aufnahme anderer kurz- oder langfristiger Ausleihungen	► Auszahlungen für die Rückzahlung von Ausleihungen und ► Auszahlungen von Leasingunternehmern zur Tilgung von Verbindlichkeiten aus Finanzierungs-Leasingverträgen

3. Darstellung der Kapitalflussrechnung

Die Ergebnisse der Kapitalflussrechnung sind **separat** darzustellen. Es werden also Cashflows aus der laufenden Geschäftstätigkeit, aus der Investitions- und aus der Finanzierungstätigkeit getrennt ausgewiesen. Für die Darstellung des Cashflows aus der laufenden Geschäftstätigkeit lässt IAS 7.18 entweder die direkte Methode oder die indirekte Methode zu.

3.1 Direkte Methode

Den Unternehmen wird nach IAS 7.19 empfohlen, den Cashflow aus der laufenden Geschäftstätigkeit nach der direkten Methode zu ermitteln.

Nach der direkten Methode ermittelt sich ein Cashflow aus der laufenden Geschäftstätigkeit im Wesentlichen aus den Bruttoeinzahlungen und Bruttoauszahlungen, wie sie sich aus der Buchhaltung des Unternehmens ergeben. **Nicht zahlungswirksame Aufwendungen** oder **Erträge** sind zu eliminieren. Diese Korrekturen können sich auf viele Positionen der Ergebnisrechnung auswirken.

Da die IFRS davon ausgehen, dass Bruttoeinzahlungen und Bruttoauszahlungen erfasst werden sollen, sind die entsprechenden Zahlungen um die gültige Umsatzsteuer bzw. Vorsteuer zu ergänzen. Ein sich ergebender Saldo aus Umsatzsteuerzahlungen und Vorsteuererstattungen ist bei den Auszahlungen für Steuern zu berücksichtigen.

Zur Verdeutlichung der Berechnung des Cashflows aus laufender Geschäftstätigkeit nach der direkten Methode soll die folgende Darstellung dienen:

Cashflow aus laufender Geschäftstätigkeit	Berechnung (direkte Methode)
Zuflüsse aus Dividenden	Beteiligungserträge, soweit zugeflossen
Zuflüsse aus Zinserträgen	Zinserträge - aktivierte Zinsen + erhaltene Zinsvorauszahlungen
Zuflüsse aus Lieferungen und Leistungen	Bruttoumsatz nach Erlösminderungen + Forderungen L + L zu Jahresbeginn (wertberichtigt) - Forderungen L + L zu Jahresende (wertberichtigt) - Forderungswertberichtigungen des Jahres (Begründung: unterjährig entstandene und voll abgeschriebene Ford. L + L sind vom Umsatz abzuziehen)
Zuflüsse aus anderen betrieblichen Erträgen	übrige betriebliche Erträge + passive Rechnungsabgrenzungsposten zu Jahresbeginn - passive Rechnungsabgrenzungsposten zu Jahresende
Abflüsse für Lieferungen und Leistungen	Herstellungskosten zur Umsatzerzielung einschließlich an Lieferanten bezahlte Umsatzsteuer + Vorräte zu Jahresende zzgl. USt - Vorräte zu Jahresbeginn zzgl. USt - Abschreibungen auf Vorräte zzgl. USt + Verbindlichkeiten L + L zu Jahresbeginn - Verbindlichkeiten L + L zu Jahresende
Abflüsse für Löhne und Gehälter	Aufwendungen nach Berücksichtigung von Abgrenzungen und Gehaltsverbindlichkeiten
Abflüsse für Zinsen	Zinsaufwand - passivierte Zinsen + geleistete Zinsvorauszahlungen + nachträglich geleistete Zinszahlungen (z. B. endfälliger Kredit)
Abflüsse für Steuern	Verkehrs-, Ertrags- und Umsatzsteuerzahlungen nach Anrechnung der Vorsteuer

Cashflow aus laufender Geschäftstätigkeit	Berechnung (direkte Methode)
Abflüsse für andere Betriebskosten Rechnungsabgrenzungen zu Jahresbeginn zzgl. USt-aktive Rechnungs-	übrige betriebliche Aufwendungen zzgl. USt + aktive Rechnungsabgrenzungen zu
abgrenzungen zu Jahresende zzgl. USt	Jahresbeginn zzgl. USt - aktive Rechnungsabgrenzungen zu Jahresende zzgl. USt

Übersicht: Direkte Methode zur Berechnung des Cashflows aus der laufenden Geschäftstätigkeit (vgl. *Grünberger/Grünberger*)

3.2 Indirekte Methode

Der Cashflow aus der laufenden Geschäftstätigkeit darf nach IAS 7.20 auch indirekt ermittelt werden, indem das Periodenergebnis um die **folgenden Größen korrigiert** wird:

▸ Bestandsänderungen der Periode bei den Vorräten und den Forderungen und Verbindlichkeiten aus Lieferungen und Leistungen

▸ zahlungsunwirksame Posten, wie Abschreibungen, Rückstellungen, latente Steuern, unrealisierte Fremdwährungsgewinne und -verluste, nicht ausgeschüttete Gewinne von assoziierten Unternehmen und Minderheitsanteile

▸ alle anderen Posten, die Cashflows in dem Bereich der Investition oder Finanzierung darstellen.

Auch dies soll in tabellarischer Form kurz dargestellt werden:

Jahresüberschuss/-fehlbetrag
+ Verminderung der Vorräte - Erhöhung der Vorräte)
+ Abnahme - Zunahme) von Forderungen aus LL
+ Zunahme - Abnahme) von Verbindlichkeiten aus LL
+ Abschreibungsaufwand + Dotierung - Auflösung) langfristiger Rückstellungen
+ latenter Steueraufwand - latente Steuererträge)
+ unrealisierte Fremdwährungsverluste - unrealisierte Fremdwährungsgewinne)
- nach der Equity-Method aktivierte Gewinne - abgeschriebene Verluste)
+ abgezogener Gewinnanteil - Verlustanteil) der Minderheitsgesellschafter von Tochterunternehmen
+ zahlungswirksame Aufwendungen im Investitions- und Finanzierungsbereich
- zahlungswirksame Erträge im Investitions- und Finanzierungsbereich

= **Cashflow aus der laufenden Geschäftstätigkeit (IAS 7.20a - c)**

Übersicht: Indirekte Methode zur Berechnung des Cashflows aus der laufenden Geschäftstätigkeit (vgl. *Grünberger/Grünberger*)

Nach IAS 21 ist der **Cashflow aus der Investitions-und Finanzierungstätigkeit** des Unternehmens separat auszuweisen, soweit er aus Investitions- und Finanzierungstätigkeiten entsteht. Hierzu sind Bruttoeinzahlungen und Bruttoauszahlungen direkt gegenüberzustellen (siehe unter Tz. 3 dieses Abschnitts). Es handelt sich deshalb um eine direkte Methode zur Ermittlung des Cashflows.

Die Kapitalflussrechnung ist jährlich dadurch zu verproben, dass die Veränderung der Geldmittel zu Beginn des Jahres gegenüber dem Ende des Jahres mit der Summe der Cashflows aus dem laufenden Jahr übereinstimmen muss. Abweichungen können sich allein durch veränderte Wechselkurse bei der Umrechnung der Geldmittel und der Cashflows ergeben. Sofern diese wesentlich sind, müssen sie gesondert dargestellt werden.

4. Besonderheiten bei der Aufstellung der Kapitalflussrechnung

IAS 7.22 gestattet in besonderen Ausnahmefällen die saldierte Darstellung des Cashflows:

► Einzahlungen und Auszahlungen im Namen von Kunden, wenn die Cashflows eher auf Aktivitäten des Kunden als auf Aktivitäten des Unternehmens zurückzuführen sind. Als Beispiele dafür führt IAS 7.23 an:
  - Annahme und Rückzahlung von Sichteinlagen bei einer Bank
  - von einer Anlagegesellschaft für Kunden gehaltene Finanzmittel
  - Mieten, die für Grundstückseigentümer eingezogen und an diese weitergeleitet werden.
► Einzahlungen und Auszahlungen für Posten mit großer Umschlagshäufigkeit, großen Beträgen und kurzen Laufzeiten; darunter versteht IAS 7.23 Darlehensbeträge gegenüber Kartenkunden.
► Kauf und Verkauf von Finanzinvestitionen.
► Andere kurzfristige Ausleihungen, beispielsweise Kredite mit einer Laufzeit von bis zu 3 Monaten.

Darüber hinaus gestattet IAS 7.24 eine saldierte Darstellung in besonderen Fällen für die Tätigkeiten einer Finanzinstitution.

Zur **Umrechnung von Cashflows** in Fremdwährungen ist der Wechselkurs im jeweiligen Zeitpunkt des Geldflusses maßgeblich. Dies sieht IAS 7.25 ff. vor. Dabei wird im IAS 7.28 darauf verwiesen, dass nicht realisierte Gewinne und Verluste aus Wechselkursänderungen nicht als Cashflows zu betrachten sind.

Nicht zahlungswirksame Transaktionen, z. B. Tauschgeschäfte, dürfen nach IAS 7.43 ebenfalls nicht in die Kapitalflussrechnung aufgenommen werden. Sie sind in geeigneter Form im Anhang darzustellen.

Aufgabe 44 - 45 > Seite 180

F. Konzernspezifische Vorschriften

Konzernspezifische Vorschriften sind in den Standards

- IFRS 10 Konzernabschlüsse
- IFRS 11 Gemeinschaftliche Vereinbarungen
- IFRS 12 Angaben zu Anteilen an anderen Unternehmen

geregelt. Diese Standards sind auch in der Europäischen Union anwendbar, da sie am 11.12.2012 in Europäisches Recht übernommen ('endorsed') wurden. Die Veröffentlichung der Übernahme wurde im am 29.12.2012 im Amtsblatt der Europäischen Union veröffentlicht. Über § 315a HGB sind sie somit auch deutsches Handelsrecht für Geschäftsjahre, die an oder nach dem 01.01.2013 beginnen anzuwenden.

Neben den genannten Standards finden sich weitere konzernspezifische Regelungen in:

- IFRS 3 Unternehmenszusammenschlüsse
- IAS 28 Beteiligungen an assoziierten Unternehmen und Gemeinschaftsunternehmen.

1. Aufstellungspflicht und Konsolidierungskreis

Ob deutsche Unternehmen einen Konzernabschluss aufzustellen haben, bestimmt sich gemäß §§ 290 - 293 HGB. Erst dann greift § 315a HGB, der die EU-Verordnung ergänzt und mit ihr zusammen den neuen Rechtsrahmen für die Konzernrechnungslegung nach internationalen Standards bildet. Danach müssen kapitalmarktorientierte Mutterunternehmen ihren Konzernabschluss nach IFRS aufstellen. Nicht kapitalmarktorientierte Mutterunternehmen können den Konzernabschluss freiwillig nach IFRS aufstellen. Eine befreiende Wirkung für den HGB Einzelabschluss ist bisher noch nicht gesetzlich verankert.

Eine Gegenüberstellung zur Aufstellungspflicht und zum Konsolidierungskreis nach IFRS und nach HGB zeigt folgende Übersicht:

IFRS	HGB
Weltabschlussprinzip	Weltabschlussprinzip
Controll-Prinzip	Controll-Prinzip
Möglichkeit, die Finanz- und Geschäftspolitik eines Unternehmens zu bestimmen, um aus dessen Tätigkeiten Nutzen zu ziehen	Konzept der einheitlichen Leitung
größen- und rechtsformunabhängig	größen- und rechtsformunabhängig

Synopse: Aufstellungspflicht und Konsolidierungskreis

IFRS 10 legt die Grundsätze für die Darstellung Aufstellung von Konzernabschlüssen fest.

In den Konzernabschluss eines Mutterunternehmens sind alle inländischen und ausländischen Tochterunternehmen einzubeziehen (**Weltabschlussprinzip**). Ein Tochterunternehmen ist ein Unternehmen, dass von einem Mutterunternehmen beherrscht wird (**Control-Prinzip**).

Beherrschung im Sinne des Standards IFRS 10.6 ist dann gegeben, wenn ein Investor (bspw. Mutterunternehmen) aufgrund seines Engagements

a) Bestimmungsmacht über das Beteiligungsunternehmen hat (vgl. IFRS 10.10 ff) und

b) den wirtschaftlichen Erfolg des Beteiligungsunternehmens beeinflussen kann (vgl. IFRS 10.15 ff.) und

c) sowohl an den Gewinnen als auch an den Verlusten beteiligt ist.

Bestimmungsmacht ist gegeben, wenn die Muttergesellschaft (Investor)

► die Möglichkeit hat, über mehr als die Hälfte der Stimmrechte Kraft einer mit anderen Anteilseignern abgeschlossenen Vereinbarung zu verfügen (vgl. IFRS 10.B35)

► die Möglichkeit hat, die Finanz- und Geschäftspolitik eines Unternehmens gemäß einer Satzung oder einer Vereinbarung zu bestimmen (vgl. IFRS 10.B15)

► die Möglichkeit hat, die Mehrheit der Mitglieder der Geschäftsleitung oder eines gleichwertigen Leitungsgremiums zu ernennen oder abzusetzen (vgl. IFRS 10.B15) oder

► die Möglichkeit hat, die Mehrheit der Stimmen bei Sitzungen der Geschäftsleitung oder eines gleichwertigen Leitungsgremiums zu bestimmen (vgl. IFRS 10.B15).

Aufgabe 46 > Seite 181

Die Konsolidierungspflicht nach IFRS wird also durch das Control-Prinzip begründet. Eine dem deutschen HGB vergleichbare Regelung zur einheitlichen Leitung existiert nicht. **In der Praxis** wird die Konsolidierungspflicht nach IFRS 10 und nach § 290 Abs. 1, 2 HGB i. d. R. **identisch** sein.

Anders als das HGB kennt IFRS keine größen-oder rechtsformabhängigen Befreiungen. Wie aber auch nach HGB kann auf die Aufstellung eines Konzernabschlusses verzichtet werden, wenn ein befreiender Konzernabschluss durch ein anderes Mutterunternehmen erstellt wird. In diesem Fall muss nach IFRS aber für die Befreiung die Zustimmung der Minderheitsgesellschafter eingeholt werden.

2. Einzubeziehende Unternehmen

Die Einbeziehungspflichten, -verbote und -wahlrechte nach IFRS und nach HGB zeigt die nachfolgende Übersicht:

IFRS	HGB
Es gibt keine expliziten Einbeziehungswahl-rechte oder -verbote	Das Einbeziehungsverbot gem. § 295 HGB ist durch das BilReG gestrichen worden.
	Einbeziehungswahlrecht bei Weiterveräuße-rungsabsicht
	Einbeziehungswahlrecht bei dauernder Beschränkung der Rechte des Mutterunternehmens
	Einbeziehungswahlrecht bei Unwesentlichkeit

Synopse: Einzubeziehende Unternehmen

Die in den Konzernabschluss einzubeziehenden Unternehmen umfassen neben dem Mutter- und den Tochterunternehmen nach dem Control-Prinzip die Gemeinschaftsunternehmen und die assoziierten Unternehmen.

Gemeinschaftsunternehmen (joint venture) sind eine gemeinschaftliche Vereinbarung, von zwei oder mehr Parteien, bei der die Parteien, die die gemeinschaftliche Führung innehaben, Rechte am Eigenkapital der gemeinschaftliche geführten wirtschaftlichen Einheit besitzen. Gemeinschaftliche Führung ist dann gegeben, wenn die Entscheidungen über die maßgeblichen Tätigkeiten die einstimmige Zustimmung der sich die Beherrschung teilenden Parteien erfordern. Diese Unternehmen sind mithilfe der sog. Equity-Methode im Konzernabschluss zu berücksichtigen (IFRS 11.24).

Handelt es sich bei einer Beteiligung an einem anderen Unternehmen weder um ein Tochter- noch um ein Gemeinschaftsunternehmen, so liegt ein **assoziiertes Unternehmen** (associates) vor, wenn die Muttergesellschaft einen maßgeblichen Einfluss ausübt (IAS 28.3). Der maßgebliche Einfluss wird nach IAS wiederlegbar vermutet, wenn das Mutterunternehmen direkt oder indirekt mindestens 20 % der Stimmrechte an diesem Unternehmen hält (IAS 28.5).

Assoziierte Unternehmen sind nach der Equity-Methode in den Konzernabschluss einzubeziehen (IAS 28.16). Bei der Bewertung einer Beteiligung nach der Equity-Methode wird das anteilige Eigenkapital des Beteiligungsunternehmens im Konzernabschluss ausgewiesen.

Zum Zeitpunkt des Erwerbs ist eine etwaige Differenz zwischen dem Beteiligungsbuchwert und dem bilanzierten Eigenkapital des assoziierten Unternehmens analog zur Vollkonsolidierung als goodwill zu bilanzieren. In der Folgekonsolidierung verändert sich die Bewertung der Anteile quasi spiegelbildlich entsprechend dem anteiligen Jahresergebnis des Beteiligungsunternehmens.

Im Falle einer beabsichtigten **kurzfristigen Weiterveräußerung** sind assoziierte Unternehmen nicht nach der Equity-Methode sondern mit Anschaffungskosten zu bewerten. Das Gleiche gilt, sobald die Möglichkeit des maßgeblichen Einflusses nicht mehr gegeben ist.

Ein Einbeziehungsverbot wegen **abweichender Geschäftstätigkeit** des Tochterunternehmens besteht nicht. **Einbeziehungswahlrechte** bestehen außerhalb des Wesentlichkeitsgrundsatzes nach IFRS ebenfalls nicht.

Ein besonderes Problem der Einbeziehungpflicht ergibt sich nicht erst im Gefolge des Enron-Skandals (Lüdenbach) bei den so genannten **Zweckgesellschaften** (special purpose entities, SPE). Zweckgesellschaften sind Unternehmen mit einem engen und genau definierten Ziel. Beispielsweise werden Unternehmen für bestimmte Unternehmensaktivitäten (z. B. Leasing, Forschung und Entwicklung, Finanzierung) gegründet, die aufgrund von angepassten Strukturen und Regelungen (z. B. Satzung, Stimmrechte, Finanzierung) gegründet. Liegen die oben genannten Beherrschungskriterien vor, sind auch diese Gesellschaften zu konsolidieren, d. h. in den Konzernabschluss einzubeziehen.

Solch eine **Zweckgesellschaft** kann die Rechtsform einer Kapitalgesellschaft, eines Treuhandfonds, einer Personengesellschaft oder einer anderen Nicht-Kapitalgesellschaft haben. Ob eine konsolidierungspflichtige Zweckgesellschaft vorliegt, richtet sich danach, ob unter wirtschaftlicher Betrachtung die Zweckgesellschaft durch das initiierende Unternehmen beherrscht wird.

Aufgabe 47 > Seite 181

3. Fremdwährungsumrechnung

Die Fremdwährungsumrechnung erfolgt nach dem **Prinzip der funktionalen Währung**. Der hierfür einschlägige Standard ist IAS 21 „Auswirkungen von Änderungen der Wechselkurse". Danach ist die funktionale Währung eines Unternehmens die Währung des primären wirtschaftlichen Umfeldes, in dem ein Unternehmen tätig ist. In der Regel ist dies das Umfeld, das die Preisfestsetzung bestimmt und in dem das Unternehmen überwiegend finanzielle Mittel generiert und ausgibt.

Ist die funktionale Währung des Tochterunternehmens mit der des Mutterunternehmens identisch, erfolgt die Fremdwährungsumrechnung nach den allgemeinen Grundsätzen (Zeitbezugsmethode). Weicht die funktionale Währung der Muttergesellschaft von der des ausländischen Tochterunternehmens ab, ist die Fremdwährungsumrechnung nach der modifizierten Stichtagsmethode vorzunehmen.

Bei der Bestimmung der funktionalen Währung sind u. a. folgende Indikatoren zu berücksichtigen:

▸ Die überwiegenden Umsatzerlöse des ausländischen Tochterunternehmens werden in der jeweiligen Landeswährung erzielt. Preisveränderungen stehen unter dem Einfluss des örtlichen Wettbewerbs.

▸ Der Personal- und Materialaufwand sowie die sonstigen Aufwendungen, die in die Produkte oder Dienstleistungen des ausländischen Tochterunternehmens eingehen, fallen überwiegend in lokaler Währung an.

▸ Wesentliche Finanzierung aus eigenem Cashflow oder mittels lokaler Fremdkapitalaufnahme des ausländischen Tochterunternehmens.

▸ Die Geschäfte des ausländischen Tochterunternehmens werden weitgehend unabhängig von denen des berichtenden Mutterunternehmens geführt.

▸ Die Geschäftsvorfälle mit dem berichtenden Mutterunternehmen haben bezogen auf das Geschäftsvolumen des ausländischen Tochterunternehmens kein großes Gewicht.

▸ Der Cashflow des Mutterunternehmens ist von den täglichen Aktivitäten des ausländischen Tochterunternehmens isoliert und hat auf das Tagesgeschäft des ausländischen Tochterunternehmens keinen großen Einfluss.

Die genannten Grundsätze zur Bestimmung der funktionalen Währung sind auch auf Gemeinschaftsunternehmen und assoziierte Unternehmen anzuwenden. Sofern eine Zuordnung zu unterschiedlichen Ergebnissen führt und die funktionale Währung nicht eindeutig bestimmbar ist, hat das Management eine Gesamtwürdigung anhand der Verhältnisse vorzunehmen und die funktionale Währung zu bestimmen.

3.1 Allgemeine Grundsätze zur Fremdwährungsumrechnung

Beim Abschluss eines ausländischen Tochterunternehmens, dessen funktionale Währung mit der Berichtswährung identisch ist, ist die Fremdwährungsumrechnung so vorzunehmen, als wären die Geschäftsvorfälle des ausländischen Tochterunternehmens die des berichtenden Mutterunternehmens selbst gewesen.

Bei der Umrechnung des Abschlusses ist folgendes **Verfahren** anzuwenden:

▸ Umrechnung monetärer Posten in fremder Währung sind unter Verwendung des Stichtagskurses anzusetzen.

▸ Nicht monetäre Posten, die zu historischen Anschaffungs- oder Herstellungskosten bewertet wurden, sind mit dem Kurs am Tag des Geschäftsvorfalles umzurechnen.

▸ Nicht monetäre Posten, die mit ihrem beizulegenden Zeitwert bewertet wurden, sind mit dem Kurs umzurechnen, der zum Zeitpunkt der Ermittlung des Wertes gültig war.

- Umrechnung von Wertänderungen von Vermögenswerten, die zu historischen Kursen umgerechnet werden, und Materialverbrauch zu den jeweiligen historischen Kursen.

- Umrechnung aller übrigen Aufwendungen und Erträge zu Transaktionskursen.

Anstelle des historischen Kurses ist es aus praktischen Erwägungen heraus zulässig, einen Näherungswert, z. B. den Durchschnittskurs einer Woche oder eines Monats, zu verwenden.

Unterschiedsbeträge aus der Fremdwährungsumrechnung sind in diesem Fall erfolgswirksam zu berücksichtigen.

3.2 Modifizierte Stichtagskursmethode

Bei der Umrechnung des Abschlusses der funktionalen Währung in die Darstellungswährung gelten folgende Umrechnungsgrundsätze:

- Umrechnung aller Vermögenswerte und Schulden zum Stichtagskurs.

- Alle Bestandteile des Eigenkapitals sind zu historischen Kursen umzurechnen. Das aktuelle Jahresergebnis wird aus der umgerechneten Gewinn- und Verlustrechnung übernommen.

- Die Aufwendungen und Erträge sind zu den Wechselkursen am Tage der Geschäftsvorfälle umzurechnen. Aus praktischen Erwägungen sind vereinfachend Umrechnungen zum gewichteten Durchschnittskurs ebenfalls zulässig.

- Alle sich ergebenden Differenzen aus der Fremdwährungsumrechnung sind erfolgsneutral im Eigenkapital zu erfassen.

Sofern wirtschaftlich selbstständige Teileinheiten ihren Abschluss in der Währung eines **Hochinflationslandes** aufstellen, gelten Sonderregelungen (vgl. IAS 29 Rechnungslegung in Hochinflationsländern).

Aufgabe 48 > Seite 181

4. Vollkonsolidierung

Die Vorschriften zur Vollkonsolidierung werden in der folgenden Übersicht einleitend nach IFRS und nach HGB dargestellt.

IFRS	HGB
Kapitalkonsolidierung	**Kapitalkonsolidierung**
► Erwerbsmethode (purchase method) ► kein Methodenwahlrecht	► Erwerbsmethode (purchase method) ► kein Methodenwahlrecht
Aktiver Unterschiedsbetrag aus der Kapitalkonsolidierung (goodwill)	**Aktiver Unterschiedsbetrag aus der Kapitalkonsolidierung (goodwill)**
► jährlicher Wertminderungstest	► Abschreibung in jedem folgenden Geschäftsjahr zu mindestens einem viertel oder ► Abschreibung planmäßig über die voraussichtliche Nutzungsdauer oder ► offene Verrechnung mit den Konzernrücklagen
Passivischer Unterschiedsbetrag aus der Kapitalkonsolidierung (negative goodwill)	**Passivischer Unterschiedsbetrag aus der Kapitalkonsolidierung (negative goodwill)**
► erfolgswirksame Realisierung des verbleibenden Betrags (lucky buy)	► Auflösung soweit die erwarteten Aufwendungen berücksichtigt sind oder ► erfolgswirksame Auflösung wenn feststeht, dass keine Aufwendungen mehr erwartet werden (lucky buy)
Schuldenkonsolidierung, Zwischenergebniseliminierung, Aufwands- und Ertragskonsolidierung	**Schuldenkonsolidierung, Zwischenergebniseliminierung, Aufwands- und Ertragskonsolidierung**
► keine Ausnahmen durch IFRS vorgesehen, bei Unwesentlichkeit wohl vertretbar	► bei untergeordneter Bedeutung kann verzichtet werden
Minderheitsgesellschafter	**Minderheitsgesellschafter**
► gesonderte Darstellung außerhalb des Konzerneigenkapitals ► Konzernergebnis ist durch Minderheitenanteil gekürzt	► gesonderte Darstellung innerhalb des Konzerneigenkapitals ► Konzernergebnis wird in der Konzern-GuV nach Posten „Jahresüberschuss/ -fehlbetrag" gesondert ausgewiesen

Synopse: Vollkonsolidierung

Die Vollkonsolidierung untereilt sich in

- Kapitalkonsolidierung
- Schuldenkonsolidierung
- Zwischenergebniseliminierung
- Aufwands- und Ertragskonsolidierung.

4.1 Kapitalkonsolidierung

Der einschlägige **Standard zur Kapitalkonsolidierung** ist IFRS 10 i. V. m. IFRS 3 (Unternehmenszusammenschlüsse).

Die Kapitalkonsolidierung hat grundsätzlich nach der so genannten Erwerbsmethode (purchase method) zu erfolgen. Der Erwerbsmethode liegt die Fiktion des Einzelerwerbs von Vermögenswerten und Schulden zu Grunde. Auch bei einem Anteilserwerb (share deal) gilt im Konzernabschluss die Einzelerwerbsfiktion. Das heißt, anstelle der Anschaffungskosten für die Beteiligung werden die Vermögenswerte und Schulden des Tochterunternehmens sowie ggf. goodwill bilanziert.

Die Erstkonsolidierung hat gemäß IFRS 3 zum Erwerbszeitpunkt zu erfolgen. Hierzu ist in aller Regel bei dem erworbenen Unternehmen ein Zwischenabschluss zu erstellen, das heißt zum Erwerbszeitpunkt sind die Anschaffungskosten den Vermögenswerten und Schulden der erworbenen Beteiligung zuzuordnen. Nach IFRS 3 ist hierbei nur noch die vollständige Neubewertung zulässig. Somit sind auch die stillen Reserven, die auf Minderheitenanteile entfallen, aufzudecken. Dies führt entgegen der beteiligungsproportionalen Neubewertung, wie sie nach IAS 22 noch alternativ zulässig war, bei den stillen Reserven zu höheren Vermögenswerten und einem höheren Minderheitenanteil. Der Effekt wird in der Folgekonsolidierung durch entsprechend höhere Abschreibungen kompensiert.

4.2 Die Equity-Methode

Die Equity-Methode nach IFRS ist weitgehend mit der Equity-Bewertung des HGB vergleichbar.

Im **Zeitpunkt des Erwerbs der Geschäftsanteile** werden diese mit den Anschaffungskosten aktiviert. Weichen die Anschaffungskosten vom anteilig erworbenen Eigenkapital der Tochtergesellschaft ab, ist der Unterschiedsbetrag (stille Reserven bzw. stille Lasten) den zutreffenden Vermögens- bzw. Schuldposten zuzuordnen. In der Folge verändert sich der Buchwert der Anteile quasi spiegelbildlich entsprechend dem anteiligen Jahresergebnis des Beteiligungsunternehmens.

Diese Veränderungen sind **erfolgswirksam** zu erfassen, während vom Beteiligungsunternehmen empfangene Ausschüttungen den Buchwert der Anteile erfolgsneutral mindern. In der Folgebewertung sind die im Erwerbszeitpunkt zugeordneten stillen Reserven bzw. stillen Lasten entsprechend ihrer Nutzungsdauer ergebniswirksam aufzulösen.

Aufgabe 49 > Seite 182

4.3 Goodwill und passivischer Unterschiedsbetrag

Ein sich ergebender Unterschiedsbetrag aus der Erstkonsolidierung ist als goodwill zu aktivieren, wenn der verbleibende Überschuss als Differenz von Anschaffungskosten und beizulegendem Zeitwert der erworbenen Vermögenswerte und Schulden positiv ist. Mit Einführung des IFRS 3 unterliegt der goodwill nicht mehr der planmäßigen Abschreibung, sondern ist jährlich einem Wertminderungstest zu unterziehen. Erst wenn die Werthaltigkeit nicht mehr vorhanden ist, wird der goodwill außerplanmäßig abgeschrieben.

Ein sich ergebender passivischer Unterschiedsbetrag führt nach IFRS 3 dazu, dass Ansatz und Bewertung der neu zu bewertenden Vermögenswerte und Schulden nochmals überprüft werden müssen. Soweit danach ein passiver Unterschiedsbetrag verbleibt, ist dieser sofort erfolgswirksam zu erfassen (lucky buy). Eine Bilanzierung im Eigenkapital ist nicht zulässig.

4.4 Minderheitsgesellschafter

Die aus der Kapitalkonsolidierung entstehenden Minderheitenanteile sind nach IAS 1 als sog. nicht beherrschende Anteile gesondert innerhalb des Eigenkapitals auszuweisen. Die Regelung ist insoweit der des HGB entsprechend.

Soweit Minderheitenanteile mit einem negativen Wert bilanziert werden müssten, finden diese in der Konzernbilanz keinen Ansatz, es sei denn, der Minderheitengesellschafter ist zum Verlustausgleich verpflichtet und ist finanziell in der Lage, einen solchen vorzunehmen. Der Ausweis eines Minderheitenanteils erfolgt nach interner Fortschreibung erst wieder, wenn dieser positiv geworden ist.

4.5 Schuldenkonsolidierung, Zwischenergebniseliminierung, Aufwands- und Ertragskonsolidierung

Bei der Schulden-, Zwischenergebnis-, Aufwands- und Ertragskonsolidierung sind gemäß IFRS 10 sämtliche konzerninternen Bestände und Transaktionen inkl. daraus resultierender unrealisierter Gewinne in voller Höhe zu eliminieren. Minderheitenanteile bleiben insoweit unberücksichtigt.

5. Angaben zu konzernspezifischen Vorschriften

Wegen der Umfänglichkeit zu den Angaben zum Konzernabschluss verweisen wir auf die Angabenhinweise in IFRS 12 und IFRS 3.

Nach IFRS 3 sind u. a. **folgende Angaben** erforderlich:

- Offenlegung von Informationen, durch die die Art und finanziellen Auswirkungen von Unternehmenszusammenschlüssen beurteilt werden können, die
- während der Berichtperiode und
- nach dem Bilanzstichtag,

jedoch vor der Freigabe zur Veröffentlichung des Abschlusses, erfolgten. Alleine zu diesen Angaben sind nach IFRS 3 14 Unterangaben notwendig.

- Angaben, durch die die finanziellen Auswirkungen von Gewinnen, Verlusten, Fehlerkorrekturen und anderen Anpassungen, die in der laufenden Berichtsperiode erfasst wurden, beurteilt werden können. Auch zu diesem Punkt sind diverse Unterangaben notwendig.
- Angaben, durch die Änderungen des Buchwertes, des Geschäfts- oder Firmenwertes während der Berichtsperiode beurteilt werden können.

Aufgabe 50 > Seite 182

Aufgabe 1:

Nennen Sie Ziele der weltweiten Implementierung der IFRS.

Lösung s. Seite 183

Aufgabe 2:

Was ist der Regelungsinhalt des Rahmenkonzepts und wem dienen diese Informationen insbesondere?

Lösung s. Seite 183

Aufgabe 3:

Woraus bestehen die Rechnungslegungsnormen der IASB?

Lösung s. Seite 183

Aufgabe 4:

Welche qualitativen Anforderungen sind im Rahmenkonzept benannt?

Lösung s. Seite 183

Aufgabe 5:

Die Willi Pfiffig GmbH schult seit vielen Jahren mit erheblichem Aufwand einige Mitarbeiter, die in der Forschungsabteilung tätig sind. Das aufgebaute Knowhow ist erkennbar. Zu jeder Zeit erarbeiten die geschulten Mitarbeiter hervorragende Lösungen zu konkreten Fragestellungen.

Der Geschäftsführer Willi Pfiffig möchte nun einen Vermögenswert „Mitarbeiter-Knowhow" aktivieren. Darf er das nach IFRS?

Lösung s. Seite 183

Aufgabe 6:

Worin unterscheiden sich das deutsche Vorsichtsprinzip vom IFRS-Begriff der Wahrscheinlichkeit?

Lösung s. Seite 183

Aufgabe 7:

Erläutern Sie, was unter folgenden Begriffen zu verstehen ist:

- Tageswert
- Veräußerungswert
- Barwert
- fortgeführte Anschaffungs- oder Herstellungskosten
- Nettoveräußerungswert
- Nutzungswert
- erzielbarer Betrag
- beizulegender Zeitwert
- Marktwert
- IAS
- IASB
- IASC
- IFRS
- IFRS 1
- IFRS-Berichtsjahresabschluss
- IFRS-Eröffnungsbilanz
- IFRS-Umstellungsjahr

- Rahmenkonzept (Framework)
- retrospektive Umstellung
- Standards
- Reduktionsmodell
- IFRS-Maßgeblichkeit
- Trennungs- oder Abkopplungsmodell
- qualitative Anforderungen an den Jahresabschluss
- finanzwirtschaftliche Kapitalerhaltung
- leistungswirtschaftliche Kapitalerhaltung
- Vermögenswert
- Finanzderivate
- Schuld
- Restrukturierungsrückstellungen
- Residualgröße des Eigenkapitals
- Neubewertungsrücklage.

Lösung s. MiniLex Seite 201 ff.

Aufgabe 8:

IAS 38 vertritt die Ansicht, dass ein Unternehmen in der Forschungsphase eines Projektes einen immateriellen Vermögenswert nicht nachweisen kann.

Benennen Sie Beispiele für Forschungsaktivitäten und Entwicklungsaktivitäten.
Lösung s. Seite 184

Aufgabe 9:

Die Pfiffig-Reisen-AG hat einen zweistrahligen Reisejet zu Anschaffungskosten in Höhe von TEUR 10.000 erworben. Das Betriebshandbuch für dieses Flugzeug verlangt einen Komplettaustausch der Triebwerke nach 20.000 Flugstunden. Die Pfiffig-Reise-AG kalkuliert mit einem Aufkommen von 500 Flugstunden pro Monat. Die Kosten für ein Triebwerk beziffern sich auf je TEUR 500. Die gewöhnliche Nutzungsdauer für dieses Modell beträgt 20 Jahre.

In wie viele Bestandteile ist der Reisejet für Zwecke der planmäßigen Abschreibung mindestens aufzuteilen und wie sind diese nach dem Komponentenansatz abzuschreiben? Wie ist zu buchen bei einem frühzeitigen Ersatz eines Triebwerkes?

Lösung s. Seite 184

Aufgabe 10:

Die Pfiffig AG tauscht einen leer stehenden Gebäudekomplex ihres Flughafenhotels (der Zeitwert beträgt ca. 700.000 €, die fortgeschriebenen Anschaffungs- und Herstellungskosten 500.000 €) gegen einen 2 Jahre alten Firmenjet (Verkehrswert 800.000 €, fortgeschriebene Anschaffungs- und Herstellungskosten 500.000 €) eines am Platze ansässigen Luftfahrtunternehmens.

Ist dieser Tausch erfolgswirksam oder erfolgsneutral zu behandeln? Wie lauten ggf. die Buchungssätze?

Lösung s. Seite 184

Aufgabe 11:

Die Pfiffig AG entschließt sich wegen der schnellen technologischen Überalterungsgefahr, eine EDV-Anlage zum 01.01.01 zu leasen. Die realistische Nutzungsdauer beträgt 4 Jahre. Der angenommene Restwert nach 4 Jahren beträgt 0 €. Der fair value der EDV-Anlage beträgt 51.063,83 €. Die Hausbank der Pfiffig AG hätte bei einem alternativen Kauf der EDV-Anlage diese mit 7 % p. a. finanziert.

Die Leasingraten sollen jeweils zum 31.12. eines Jahres mit jeweils 15.000 € fällig sein.

Stellen Sie die Entwicklung folgender Bilanz- und G+V-Posten dar:

- ► Buchwert EDV-Anlage
- ► Abschreibungen
- ► Leasingverbindlichkeit
- ► Zinsaufwand.

Lösung s. Seite 185

Aufgabe 12:

Die Pfiffig AG least über 7 Jahre einen Firmenjet, dessen wirtschaftliche Nutzungsdauer 10 Jahre beträgt. Die monatliche Leasingrate beträgt 20.000 €. Der Neupreis des Jets liegt bei ca. 2.000.000 €. Nach Ablauf der Grundmietzeit ist vertraglich keine Kaufoption vereinbart.

Handelt es sich um ein Finanzierungsleasing oder ein Operating Leasing?

Lösung s. Seite 185

Aufgabe 13:

Die Pfiffig GmbH hat bereits im Jahr 01 für den Aufbau einer neuen Produktionslinie 100.000 € investiert. Am 01.02.02 fallen weitere 200.000 € für den Aufbau der neuen Produktionslinie an. Da durch einen Kalkulationsfehler in der Investitionsrechnung die geplanten Anschaffungs- und Herstellungskosten bereits um 50 % überschritten wurden, entschließt sich die Pfiffig GmbH, wegen der dadurch entstandenen Liquiditätsengpässe am 01.04.02 einen Kredit i. H. v. 100.000 € aufzunehmen. Der gewichtete Durchschnitt der im Geschäftsjahr entstandenen Fremdkapitalkosten beträgt 7 %. Für den neu aufgenommenen Kredit muss die Gesellschaft 8,5 % p. a. aufbringen.

Wie hoch ist der aktivierungsfähige Zinsaufwand für die neue Produktionslinie, die am 01.01.03 ihre Produktionstätigkeit aufnimmt?

Lösung s. Seite 185

Aufgabe 14:

Das Verwaltungsgebäude der Pfiffig GmbH wird handels- und steuerrechtlich über 25 Jahre linear abgeschrieben. Die geschätzte tatsächliche Nutzungsdauer beträgt 100 Jahre. Die ursprünglichen Anschaffungskosten des Verwaltungsgebäudes betrugen 500 TEUR. Zum 31.12.02 betrug der handels- und steuerrechtliche Buchwert 300 TEUR. Zum 31.12.03 betrug der handels- und steuerrechtliche Buchwert 280 TEUR.

1. Mit welchem Wert ist das Verwaltungsgebäude in der Eröffnungsbilanz nach IFRS zum 01.01.03 und im Jahresabschluss zum 31.12.03 zu bilanzieren?

2. Mit welchem Wert sind etwaige latente Steuern bei einem angenommenen Ertragsteuersatz von 40 % anzusetzen?

3. Wie sehen die Anpassungsbuchungen für eine IFRS-Eröffnungsbilanz zum 01.01.03 bzw. zum Jahresabschluss 31.12.03 aus?

Lösung s. Seite 185

Aufgabe 15:

Die Pfiffig AG bilanziert so genannte Lieferrechte für ihre Spielwarenerzeugnisse. Der Buchwert zum 31.12.00 für die Lieferrechte an die Kaufhaus AG beträgt 10.000 € (noch verbleibende 4 Lieferjahre). Die Mindestabnahmemengen belaufen sich für 01 auf 12.000 € p. a. mit einer Abnahmesteigerung von 10 % p. a. Der prognostizierte Cashflow beläuft sich auf 10 % der Mindestabnahmemenge. In der Vergangenheit wurde die Mindestabnahmemenge nie überschritten. Der Diskontierungszinssatz beträgt 5 % p. a.

Ermitteln Sie den erzielbaren Wert und die Höhe einer etwaigen Wertminderung. Wie hoch sind die etwaig künftigen planmäßigen Abschreibungen?

Lösung s. Seite 186

Aufgabe 16:

Ein Mitarbeiter der Pfiffig GmbH hat einen Schneckenextruder für die Kabelproduktion der Gesellschaft deformiert. Nach mehreren Selbstreparaturversuchen funktioniert der Extruder wieder, allerdings mit erhöhter Ausfallgefahr, die durch Mitarbeiter mit „Trick 17" wieder behoben werden kann. Der Nettoveräußerungswert liegt unter dem Buchwert.

Dieser Schneckenextruder ist Teil einer Produktionslinie und kann keine unabhängigen Mittelzuflüsse generieren. Die kleinste identifizierbare Zahlungsmittel generierende Einheit (CGU) ist also die Produktionslinie, zu der der Schneckenextruder gehört. Die Cashflow-Prognose dieser CGU ergibt, dass die Produktionslinie keine Cashflow-Einbußen durch den deformierten Schneckenextruder erfährt.

Wie ist buchungstechnisch zu verfahren?

Lösung s. Seite 186

Aufgabe 17:

Die Pfiffig GmbH erwirtschaftet Liquiditätsüberschüsse. Um diese Mittel längerfristig zu parken, hält sie eine Investition in die börsennotierte Foxtrott Musik AG für sinnvoll, zumal es sich hierbei um einen Geschäftspartner handelt.

Frage 1:
Als welche Kategorie von Finanzinstrumenten würden Sie diese Investition klassifizieren?

Die Pfiffig GmbH erwirbt über ihre Hausbank 100 Aktien der Foxtrott Musik AG zu einem Kurswert von 1.000 € je Stück. Am 31.12.01 werden die Aktien an der Börse für 1.100 € das Stück notiert.

Frage 2:
Wie wird dieser Sachverhalt bilanziell am 31.12.01 bei der Pfiffig GmbH gewürdigt?

Wegen eines unvorhersehbaren Liquiditätsengpasses wurden die Anteile an der Foxtrott Musik AG zum 30.06.02 für 900 € je Stück notverkauft.

Frage 3:
Wie wird dieser Sachverhalt am 30.06.02 bei der Pfiffig GmbH verbucht?

Lösung s. Seite 186

Aufgabe 18:

Die Pfiffig GmbH hat sich von ihrem Liquiditätsengpass befreit. Am 15.09.02 werden die 100 Aktien der Foxtrott Musik AG für 1.000 € je Stück erneut erworben. Wegen erheblicher finanzieller Schwierigkeiten der Foxtrott Musik AG fällt die Aktie seit Bekanntwerden innerhalb eines volatilen Handels ständig und erreicht am 15.12.03 mit 600 € zunächst sein historisches Tief.

In der ersten Woche 04 ändern Analystenkommentare von anerkannten Brokerhäusern ihre Einschätzung von hold auf sell. Als die Aktien am 15.04.04 aus der amtlichen Notierung in den geregelten Freiverkehr wechseln, stürzt die Aktie auf 100 € je Stück ab und erholt sich bis Jahresende nicht mehr.

Wie ist der Sachverhalt zum 31.12.03 und zum 31.12.04 in der Buchhaltung zu berücksichtigen?

Lösung s. Seite 187

Aufgabe 19:

Die Pfiffig GmbH & Co. KG produziert Rauhfasertapeten. Die hierfür eingesetzte Produktionsanlage hat einen jährlichen Ausstoß von 1.000.000 Rollen. Die Einzelkosten liegen bei 5 € je kg. 1 Rolle wiegt 10 kg. Material- und Fertigungsgemeinkosten betragen jährlich proportional zur produzierten Menge 2.000.000 €. Die Produktionsanlage wird jährlich mit 500.000 € abgeschrieben. Von den jährlichen Verwaltungsgemeinkosten in Höhe von 2.500.000 € entfallen 25 % auf produktionsbezogene Kosten und 40 % auf den Vertrieb.

Berechnen Sie die Herstellungskosten je Rolle nach IFRS bei

a) 1.400.000 Rollen und

b)   400.000 Rollen

tatsächlicher Ausstoßmenge und erläutern Sie die jeweiligen Bewertungansätze!

Lösung s. Seite 187

Aufgabe 20:

Die Pfiffig AG führt am 01.01.01 100 Stück Röntgenplatten mit Anschaffungskosten von 6 € pro Einheit im Bestand. Am 15.01.01 sind weitere 50 Stück zu jeweils 8 € zugegangen. Am 15.02.01 erfolgten für das Geschäftsjahr letztmals Zugänge für nochmals 50 Röntgenplatten à 9 €/Stück. Unterjährig haben 140 Röntgenplatten das Lager verlassen.

Ermitteln Sie den Endbestand zum 31.12.01 und wenden Sie für die Bewertung das Fifo-Verfahren an!

Lösung s. Seite 188

Aufgabe 21:

Ermitteln Sie den Endbestand unter Anwendung der permanenten Durchschnittsbewertung!

		Stück (Menge)	Preis pro Einheit
Anfangsbestand	01.01.	100	6
+ Zugang	15.01.	50	8
Bestand		150	
- Abgang	01.02.	80	6,67
Bestand		70	
+ Zugang	15.02.	50	5
Bestand		120	
+ Zugang	18.02.	40	7
Bestand		160	
- Abgang	01.03.	60	6,23
- Abgang	05.03.	60	6,23
Bestand		40	
+ Zugang	01.04.	120	4
Bestand		160	
- Abgang	15.04.	100	4,56
Endbestand		60	

Lösung s. Seite 188

Aufgabe 22:

Die Pfiffig Aktiengesellschaft hat in 01 den Auftrag für die Erstellung einer 800 km langen Autobahn in Alaska erhalten. Das vereinbarte Auftragsvolumen beträgt 100 Millionen Euro. Die Fertigstellung soll im Jahr 04 erfolgen. Die Entwicklung der geschätzten Auftragskosten, die tatsächlichen Ist-Kosten sowie der jeweilige Fertigstellungsstand über die Bilanzstichtage ergibt sich aus nachfolgender Tabelle:

	01	02	03	04
vereinbartes Auftragsvolumen	100	100	100	100
Schätzung Auftragskosten	80	90	105	110
kumulierte Ist-Kosten	20	45	65	110
Fertigungsstand	200 km	400 km	500 km	800 km

Wie wird dieser Sachverhalt nach der Cost-to-cost-Methode zum jeweiligen Bilanzstichtag gebucht und welche Ergebnisauswirkungen ergeben sich?

Lösung s. Seite 189

Aufgabe 23:

Erläutern Sie, was unter folgenden Begriffen zu verstehen ist:

- Fertigungsauftrag
- Festpreisverträge
- Kostenzuschlagsverträge
- Percentage-of-completion-Methode
- Cost-to-cost-Methode
- CGU (cash generating unit)
- Equity-Methode
- erzielbarer Wert (recoverable amount)
- Finanzanlagen
- Gemeinschaftsunternehmen (joint venture)
- immaterieller Vermögenswert
- investment property
- Nettoveräußerungswert (net selling price)
- Nutzungswert (value in use)
- übrige Finanzanlagen
- Wertminderungstest (impairment test)
- available-for-sale
- schwebende Geschäfte
- cashlfow hedge
- derivative Finanzinstrumente
- Eigenkapitalinstrument
- Fair-value-Bewertung
- fair value hedge
- Finanzinstrument
- finanzielle Vermögenswerte
- finanzielle Verbindlichkeit
- foreign currency hedge
- held-for-trading
- held-to-maturity
- impairment test
- originated loans and receivables.

Lösung s. MiniLex Seite 201 ff.

Aufgabe 24:

An der Willi Pfiffig GmbH hat sich Frau Ute Pfiffig still im Sinne von §§ 230 ff. HGB beteiligt. Frau Pfiffig hat gegenüber der GmbH ausdrücklich erklärt, dass die Forderung aus der stillen Beteiligung im Fall der Insolvenz erst dann zurückgezahlt werden soll, wenn alle Drittgläubiger bedient worden sind.

Wie wird die stille Beteiligung der Frau Pfiffig nach HGB bilanziert?

Lösung s. Seite 189

Aufgabe 25:

Die Tochtergesellschaft der Pfiffig AG, die Pfiffig London Ltd., gibt Vorzugsaktien nach ausländischem Recht unter der Bedingung, diese zu einem festen Preis nach 10 Jahren zurückzukaufen.

Stellt das Kapital der Vorzugsaktien nach IFRS Eigen- oder Fremdkapital der Pfiffig London Ltd. dar?

Lösung s. Seite 189

Aufgabe 26:

Die Pfiffig AG erwirbt eigene Aktien im Nominalwert von 10.000 € für 80.000 €.

Stellen Sie bitte den Vorgang auf T-Konten dar, wie er nach HGB bzw. nach IAS auszuweisen wäre, wobei die Gesellschaft über ein Nominalkapital von 100.000 € und Kapitalrücklagen von 800.000 € verfügen soll.

Lösung s. Seite 190

Aufgabe 27:

Den Mitarbeitern der W. Pfiffig AG wird am 01.01.X1 die Option eingeräumt, ab dem 01.01.X4 für 100 € pro Stück (Basispreis) 10.000 Aktien der W. Pfiffig AG zu kaufen. Die Aktien entwickeln sich wie folgt:

		Kurs	innerer Wert	beizulegender Zeitwert
		€	€	€
01.01.X1	=	130	30	34
01.01.X2	=	140	40	45
01.01.X3	=	150	50	53
01.01.X4	=	160	60	62

Der Vorstand erwartet an den nächsten 3 Bilanzstichtagen, dass 9.800, 9.700 bzw. 9.500 Mitarbeiter die Option zum 01.01.X4 ausüben werden.

Wie lauten die Buchungen?

Lösung s. Seite 191

Aufgabe 28:

Die Willi Pfiffig GmbH erwirbt eine Maschine für 1,0 Mio. € auf Mietleasingbasis. Alternativ hätte die GmbH diese Maschine auch für einen Zins von 7 % bei der Hausbank finanzieren können. Der Barwert der vereinbarten Leasingraten mit 7 % beträgt 980 T€.

Mit welchem Betrag wird die Leasingverpflichtung passiviert?

Lösung s. Seite 191

Aufgabe 29

Die Pfiffig GmbH verkauft hochwertige Maschinen und gibt die Gewährleistung, dass die anfallenden Reparaturen vom Unternehmen kostenlos durchgeführt werden. Die Pfiffig GmbH hat aus Daten der Vergangenheit folgende Wahrscheinlichkeiten für unterschiedliche Reparaturfälle ermittelt:

Reparaturkosten je Maschine	5.000 €	10.000 €	50.000 €
Wahrscheinlichkeit	15 %	10 %	5 %

Mit welchem Wert pro gelieferter Maschine ist die Rückstellung für Gewährleistungsverpflichtungen zu bilden?

Lösung s. Seite 191

Aufgabe 30:

Die Pfiffig GmbH baut eine Brückenkonstruktion. Vor dem Bilanzstichtag wird ein Fehler in der statischen Berechnung festgestellt. Die GmbH muss nachbessern. Es bestehen folgende Erwartungen zur Nachbesserung:

Kosten der Nachbesserung	100.000 €	500.000 €	750.000 €
Wahrscheinlichkeit	40 %	35 %	25 %

Wie wird die Rückstellung für Garantieleistungen bilanziert?

Lösung s. Seite 191

Aufgabe 31:

Die Willi Pfiffig GmbH produziert mit einem neuartigen Verfahren Produkte, deren Markterfolg nicht feststeht. Die GmbH verletzt mit dem neuartigen Verfahren eindeutig das Patent eines Wettbewerbers.

Wie würden Sie vorgehen, wenn Sie den Ausweis dieses Sachverhaltes zu beurteilen hätten?

Lösung s. Seite 192

Aufgabe 32:

Willi Pfiffig ist 55 Jahre alt und bezieht ein Gehalt von 80.000 € pro Jahr. Zu seiner großen Freude erhält er eine Versorgungszusage über 30 % seines letzten Gehaltes für 10 Jahre ab dem Pensionseintritt. Die Pensionszahlungen sind nachschüssig zu leisten. Die Gehaltssteigerungen sollen 3 % p. a. und der langfristige Zins 5,5 % betragen.

Bitte berechnen Sie den Betrag der Aufwendungen für Altersversorgung, den Dienstzeitaufwand und den Zinsaufwand für alle Jahre der Anwartschaft und die auszuweisenden Pensionsrückstellungen für alle Jahre.

Lösung s. Seite 192

Aufgabe 33:

Ermitteln Sie bitte die Rückstellungen für Pensionen in Höhe von 10.000 € zum 31.12.08 unter Berücksichtigung eines Planvermögens zum 31.12.08 von ebenfalls 10.000 € für die Jahre 09 - 13 unter folgenden Annahmen:

Die Pensionsverpflichtungen erhöhen sich zu jedem Bilanzstichtag um planmäßig 12 % auf den Vorjahreswert.

Das Planvermögen wächst in den Jahren 09 und 10 nicht, im Jahr 11 um 6 % und danach jeweils um 12 %, obwohl durchgehend mit 12 % Vermögenszuwachs gerechnet wurde. Die durchschnittliche Restdienstzeit beträgt 20 Jahre.

Lösung s. Seite 194

Aufgabe 34:

Die Pfiffig GmbH hat aufgrund der Veranlagung zur Körperschaftsteuer 5.000 € an das Finanzamt abzuführen. Die Körperschaftsteuer wurde veranlagt unter Berücksichtigung einer Sonderabschreibung auf die Anschaffungskosten einer Maschine i. H. v. 3.000 €. Dementsprechend zeigt die IFRS-Bilanz einen Buchwert für diese Maschine i. H. v. 10.000 € während die Steuerbilanz 7.000 € ausweist.

Wie hoch werden latente Steuerverbindlichkeiten ausgewiesen, wenn der Ertragsteuersatz 40 % beträgt?

Lösung s. Seite 194

Aufgabe 35:

Die Willi Pfiffig GmbH weist die folgenden Buchwerte lt. IFRS bzw. Steuerbilanz aus:

	20X2		20X1	
	IFRS	StB	IFRS	StB
unbew. Anlagevermögen	40	20	42	23
Maschinen	5	7	3	5
Teilgewinn aus langfristiger Auftragsfertigung	10	-	5	-
Pensionsrückstellung	- 8	- 10	- 9	- 11
Drohverlustrückstellung	- 3	-	- 4	-

Das Parlament eines Landes hat in 20X1 beschlossen, dass der Ertragsteuersatz von 35 % in 20X1 auf 25 % in 20X2 sinkt.

Ermitteln Sie bitte die latenten Steuern für die Jahre 20X1 und 20X2 und beschreiben Sie, wie der Betrag im Jahresabschluss zum 31.12.20X1 auszuweisen ist.

Lösung s. Seite 194

Aufgabe 36:

Die Willi Pfiffig GmbH, Leipzig, erwirtschaftet ein Ergebnis vor Ertragsteuern i. H. v. 20,0 Mio. €. Darin sind steuerfreie Investitionszulagen i. H. v. 5,0 Mio. € enthalten. Der Gewerbesteuerhebesatz Leipzigs soll 400 %, die Körperschaftsteuer 15 % und der Solidaritätszuschlag 5,5 % von der Körperschaftsteuer betragen.

Bitte ermitteln Sie die tatsächliche Ertragsteuerbelastung, den anzunehmenden Ertragsteuersatz und den effektiven Steuersatz.

Lösung s. Seite 195

Aufgabe 37:

Erläutern Sie, was unter folgenden Begriffen zu verstehen ist:

- ▸ latente Steuern
- ▸ Liability-Methode
- ▸ Deferral-Methode
- ▸ Haftungsqualität
- ▸ fair value
- ▸ stock options
- ▸ stock appreciation right
- ▸ Folgebewertung eines Darlehens
- ▸ Rückstellungen
- ▸ Eventualschuld

- ▸ faktische Verpflichtung
- ▸ Restrukturierungsmaßnahme
- ▸ Altersvorsorgeleistungen
- ▸ Beitragsorientierte
- ▸ Pensionspläne
- ▸ leistungsorientierte Pensionspläne
- ▸ Dienstzeitaufwand
- ▸ Planvermögen
- ▸ zu versteuernde temporäre Differenzen.

Lösung s. MiniLex Seite 201 ff.

Aufgabe 38:

Aufgrund eines Erdbebens wurden Vorratsbestände der Willi Pfiffig GmbH, die sich in einem Konsignationslager im Iran befanden, zerstört. Ansprüche gegen eine Versicherung bestehen nicht. Der Buchwert des Lagerbestandes beträgt 100.000 €.

Wie erfassen Sie diesen Vorgang in der Gewinn- und Verlustrechnung der Willi Pfiffig GmbH?

Lösung s. Seite 195

Aufgabe 39:

Die Pfiffig AG schüttet an Vorzugsaktionäre insgesamt netto 100.000 € Dividenden aus. Der Jahresüberschuss beträgt insgesamt 500.000 €. Die AG hat 1.600.000 Stammaktien ausgegeben.

Wie hoch ist das unverwässerte Ergebnis je Aktie?

Lösung s. Seite 196

Aufgabe 40:

Die Willi Pfiffig AG weist folgende Sachverhalte aus:

Gewinn, der auf die Stammaktionäre entfällt	1.000.000 €
Stammaktien in Stück	400.000
Wandelschuldverschreibungen mit 5 % auf den Nominalbetrag	2.000.000 €
Wandlungsverhältnis	1.000
für 50 Stammaktien	
Steuersatz	30 %

Wie hoch ist das verwässerte Ergebnis je Aktie?

Lösung s. Seite 196

Aufgabe 41:

Die Willi Pfiffig GmbH stellte Ende 20X2 im Rahmen einer Ordnungsmäßigkeitsprüfung fest, dass das Vorratsvermögen zum 31.12.20X1 um 1 Mio. € zu hoch ausgewiesen war. Der Ertragsteuersatz beträgt 30 %.

G + V			Gewinnrücklage per 31.12.		
	20X2 vorläufig Mio. €	20X1 Mio. €		20X2 vorläufig Mio. €	20X1 Mio. €
Erlös	100	150	01.01.	41	20
Umsatzkosten	80	120	Gewinn	14	21
Ergebnis vor Steuern	20	30	31.12.	55	41
Ertragsteuern	6	9			
Gewinn	14	21			

Stellen Sie bitte die veränderten Rechnungen dar.

Lösung s. Seite 196

Aufgabe 42:

Die Willi Pfiffig GmbH beschließt, die Bilanzierungsmethode für Darlehenszinsen zu ändern und wird diese Aufwendungen künftig, wie das IAS 23 zulässt, aktivieren (vgl. hierzu IAS 8.45). Es sollen jeweils 1 Mio. € Zinsen in 20X1 und 20X2 angefallen sein. Der Ertragsteuersatz soll 30 % betragen.

G + V			Gewinnrücklage per 31.12.		
	20X2 Mio. €	20X1 Mio. €		20X2 Mio. €	20X1 Mio. €
Erlös	100	150	01.01.	41	20
Umsatzkosten	80	120	Gewinn	14	21
Ergebnis vor Steuern	20	30	31.12.	55	41
Ertragsteuern	6	9			
Gewinn	14	21			

Passen Sie bitte retrospektiv die Bilanzen an.

Lösung s. Seite 197

Aufgabe 43:

Erläutern Sie, was unter folgenden Begriffen zu verstehen ist:

▸ Fehler

▸ retrospektive Änderung der Bilanz

▸ prospektive Änderung der Bilanz

▸ gewöhnliche Tätigkeiten

▸ außerordentliche Posten

▸ Geschäftssegment

▸ geografisches Segment

▸ unverwässertes Ergebnis je Aktie

▸ verwässertes Ergebnis je Aktie

▸ potenziell verwässernd.

Lösung s. MiniLex Seite 201 ff.

Aufgabe 44:

Die Willi Pfiffig GmbH erzielte 20X1 einen Gewinn vor Ertragsteuern und a. o. Posten in Höhe von 1.000 €.

Die G + V weist u. a. folgende Positionen aus:

	T€
1. Abschreibungen	210
2. Finanzerträge	180
3. Zinsaufwand	410
4. Bestandserhöhung der Vorräte	150
5. Forderungen aus L+L (Erhöhung)	+ 70
6. Verbindlichkeiten aus L+L (Erhöhung)	+ 60
7. Ertragsteueraufwand	400

Außerdem wurde im Kalenderjahr 20X1 eine Barkapitalerhöhung i. H. v. 1.000 € durchgeführt, um eine Sachanlageinvestition i. H. v. 1.200 € zum Teil zu finanzieren. Der Zahlungsmittelbestand betrug zum 01.01.20X1 270 €.

Bitte stellen Sie die Cashflow-Rechnung für 20X1 der Willi Pfiffig GmbH nach der indirekten Methode dar.

Lösung s. Seite 197

Aufgabe 45:

Erläutern Sie, was unter folgenden Begriffen zu verstehen ist:

▸ Eigenkapitalveränderungsrechnung

▸ Kapitalflussrechnung

▸ Zahlungsmitteläquivalente

▸ Cashflow aus betrieblicher Tätigkeit

▸ Cashflow aus Investitionstätigkeit

▸ Cashflow aus Finanzierungstätigkeit

▸ direkte Methode zur Ermittlung des Cashflows

▸ indirekte Methode zur Ermittlung des Cashflows.

Lösung s. MiniLex Seite 201 ff.

Aufgabe 46:

Die Pfiffig GmbH ist zu 55 % an der Tango One GmbH und zu 35 % an der Tango Two GmbH beteiligt. Die Tango One GmbH ist mit 25 % an der Tango Two GmbH beteiligt.

Welche Unternehmen sind in den Konzernabschluss der Pfiffig GmbH einzubeziehen?

Lösung s. Seite 198

Aufgabe 47:

Die Pfiffig AG hält eine Beteiligung in Höhe von 30 % an der new maschine lease GmbH. Der Gesellschaftsvertrag der new maschine lease GmbH sieht vor, dass Finanzierungen für die Pfiffig AG jederzeit gewährleistet sein müssen. Darüber hinaus kann der Gesellschaftsvertrag nur mit einer Mehrheit von 75 % geändert werden.

Um was für eine Art Gesellschaft handelt es sich bei der new maschine lease GmbH und ist diese etwaig in den Konsolidierungskreis der Pfiffig AG einzubeziehen?

Lösung s. Seite 198

Aufgabe 48:

Die kalifornische American Dream Corp. ist eine 100 %-ige Tochtergesellschaft der deutschen Pfiffig GmbH. Bei der amerikanischen Tochtergesellschaft handelt es sich um eine relativ selbstständig operierende Tochtergesellschaft. Diese Gesellschaft legt zum 31.12.01 folgenden Jahresabschluss in US-$ vor. Die HBII-Anpassungen wurden bereits berücksichtigt.

AKTIVA		Bilanz	PASSIVA
	T$		T$
Anlagevermögen	300	Grunkapital und Rücklagen	300
Vorräte	150	Jahresüberschuss	55
Flüssige Mittel	25	Verbindlichkeiten	120
	475		475

Die amerikanische Tochter wurde erst zum 01.01.01 für 200 € übernommen. Zu diesem Zeitpunkt waren 250 $ Eigenkapital ausgewiesen. Das Umtauschverhältnis €/$ betrug zum 01.01.01 1:1,50. Zum 31.12.01 betrug das Verhältnis €/$ = 1:1,25. Der gewichtete Durchschnittskurs betrug €/$ 1:1,10.

Erstellen Sie die Handelsbilanz II in der Währung des Mutterunternehmens nach IAS 21!

Lösung s. Seite 198

Aufgabe 49:

Die Pfiffig AG erwirbt lt. Kauf- und Abtretungsvertrag vom 02.01.00 eine 100 %ige Beteiligung an der Tango GmbH. Der Kaufpreis beträgt 1.000.000 €. In den technischen Anlagen sind stille Reserven von 500.000 € enthalten. Die Restnutzungsdauer dieser Anlagen beträgt 10 Jahre. Das ausgewiesene Eigenkapital der Tango GmbH zum 01.01.00 beträgt 100.000 €. Zum 31.12.00 wird ein Jahresergebnis von 100.000 € ausgewiesen. Das Eigenkapital zu diesem Zeitpunkt beträgt 150.000 €. Der Ertragsteuersatz beträgt vereinfachend 50 %.

Ermitteln Sie nach der Equity-Methode den Beteiligungsansatz an der Tango GmbH im Erwerbszeitpunkt sowie zum 31.12.00.

Lösung s. Seite 199

Aufgabe 50:

Erläutern Sie, was unter folgenden Begriffen zu verstehen ist:

► Weltabschlussprinzip

► Control-Prinzip

► Gemeinschaftsunternehmen

► assoziierte Unternehmen

► Einbeziehungsverbote

► Modifizierte Stichtagskursmethode

► goodwill

► lucky buy.

Lösung s. MiniLex Seite 201 ff.

Lösung zu 1:

- ► weltweite Harmonisierung der Rechnungslegung
- ► Konvergenz der nationalen Regelungen mit den internationalen Rechnungslegungsvorschriften, damit Vergleichbarkeit auf den internationalen Kapitalmärkten
- ► Konvergenz interner und externer Rechnungslegung durch Formulierung von Rechnungslegungsstandards im Interesse der Öffentlichkeit

Lösung zu 2:

Das Rahmenkonzept für die Aufstellung und Darstellung von Abschlüssen (Framework) zeigt insbesondere die Ziele und den Anwendungsbereich des Abschlusses auf und benennt die qualitativen Anforderungen an die im Abschluss vermittelten Informationen sowie die Definition der Abschlussposten und deren Ansatz und Bewertung. Insbesondere dient das Rahmenkonzept der Unterstützung der mit der Aufstellung von Abschlüssen befassten Personen sowie den Abschlussprüfern bei der Urteilsfindung über die zweckentsprechende Anwendung der IFRS-Standards.

Lösung zu 3:

Vorwort, Rahmenkonzept, Standards und Interpretationen

Lösung zu 4:

- ► Verständlichkeit
- ► Relevanz
- ► Verlässlichkeit
- ► Vergleichbarkeit

Lösung zu 5:

Die Willi Pfiffig GmbH verfügt zwar über eine Ressource, deren Grundlage in der Vergangenheit geschaffen wurde, aber der Zufluss des künftigen Nutzens ist nicht sichergestellt, da der Mitarbeiter ja kündigen und ausscheiden kann. Deshalb erfolgt keine Aktivierung.

Lösung zu 6:

- ► Das deutsche HGB verpflichtet zur Rückstellungsbildung bereits bei Vorliegen einer möglichen Verpflichtung.
- ► Nach IFRS muss die Wahrscheinlichkeit mehr als 50 % betragen.

Lösung zu 7:

Siehe Minilex (Seite 201 ff.)

Lösung zu 8:

Beispiele für Forschungsaktivitäten:

- ▸ jede Aktivität, die auf die Erlangung neuer Erkenntnisse zielt
- ▸ jegliche Aktivität im Zusammenhang mit der Nutzbarmachung von Forschungsergebnissen
- ▸ die Suche nach alternativen Produkten oder Dienstleistungen

Beispiele für Entwicklungsaktivitäten:

- ▸ Entwurf, Konstruktion oder Test von Prototypen
- ▸ Entwurf, Konstruktion oder Test einer ausgewählten Alternative für neue Produkte oder Dienstleistungen

Lösung zu 9:

Der zweistrahlige Reisejet ist in mindestens 3 Bestandteile einzuteilen.

a) Flugkörper mit Anschaffungskosten von TEUR 9.000

b) linkes Triebwerk mit Anschaffungskosten von TEUR 500

c) rechtes Triebwerk mit Anschaffungskosten von TEUR 500

Der Flugkörper ist über 20 Jahre mit TEUR 450 per anno abzuschreiben. Die Triebwerke sind über 40 Monate mit jeweils TEUR 12,5 pro Monat abzuschreiben. Im Falle des frühzeitigen Ersatzes eines Triebwerkes wird das neue Triebwerk mit den aktuellen Anschaffungkosten aktiviert und das zu ersetzende Triebwerk ausgetauscht.

Lösung zu 10:

Firmenjet	TEUR 800		
		an Gebäudekomplex	TEUR 500
		an Erträge	TEUR 300

Lösung zu 11:

Geschäfts-jahr	Buchwert EDV-An-lage	Abschrei-bungen	Leasing-verbind-lichkeit	Tilgung	Zins-aufwand	Leasing-raten
	€	€	€	€	€	€
01.01.01	50.808,20		50.808,20			
31.12.01	38.106,15	12.702,05	39.364,77	11.443,43	3.556,57	15.000,00
31.12.02	25.404,10	12.702,05	27.120,31	12.244,47	2.755,53	15.000,00
31.12.03	12.702,05	12.702,05	14.018,73	13.101,58	1.898,42	15.000,00
31.12.04	0,00	12.702,05	0,00	14.018,73	981,27	15.000,00

Basis ist der niedrige Barwert zum 01.01.01.

Lösung zu 12:

Es handelt sich um ein Operating Leasing, da weder am Ende der Vertragslaufzeit ein Eigentumsübergang vorgesehen ist, noch umfasst die Vertragslaufzeit den überwiegenden Teil der wirtschaftlichen Nutzungsdauer.

Lösung zu 13:

01.01. - 31.12.02	100.000 €	7 %	7.000,00 €
01.02. - 31.12.02	100.000 €	7 %	6.416,67 €
01.02. - 31.03.02	100.000 €	7 %	1.166,66 €
01.04. - 31.12.02	100.000 €	8,5 %	6.375,00 €
Aktivierungsfähiger Zinsaufwand per 31.12.02			**20.958,33 €**

Lösung zu 14:

zu 1. Anlagespiegel nach IFRS:

Stand	AK/HK	Abschreibungen Geschäftsjahr	Abschreibungen kumuliert	Buchwert
	TEUR	TEUR	TEUR	TEUR
01.01.2003	500		50	450
	500	5	55	445

zu 2. Latente Steuern:

passivische latente Steuern
01.01.03   450 T€ - 300 T€ = 150 T€ • 40 % = 60 T€
31.12.03   445 T€ - 280 T€ = 165 T€ • 40 % = 66 T€

zu 3. Anpassungsbuchungen:

01.01.03: Gebäude an Rücklagen 150
Rücklagen an passive latente Steuern 60
31.12.03: Gebäude an Abschreibungen 15
Steueraufwand an passive latente Steuern 6

Lösung zu 15:

► Lieferrechte Spielwaren 6.000 Erhöhung 10 % p. a.

	01 EUR	02 EUR	03 EUR	04 EUR	Gesamt EUR
Mindestabnahme	12.000	13.200	14.520	15.972	
prognostizierte Aufwendungen 90 %	10.800	11.880	13.068	14.375	
prognostizierter Cash-flow	1.200	1.320	1.452	1.597	
Distkontierter CF 5 % (Nutzenwert)	1.143	1.267	1.383	1.521	5.304

► Der aktuelle Buchwert beträgt 10.000 €.

► Der erzielbare Wert beträgt 5.300 €.

► Wertminderungen (außerplanmäßige Abschreibung): 4.700 €

► künftige planmäßige Abschreibung: 1.325 €

Lösung zu 16:

Der Nettoveräußerungswert des Schneckenextruders kann nicht bestimmt werden, weil der Nutzenwert vom Nettoveräußerungswert abweichen kann und nur für die Zahlungsmittel generierende Einheit Produktionslinie bestimmt werden kann. Eine Wertminderung bei dem Schneckenextruder wird nicht erfasst, da die Produktionslinie nicht wertgemindert ist. Wohl aber kann der Abschreibungszeitraum oder die Abschreibungsmethode für den Schneckenextruder neu festgesetzt werden, wenn die erwartete Restnutzungsdauer wegen des erhöhten Ausfallrisikos sich ändert.

Lösung zu 17:

F1: available-for-sale, da in keine der anderen 3 Kategorien einzuordnen

F2: ergebnisneutral mit Zuführung zur Neubewertungsrücklage mit + 10.000 €

F3: erfolgswirksam durch Auflösung der
Neubewertungsrücklage + 10.000 €
Abgang Wertpapiere - 20.000 €
- 10.000 €

Lösung zu 18:

31.12.03
Erfolgsneutral mit negativer Neubewertungsrücklage
100 Aktien • 400 € = - 40.000 €

31.12.04
Ewirksam
100 Aktien • 900 € = - 90.000 €

Abschreibungen Finanzanlagen	90.000 €
an Finanzanlagen	50.000 €
an Neubewertungsrücklage	40.000 €

Lösung zu 19:

Material- und Fertigungs-gemeinkosten	EUR	2.000.000,00	2.800.000,00	800.000,00
produzierte Menge	Stück	1.000.000,00	1.400.000,00	400.000,00

	EUR	€/kg	EUR	€/Rolle	€/Rolle	€/Rolle
Einzelkosten je Rolle		5,00		50,00	50,00	50,00
Material- und Fertigungs-gemeinkosten				2,00	2,00	2,00
Abschreibungen	500.000,00			0,50	0,36	1,25
Verwaltungs-gemeinkosten 25 %	2.500.000,00		625.000,00	0,63	0,45	1,56
				53,13	52,80	54,81

Bewertungsansatz:

Vermeidung Überbewertung durch tatsächlich geringere Kosten	52,80
Vermeidung Überbewertung durch Leerkosten	53,13

Lösung zu 20:

		Stück (Menge)	Preis pro Einheit	Wert in €
Anfangsbestand	01.01.	100	6	600
+ Zugänge	15.01.	50	8	400
+ Zugänge	15.02.	50	9	450
Buchbestand		200		1.450
Endbestand	31.12.	60	50 · 9 10 · 8	530
Verbrauch		140		920

Lösung zu 21:

		Stück (Menge)	Preis pro Einheit	Wert in €	Durch-schnittswert pro Einheit
Anfangsbestand	01.01.	100	6	600	
+ Zugang	15.01.	50	8	400	
Bestand		150		1.000	6,67
- Abgang	01.02.	80	6,67	534	
Bestand		70		466	6,67
+ Zugang	15.02.	50	5	250	
Bestand		120		716	5,97
+ Zugang	18.02.	40	7	280	
Bestand		160		996	6,23
- Abgang	01.03.	60	6,23		
- Abgang	05.03.	60	6,23	747	
Bestand		40		249	6,23
+ Zugang	01.04.	120	4	480	
Bestand		160		729	4,56
- Abgang	15.04.	100	4,56	456	
Endbestand		60		273	4,55

Lösung zu 22:

	Ergebnis	
	TEUR	**TEUR**
31.12.2001		
künftige Forderungen an Umsatzerlöse	25.000	
Herstellungsaufwand an Finanzmittelkonten	20.000	+ 5.000
31.12.2002		
künftige Forderungen an Umsatzerlöse	25.000	
Herstellungsaufwand an Finanzmittelkonten	25.000	0
31.12.2003		
künftige Forderungen an Umsatzerlöse	12.500	
Herstellungsaufwand an Finanzmittelkonten	20.000	
Rückstellungen für drohende Verluste aus		
schwebenden Geschäften	5.000	- 12.500
31.12.2004		
Forderungen aus Lieferungen und Leistungen	100.000	
an Umsatzerlöse	37.500	
an künftige Forderungen	62.500	
Herstellungsaufwand	40.000	
Rückstellungen	5.000	
an Finanzmittelkonten	45.000	- 2.500
	- 10.000	

Lösung zu 23:

Siehe Minilex (Seite 201 ff.)

Lösung zu 24:

Eine typische stille Beteiligung wird nach HGB als Fremdkapital ausgewiesen. Dies gilt auch, wenn eine so genannte Rangrücktrittserklärung abgegeben wurde. Letztere hat lediglich Auswirkungen für den Fall der Ermittlung einer Überschuldung der GmbH. Für diese Rechnung gilt die typische stille Beteiligung nicht als Fremdkapital.

Lösung zu 25:

Das Kapital stellt Fremdkapital dar. Siehe IAS 32.18a.

Lösung zu 26:

1. HGB

Bilanz			
B.III. Wertpapiere		A.I. Gezeichnetes Kapital	100.000,00 €
Eigene Anteile	80.000,00 €	A.II. Kapitalrücklagen	720.000,00 €
		Rücklage für eigene	
		Anteile	80.000,00 €
	80.000,00 €	Eigenkapital	900.000,00 €

Buchungen:

- ► eigene Anteile/Bank   80.000
- ► Kapitalrücklage/Rücklage für eigene Aktien   80.000

2. IFRS

entweder

Bilanz		
Gezeichnetes Kapital	100.000	
- eigene Anteile	- 10.000	90.000
Kapitalrücklagen	800.000	
- Agio auf eigene		
Anteile	- 70.000	730.000
Eigenkapital		820.000

oder

Bilanz		
Gezeichnetes Kapital	100.000	
Kapitalrücklagen	800.000	900.000
abzügl. eigene Anteile		80.000
Eigenkapital		820.000

Lösung zu 27:

	Zeitpunkt	beizulegender Zeitwert €	Anzahl Optionen	Gesamt- wert €	Anteil	Dotierung
Beginn Sperrfrist	01.01.06	34	10.000	340.000		
Dotierung 06						111.067
	31.12.06	34	9.800	333.200	$^1/_3$	111.067
Dotierung 07						108.800
	31.12.07	34	9.700	329.800	$^2/_3$	219.867
Dotierung 08						103.133
	31.12.08	34	9.500	323.000	$^3/_3$	323.000

Die Dotierung 06 bis 08 in Höhe von insgesamt € 323.000 wird jeweils gebucht:

Personalaufwand	an	Kapitalrücklage

Die Zeichnung von 9.500 Stück durch die Belegschaftsmitglieder nach Ende der Sperr-frist führt zu folgender Buchung:

Bank (950.000)	an	Eigenkapital (950.000)

Lösung zu 28:

Die Leasingverpflichtung wird mit dem Barwert von 980 T€ passiviert.

Lösung zu 29:

15 % • 5.000 + 10 % • 10.000 + 5 % • 5.000
= 750 + 1.000 + 2.500
= 4.250

Lösung zu 30:

Die Reparaturkosten von 100.000 € sind zwar die wahrscheinlichsten, aber mit einer Wahrscheinlichkeit von insgesamt 60 % wird ja wohl die Reparatur teurer. Deshalb wird in unserem Fall der Betrag i. H. v. 500.000 € bilanziert, da das Risiko der höheren Inanspruchnahme mit 25 % niedriger liegt und dasjenige der geringen Inanspruchnah-me 50 % nicht überschreitet.

Lösung zu 31:

Die Reparaturkosten von 100.000 € sind zwar die wahrscheinlichsten, aber mit einer

Aufgrund der offenkundigen Verletzung eines Patentschutzes besteht die gegenwärtige Verpflichtung, die aus vergangenen Ereignissen resultiert und von der ein Nutzenabfluss erwartet wird.

1. Die Wahrscheinlichkeit muss über 50 % liegen, dass es zu einem Nutzenabfluss kommt.
2. Die Bewertung muss zuverlässig sein. Sie könnte hier daran scheitern, dass der Wert der Patentverletzung pro Stück kaum bewertbar ist und zusätzlich die Markteinführung der neuen Produkte scheitert.
3. Im Zweifel zu 2. und 3. wäre der Sachverhalt unter den Eventualverbindlichkeiten zu erläutern.

Lösung zu 32:

Es ist als erstes das Gehalt zum Ende des zehnten Jahres zu berechnen. Dieses beträgt 104.382 €. Danach ist die Summe der Barwerte aus allen Zahlungen in Höhe von 31.314 € p. a. zu ermitteln. Diese beträgt insgesamt 236.026 €. Aus dem sich daraus anteilig pro Dienstjahr ergebenden Barwert i. H. v. 23.602 € p. a. lässt sich der zu jedem Bilanzstichtag während der Anwartschaftszeit erarbeitete, kumulierte künftige Wert der Leistung errechnen.

Die Bilanzstichtagswerte sind abzuzinsen. Daraus ergibt sich der Wert der zu bilanzierenden Rückstellung für Pensionsverpflichtungen. In Höhe der Veränderung ist unter Aufwendungen für Altersversorgung die Zuführung zur Pensionsrückstellung zu buchen.

Die Berechnung stellt sich wie folgt dar:

1. Zeitraum der Anwartschaft

Jahre	Gehalt	kumulierte, erarbeitete künftige Leistung	Abzinsungsfaktor Spitzer II	Pensionsrückstellung per ultimo	Aufwendung für Altersversorgung	davon Dienstzeitaufwand	davon Zinsaufwand
		€		€	€	€	€
1	80.000	23.602	0,6176	14.577	14.577	14.577	0
2	82.400	47.204	0,6516	30.758	16.181	15.379	802
3	84.872	70.806	0,6874	48.672	17.914	16.224	1.690
4	87.418	94.408	0,7252	68.465	19.793	17.116	2.677
5	90.040	118.010	0,7651	90.289	21.824	18.058	3.766
6	92.742	141.612	0,8072	114.309	24.020	19.051	4.969
7	95.524	165.214	0,8516	140.696	26.387	20.099	6.288
8	98.390	188.816	0,8985	169.651	28.955	21.206	7.749
9	101.342	212.418	0,9479	201.351	31.700	22.372	9.328
10	104.382	236.020	1,0000	236.020	34.669	23.602	11.067
insgesamt					236.020	187.684	48.336

2. Ermittlung der Summe der Barwerte während des Leistungszeitraumes

Leistungszeitraum	Pensionszahlung	Abzinsung Spitzer II	Barwert der Pensionszahlung
€	€	€	€
11	31.314	0,9479	29.682
12	31.314	0,8985	28.135
13	31.314	0,8516	26.667
14	31.314	0,8072	25.276
15	31.314	0,7651	23.958
16	31.314	0,7252	22.709
17	31.314	0,6874	21.525
18	31.314	0,6516	20.404
19	31.314	0,6176	19.339
20	31.314	0,5854	18.331
Summe der Barwerte			236.026

Pro Dienstjahr zu erarbeitender anteiliger Barwert = 23.602.

Lösung zu 33:

	08	09	10	11	12	13
1 Pensionsverpflichtungen am 31.12.	10.000	11.200	12.544	14.050	15.735	17.623
2 Planvermögen am 31.12.	10.000	10.000	10.000	10.600	11.872	13.297
3 Unterdeckung	0	1.200	2.544	3.450	3.863	4.326
4 10 % Korridor	0	1.000	1.120	1.254	1.405	1.574
5 Nicht erfasste Unterdeckung am 01.01.	0	0	1.200	2.396	2.939	2.862
6 Im lfd. Jahr zu erfassende Unterdeckung (5 - 4): 20 (Restdienstzeit)	0	0	-4	-57	-77	-64
7 Nicht erreichte Rendite des Planvermögens	0	1.200	1.200	600	0,00	0,00
8 Nicht erfasste Unterdeckung am 31.12. (Summe 5 - 7)	0	1.200	2.396	2.939	2.862	2.798
9 Rückstellung am 31.12. (3 - 8)	0	0	148	511	1.001	1.528

Lösung zu 34:

Lösung im Jahr der Bildung der Sonderabschreibung:

Der Buchwert der Maschine wird in der IFRS-Bilanz mit 10.000 € und in der Steuerbilanz mit 7.000 € ausgewiesen. Von diesem Buchwert wird in der Zukunft die Abschreibung berechnet. Die IFRS-Abschreibung wird zwangsläufig höher ausfallen als die steuerbilanzielle Abschreibung. Deshalb ist die Sonderabschreibung als ein vorübergehender Bewertungsunterschied zu betrachten. Die Rückstellung für latente Ertragsteuern beträgt 1.200 € (Bewertungsunterschied 3.000 € · 40 % = 1.200 €).

Lösung zu 35:

	20X2			20X1		
	IFRS	StB	Abw.	IFRS	StB	Abw.
unbew. AV	40	20	20	42	23	19
Maschinen	5	7	- 2	3	5	- 2
Teilgewinn aus lanfristiger Auftragsfertigung	10	0	10	5	0	5
Pensionsrückstellung	- 8	- 10	2	- 9	- 11	2
Drohverlustrückstellung	- 3	0	- 3	- 4	0	- 4
	44	17	27	37	17	20

Latente Steuern
20X1 = 20 · 35 % = 7
20X2 = 27 · 25 % = 6,75

Die Veränderung der latenten Steuer beträgt im Beispiel - 0,25. Davon wurden verursacht durch den Bewertungsunterschied ((27 - 20) • 35 %) = 2,45 und aus der Steuersatzänderung (27 • 10 %) - 2,7, dies sind insgesamt - 0,25. Die Veränderung ist im Anhang verursachungsgerecht zu erläutern. In der Gewinn- und Verlustrechnung wird lediglich der Saldo, hier ein Ertrag von 0,25 ausgewiesen.

Lösung zu 36:

1. Anzuwendender Steuersatz

Steuerliche Bemessungsgrundlage	100,00
- GewSt	

$$\frac{100 \cdot 3,5 \cdot 400}{10.000}$$ 14,00

- Körperschaftsteuer 100,00 • 15 %	15,00
- Solidaritätszuschlag 15,00 • 5,5 %	0,83
Ergebnis nach Ertragsteuer	70,17
Ertragsteuer insgesamt	29,83
= anzuwendender Steuersatz	**29,83 %**

1. Effektiver Steuersatz

Steuerpflichtiges Einkommen	15.000.000
anzuwendender Steuersatz 29,83 %	
tatsächliche Ertragsteuer	4.474.500
Ergebnis vor Ertragsteuer	20.000.000
Effektiver Steuersatz	**22,37 %**

2. Steuersatzwirksamkeit der Investitionszulage

Investitionszulage

$$\frac{5.000.000\,€ \cdot 29,83}{20.000.000\,€} =$$ **7,46 %**

In der Summe ergibt sich aus dem effektiven Steuersatz von 22,37 % und der Steuerwirksamkeit der steuerfreien Investitionszulage von 7,46 % der anzuwendende Steuersatz von 29,83 %.

Lösung zu 37:

Siehe Minilex (Seite 201 ff.)

Lösung zu 38:

Der Buchwert des zerstörten Vorratsbestandes wird als Aufwand ausgebucht und damit als „Bestandsveränderung" dargestellt.

Lösung zu 39:

Jahresüberschuss	500.000 €
abzügl. Dividenden an Vorzugsaktionäre	100.000 €
bereinigtes Ergebnis	400.000 €
dividiert durch die Anzahl der Stammaktien	1.600.000
unverwässertes Ergebnis je Aktie	**0,25 €**

Lösung zu 40:

Periodenergebnis		1.000.000 €
dividiert durch Stammaktien	Stück 400.000	
unverwässertes Ergebnis je Aktie	2,50 €	
Verwässerung durch Wandelschuldverschreibung		
5 % v. 2.000.000	100.000 €	
- Steuern 30 %	30.000 €	
Zinsersparnis bei fiktiver Wandelung	70.000 €	70.000 €
Verwässertes Gesamtergebnis		1.070.000 €
Stammaktien	400.000	
potenzielle Stammaktien	100.000	500.000
verwässertes Ergebnis je Aktie		**2,14 €**

Lösung zu 41:

Die Berichtigung des Fehlers führt zu folgenden veränderten Rechnungen:

G + V	20X2 vorläufig Mio. €	20X1 Mio. €	Gewinnrücklage per 31.12.	20X2 vorläufig Mio. €	20X1 Mio. €
Erlös	100	150	01.01.	41	20
Umsatzkosten	79	121	Fehlerkorrektur	- 0,7	-
Ergebnis vor Steuern	21	29	01.01. (angepasst)	40,3	20,0
Steuern	6,3	8,7	Gewinn	14,7	20,3
Gewinn	14,7	20,3	31.12.	55	40,3

Lösung zu 42:

Die retrospektive Bilanzanpassung aufgrund der Änderung der Bewertungsmethode führt zu der folgenden Rechnung:

G + V			Gewinnrücklage per 31.12.		
	20X2 vorläufig Mio. €	20X1 Mio. €		20X2 vorläufig Mio. €	20X1 Mio. €
Erlös	100	150	01.01.	41	20
Umsatzkosten	80	120	Methodenänderung	+ 0,7	-
aktivierte Zinsen	1	1	01.01. (angepasst)	41,7	20,0
Ergebnis vor Steuern	21	31	Gewinn	14,7	21,7
Ertragsteuern	6,3	9,3	31.12.	56,4	41,7
Gewinn	14,7	21,7			

Lösung zu 43:

Siehe Minilex (Seite 201 ff.)

Lösung zu 44:

Ermittlung des Cashflows nach der indirekten Methode:

Gewinn 20X1 vor Ertragsteuern	1.000
Bestandserhöhung der Vorräte	- 150
Zunahme der Forderungen aus L+L	- 70
Zunahme der Verbindlichkeiten aus L+L	+ 60
Verrechnete Abschreibung	+ 210
Zwischensumme	1.050
Ertragsteueraufwand (voll der betrieblichen Tätigkeit zuzuordnen)	400
Cashflow aus der betrieblichen Tätigkeit	**650**
Sachanlageninvestition	- 1.200
Cashflow aus der Investitionstätigkeit	**- 1.200**
Einnahmen aus der Kapitalerhöhung	+ 1.000
Cashflow aus der Finanzierungstätigkeit	**+ 1.000**

Zusammenfassung:	T€
Cashflow aus betrieblicher Tätigkeit	+ 650
Cashflow aus Investitionstätigkeit	- 1.200
Cashflow aus Finanzierungstätigkeit	+ 1.000
Nettozunahme Zahlungsmittel	450
Zahlungsmittelstand 01.01.2005	270
Zahlungsmittelstand 31.12.2005	**720**

Die vereinnahmten Finanzerträge (180) und gezahlten Zinsen (410) könnten auch offen durch Addition und gleichzeitige Subtraktion im Cashflow an der betrieblichen Tätigkeit dargestellt werden. Der Cashflow würde sich dadurch im Ergebnis nicht verändern.

Lösung zu 45:

Siehe Minilex (Seite 201 ff.)

Lösung zu 46:

Pfiffig GmbH = Mutterunternehmen
Tango One GmbH und Tango Two GmbH = Tochterunternehmen, da mittelbar insgesamt 60 % der Stimmrechte an Tango Two GmbH verfügbar sind.

Lösung zu 47:

Die Besonderheiten des Gesellschaftsvertrages entsprechen der Definition von Zweckgesellschaften nach SIC-12 (insbesondere verfügt das Unternehmen bei wirtschaftlicher Betrachtung über das Recht, die Mehrheit des Nutzens aus der Zweckgesellschaft zu ziehen sowie Blockademöglichkeit über 75 % Mehrheitsbeschlüsse).

Lösung zu 48:

AKTIVA		Bilanz	PASSIVA
	T€		T€
Anlagevermögen	240	Grundkapital und Rücklagen	200
Vorräte	120	Sonderposten aus Fremdwährung	34
		Jahresüberschuss	50
Flüssige Mittel	20	Verbindlichkeiten	96
	380		380

Lösung zu 49:

Bilanzierung zum Erwerbszeitpunkt	1.000.000 €	
stille Reserve techn. Anlagen 01.01.00		500.000 €
Eigenkapital Tango GmbH 01.01.00		100.000 €
Geschäfts- oder Firmenwert 01.01.00		400.000 €
stille Reserve Techn. Anlagen	500.000 €	
Abschreibungen 10 Jahre	- 50.000 €	- 50.000 €
31.12.00	450.000 €	
Auflösung passiver latenter Steuern (vgl. 9.2 ff)		+ 25.000 €
Geschäfts- oder Firmenwert	400.000 €	
31.12.00	400.000 €	
EK 01.01.00	100.000 €	
EK 31.12.00	150.000 €	
Jahresüberschuss 31.12.00	100.000 €	+ 100.000 €
Ausschüttung in 00 bzw. EK-Veränderung	- 50.000 €	- 50.000 €
Beteiligungsansatz Tango GmbH 01.01.00		1.000.000 €
31.12.00		1.025.000 €

Lösung zu 50:

Siehe Minilex (Seite 201 ff.)

Das MiniLex enthält die wichtigsten Begriffe, die in diesem Buch behandelt werden. Weitere Begriffe finden sich in: *Olfert/Rahn/Zschenderlein*, Lexikon der Betriebswirtschaftslehre, Kiehl

Altersversorgungsleistungen (retirement benefit plans)

Versorgungsleistungen, die ein Unternehmen seinen Mitarbeitern bei oder nach Beendigung des Arbeitsverhältnisses gewährt (entweder in Form einer jährlichen Rente oder in Form einer einmaligen Zahlung). Diese Versorgungsleistungen bzw. die vom Arbeitgeber dafür erbrachten Beiträge werden vor der Pensionierung mit den Mitarbeitern vertraglich vereinbart oder aufgrund der betrieblichen Praxis bestimmt.

Anlagevermögen

Vermögensgegenstände, die aus der Sicht am Bilanzstichtag dazu bestimmt sind, dem Geschäftsbetrieb dauernd zu dienen (§ 247 Abs. 2 HGB).

Anschaffungskosten einer Verbindlichkeit

Als Anschaffungskosten einer Verbindlichkeit gilt der beizulegende Wert der erhaltenen Gegenleistung.

Anschaffungs- und Herstellungskosten von Vorräten

Das sind alle Kosten des Erwerbes und der Be- und Verarbeitung sowie sonstige Kosten, die notwendig sind, um die Vorräte in ihren derzeitigen Zustand zu versetzen und an ihren derzeitigen Ort zu bringen.

Assoziierte Unternehmen

Muttergesellschaft übt einen maßgeblichen Einfluss aus, obwohl es sich bei der Beteiligung weder um ein Tochternoch um ein Gemeinschaftsunternehmen handelt (direkt oder indirekt mindestens 20 % der Stimmrechte).

Außerordentliche Posten (extraordinary items)

Erträge oder Aufwendungen, die aus Ereignissen oder Geschäftsvorfällen entstehen, welche sich klar von der gewöhnlichen Tätigkeit des Unternehmens unterscheiden und von denen nicht anzunehmen ist, dass sie häufig oder regelmäßig wiederkehren.

Available-for-sale

Zur Veräußerung verfügbare finanzielle Vermögenswerte sind sämtliche finanziellen Vermögenswerte, die nicht unter eine der drei anderen Kategorien fallen.

Barwert (present value)

Schätzung künftiger, sachgerecht abgezinster Netto-Cashflows, die ein Posten erwartungsgemäß im normalen Geschäftsverlauf erzielen wird.

Beitragsorientierte Pensionspläne (defined contribution plans)

Pensionspläne, bei denen die als Versorgungsleistung zu zahlenden Beträge durch die Beiträge zu einem Fond und den daraus erzielten Finanzerträgen bestimmt werden. Darüber hinaus übernimmt das Unternehmen weder rechtliche noch tatsächliche weitere Verpflichtungen.

Beizulegender Zeitwert

Der beizulegende Zeitwert ist der Betrag, zu dem ein Vermögenswert zwischen sachverständigen, vertragswilligen und von einander unabhängigen Geschäftspartnern getauscht werden könnte.

Berichtspflichtiges Segment (reportable segment)

Börsennotierte Unternehmen haben die Tätigkeit jedes dargestellten Geschäftsfeldes zu beschreiben und auf die Zusammensetzung jedes geografischen Segments hinzuweisen.

Betriebliche Tätigkeiten (operating activities)

Gewöhnliche Tätigkeiten des Unternehmens, die nicht den Investitions- oder Finanzierungstätigkeiten zuzuordnen sind.

Bewertung (measurement)

Bestimmung der Werte, mit denen die Abschlussposten zu erfassen und in der Bilanz und in der Gewinn- und Verlustrechnung anzusetzen sind.

Bilanzierung schwebender Geschäfte

Da nach IAS 39 der Vertrag das maßgebende Kriterium ist, sind auch schwebende Geschäfte zu bilanzieren.

Bilanzierungs- und Bewertungsmethoden (accounting policies)

Grundsätze, Grundlagen, Konventionen, Regeln und Verfahren, die ein Unternehmen bei der Aufstellung und Darstellung seiner Abschlüsse anwendet.

Cashflow aus betrieblicher Tätigkeit

Ein- und Auszahlungen, die den Unternehmenszweck betreffen.

Cashflow aus Finanzierungstätigkeit

Ein- und Auszahlungen, die die Außenfinanzierung betreffen. Dies kann sich auf Eigen- und Fremdkapital beziehen.

Cashflow aus Investitionstätigkeit

Ein- und Auszahlungen, die den Erwerb und die Veräußerung langfristiger Vermögenswerte und sonstiger Finanzinvestitionen betreffen und nicht zu den Zahlungsmitteläquivalenten und nicht zum Handelsbestand des Unternehmens gehören.

Cashflow hedge

Absicherung des Risikos von Schwankungen der Cashflows, die im Zusammenhang mit bereits bilanzierten Vermögenswerten oder Verbindlichkeiten oder im Zusammenhang mit noch geplanten Transaktionen stehen, wenn diese Schwankungen Auswirkungen auf das Periodenergebnis haben.

CGU (cash generating unit)

Kleinste identifizierbare Gruppe von Vermögenswerten, die separierbare Mittelzuflüsse und -abflüsse generiert.

Control-Prinzip

Ein Tochterunternehmen, das von einem Mutterunternehmen beherrscht wird.

Cost-to-cost-Methode

Bestimmung des Fertigungsstandes als Verhältnis der angefallenen Auftragskosten zu geschätzten Auftragskosten.

Deferral-Methode

Steuerabgrenzungen werden G + V-orientiert auf der Grundlage von Jahresergebnissen berechnet.

Derivative Finanzinstrumente

Ein derivatives Finanzinstrument ist ein Finanzinstrument,

- ▸ dessen Wert in Folge verändernder Basiswerte schwankt,

- ▸ für dessen Entstehen es im Verhältnis zu vergleichbaren Verträgen keine oder nur einer geringen Investition bedarf und

- ▸ dessen Abrechnung erst zu einem späteren Zeitpunkt erfolgt.

Dienstzeitaufwand

Der vom Mitarbeiter aufgrund der abgeleisteten Dienstjahre bereits erworbene Teilanspruch auf die versprochene leistungsorientierte Altersversorgung.

Direkte Methode zur Ermittlung des Cashflows

Der Cashflow ermittelt sich aus der Erfassung der zahlungswirksamen Vorgänge direkt aus der Buchhaltung.

Eigenkapital (equity)

Der nach Abzug aller Schulden verbleibende Restbetrag der Vermögenswerte des Unternehmens.

Eigenkapitalinstrument

Ist ein Vertrag, der ein Residualanspruch an den Vermögenswerten eines Unternehmens nach Abzug aller Verbindlichkeiten begründet.

Eigenkapitalveränderungsrechnung

Aufstellung, die entweder sämtliche Veränderungen des Eigenkapitals oder die Veränderung des Eigenkapitals, die nicht durch Transaktionen mit Eigentümern und Ausschüttungen an Eigentümer entstehen.

Einbeziehungsverbote

Generelle Einbeziehungsverbote bestehen nach IAS 27, wenn:

▶ das Tochterunternehmen ausschließlich zum Zwecke der Weiterveräußerung in naher Zukunft erworben wurde oder

▶ es unter erheblichen und langfristigen Beschränkungen tätig ist, die seine Fähigkeiten zum Finanzmitteltransfer an das Mutterunternehmen wesentlich beeinträchtigen.

Equity-Methode

Die erworbenen Geschäftsanteile werden zunächst von den Anschaffungskosten aktiviert. In der Folge verändert sich der Buchwert der Anteile quasi spiegelbildlich entsprechend dem anteiligen Jahresergebnis des Beteiligungsunternehmens.

Ereignisse nach dem Bilanzstichtag (events after the balance sheet date)

Ereignisse nach dem Bilanzstichtag sind günstige oder ungünstige Ereignisse, die zwischen dem Bilanzstichtag und dem Tag liegen, an dem der Abschluss zur Veröffentlichung freigegeben wird.

Ergebnis vor Ertragsteuern (accounting profit)

Der Gewinn oder Verlust der Periode vor Abzug des damit verbundenen Steueraufwandes.

Erzielbarer Wert (recoverable amount)

Der höhere der beiden Erträge aus Nettoveräußerungspreis und Nutzungswert eines Vermögenswertes.

Eventualforderung (contingent asset)

Ein Vermögenswert, der aus vergangenen Ereignissen hervorgeht, deren Ergebnis vom Eintreten eines oder mehrerer ungewisser künftiger Ereignisse abhängt.

Eventualschuld (contingent liability)

Verpflichtung, deren tatsächliches Eintreten von unsicheren zukünftigen Ereignissen abhängt und bei einer tatsächlichen gegenwärtigen Verpflichtung, die zumindest eines der allgemeinen Erfassungskriterien für eine Schuld „Wahrscheinlichkeit eines künftigen Abflusses von wirtschaftlichem Nutzen" und „Verlässlichkeit der Bewertung" nicht erfüllt.

Faktische Verpflichtung (constructive obligation)

Eine aus den Aktivitäten eines Unternehmens entstehende Verpflichtung, wenn

▸ das Unternehmen durch seine betriebliche Praxis, öffentlich angekündigte Maßnahmen oder eine ausreichend spezifische, aktuelle Aussage anderen Parteien gegenüber die Übernahme gewisser Verpflichtungen angedeutet hat, oder

▸ wenn das Unternehmen unzweifelhaft ein entsprechendes und in der Öffentlichkeit bekanntes Image hat, dass es seinen faktischen Verpflichtungen nachkommt.

Fair value

Fair value ist der Betrag, zu dem zwischen Sachverständigen, Vertragswilligen und voneinander unabhängigen Geschäftspartnern ein Vermögenswert getauscht oder eine Verbindlichkeit beglichen werden könnte.

Fair value hedge

Fair value hedge ist die vollständige oder teilweise Sicherung von Vermögenswerten oder Verbindlichkeiten gegen Änderungen des fair value eines bilanzierten Grundgeschäfts.

Fehler

In der aktuellen Berichtsperiode entdeckte Fehler, die so bedeutend sind, dass die Abschlüsse einer oder mehrerer früherer Perioden zum Zeitpunkt ihrer Veröffentlichung nicht mehr als verlässlich angesehen werden können.

Fertigungsauftrag

Ein Fertigungsauftrag ist ein Vertrag über die kundenspezifische Fertigung einzelner Gegenstände oder einer Anzahl von Gegenständen, die hinsichtlich Design, Technologie und Funktion oder hinsichtlich ihrer Verwendung aufeinander abgestimmt oder voneinander abhängig sind.

Beispiele: Bau von Raffinerien, Staudämmen, Brücken, Pipelines, Tunnel, Schiffe, Flugzeuge oder andere komplexe Anlagen oder Ausrüstungen.

Unterscheidung Serienproduktion/Fertigungsauftrag: Fertigungsaufträge sind Einzelfertigungen i. d. R. langfristiger Natur, Bilanzierung erstreckt sich über mindestens 2 Bilanzstichtage.

Ausweis Bilanzposition: Nach IAS nicht geregelt. IDW empfiehlt den Ausweis unter Forderungen (künftige Forderungen aus Fertigungsaufträgen).

Festpreisverträge

Festpreisverträge sind Fertigungsaufträge, für den der Auftragnehmer einen festen Preis bzw. einen festgelegten Preis pro Einheit vereinbart.

Finanzanlagen

Anteile an Tochterunternehmen, Anteile an assoziierten Unternehmen und Anteile an Gemeinschaftsunternehmen sowie übrige Finanzanlagen.

Finanzderivate

Finanzderivate sind Finanzinstrumente, deren Wert infolge einer Änderung eines Basiswertes schwankt. Finanzderivate dienen häufig zur Absicherung von risikobehafteten Grundgeschäften.

Finanzielle Verbindlichkeiten

Umfassen Verbindlichkeiten gegenüber Kreditinstituten, Verbindlichkeiten aus Lieferungen und Leistungen, Wechsel und Darlehensverbindlichkeiten.

Finanzielle Vermögenswerte
Umfassen sämtliche Zahlungsmittel, Forderungen aus Lieferungen und Leistungen, Wertpapiere und derivative Finanzinstrumente.

Finanzierungsleasing (finance lease)
Leasingverhältnis, bei dem im Wesentlichen alle mit dem Eigentum verbundenen Risiken und Chancen eines Vermögenswertes auf den Leasingnehmer übertragen werden. Dabei kann letztendlich das Eigentumsrecht übertragen werden oder nicht.

Finanzinstrument
Ein Vertrag, der gleichzeitig bei dem einen Unternehmen zu einem finanziellen Vermögenswert und bei den anderen zu einer finanziellen Verbindlichkeit oder einem Eigenkapitalinstrument führt.

Finanzwirtschaftliche Kapitalerhaltung
Gewinn wird nur dann erzielt, wenn das Eigenkapital am Ende der Periode höher ist als zu Beginn der Periode. Dies kann auf der Basis von nominalen Geldeinheiten bzw. auf der Basis einer konstanten Kaufkraft gerechnet werden.

Folgebewertung eines Darlehens
Weichen Auszahlungs- und Rückzahlungsbetrag voneinander ab, dann wird im Rahmen der Folgebewertung der Auszahlungsbetrag schrittweise durch Aufzinsung auf den Rückzahlungsbetrag erhöht.

Foreign currency hedge
Schutz des Anteils am Nettovermögen einer Beteiligung.

Fortgeführte Anschaffungs- und Herstellungskosten
Die Anschaffungs- oder Herstellungskosten sind der zum Erwerb oder zur Herstellung eines Vermögenswertes entrichtete Betrag an Zahlungsmitteln oder Zahlungsmitteläquivalenten oder der beizulegende Zeitwert einer anderen Entgeltform zum Zeitpunkt des Erwerbs oder der Herstellung.

Fortgeführte Anschaffungs- oder Herstellungskosten sind um planmäßige Abschreibungen verminderte Anschaffungs- oder Herstellungskosten.

Fremdkapitalkosten
Fremdkapitalkosten sind Zinsen und weitere im Zusammenhang mit der Aufnahme von Fremdkapital angefallene Kosten eines Unternehmens.

Fremdwährungsumrechnung
Die Fremdwährungsumrechnung erfolgt nach dem Prinzip der funktionalen Währung. Danach ist die funktionale Währung eines Unternehmens die Währung des primären wirtschaftlichen Umfeldes, in dem ein Unternehmen tätig ist.

Gemeinschaftsunternehmen
Gemeinschaftsunternehmen werden von mindestens zwei Parteien unter gemeinsamer Leitung geführt (joint control/ joint venture).

Geografische Segmente (geographical segments)
Voneinander unterscheidbare Teilaktivitäten eines Unternehmens, die in einzelnen Ländern oder Gruppen von Ländern innerhalb spezifischer geografischer Regionen ausgeführt werden, die nach spezifischen Umständen eines Unternehmens sachgerecht bestimmt werden können.

Geschäftssegment (business segment)
Ein typisierter Bereich eines Unternehmens, der ein individuelles Produkt, eine Dienstleistung oder eine Gruppe ähn-

licher Produkte oder Dienstleistungen erstellt oder erbringt.

Gewinn (profit)

Überschuss der Erträge über die Aufwendungen. Jeder Betrag, der über denjenigen hinausgeht, der zur Erhaltung des zu Beginn der Periode vorhandenen Kapitals erforderlich ist, gilt als Gewinn.

Gewinnrealisierung nach dem Fertigstellungsgrad (percentage of completion method)

Gemäß dieser Methode werden die entsprechend dem Fertigungsgrad angefallenen Auftragskosten den Auftragserlösen zugeordnet.

Hieraus ergibt sich eine Erfassung am Bilanzstichtag von Erträgen, Aufwendungen und Ergebnissen entsprechend dem Leistungsfortschritt.

Gewöhnliche Tätigkeiten (ordinary activities)

Aktivitäten, die ein Unternehmen im Rahmen seiner Geschäftstätigkeit unternimmt, sowie damit im Zusammenhang stehende Aktivitäten, die das Unternehmen zur Förderung dieser Aktivitäten unternimmt.

Goodwill

Unterschiedsbetrag aus der Kapitalkonsolidierung, wenn der verbleibende Überschuss positiv ist.

Goodwill, negativer

Ein sich aus der Kapitalkonsolidierung ergebender passivischer Unterschiedsbetrag.

Haftungsqualität

Art der Haftung des von der Gesellschaft zur Verfügung gestellten Kapitals. Sie entscheidet über Eigen- oder Fremdkapitalcharakter.

Held-for-trading

Zu Handelszwecken gehaltene finanzielle Vermögenswerte oder finanzielle Verbindlichkeiten, die in der Absicht erworben oder eingegangen wurden, einen Gewinn aus kurzfristigen Preisschwankungen zu erzielen.

Held-to-maturity

Bis zur Endfälligkeit zu haltende Finanzinvestitionen wenn Vereinbarungen zu Grunde liegen, die feste oder bestimmbare Zahlungen mit einer festen Laufzeit ausweisen.

Herstellungskosten

Umfassen neben den direkt zurechenbaren Einzelkosten auch Teile der fixen und variablen Fertigungsgemeinkosten sowie anderer Gemeinkosten, die anfallen, um die Vorräte an ihren derzeitigen Ort und in ihren derzeitigen Zustand zu versetzen.

IAS

International Accounting Standards

IASB

International Accounting Standards Board

IASC

International Accounting Standards Committee

IFRS

International Financial Reporting Standards

IFRS 1

Erstmalige Anwendung der International Financial Reporting Standards

IFRS-Berichtsjahresabschluss

Erster Abschluss nach IFRS

IFRS-Eröffnungsbilanz
Ausgangspunkt für die Umstellung auf IFRS ist die Erstellung einer IFRS-Eröffnungsbilanz. Hier sind grundsätzlich sämtliche nach IFRS bilanzierungspflichtigen Vermögenswerte und Schulden als solche zu erfassen.

IFRS-Maßgeblichkeit
IFRS-Regeln sind zwingend im Einzelabschluss anzuwenden und maßgeblich für die steuerliche Gewinnermittlung.

IFRS-Umstellungsjahr
Vorjahres-IFRS-Abschluss

Immaterieller Vermögenswert
Ein identifizierbarer, nicht monetärer Vermögenswert ohne physische Substanz, der für die Herstellung von Erzeugnissen oder die Erbringung von Dienstleistungen, die Vermietung an Dritte oder Zwecke der eigenen Verwaltung genutzt wird.

Impairment test
Siehe Wertminderungstest

Indirekte Methode zur Ermittlung des Cashflows
Der Cashflow ermittelt sich durch eine Korrektur des Periodenergebnisses um die nicht zahlungswirksamen Vorgänge.

Investment property
Als Finanzinvestition gehaltene Immobilien, die vom Eigentümer oder vom Leasingnehmer im Rahmen eines Finanzierungs-Leasingverhältnisses zur Erzielung von Mieteinnahmen und/oder zum Zwecke der Wertsteigerung gehalten werden.

Jahresabschluss (financial statement)
Ein vollständiger Jahresabschluss setzt sich aus folgenden Bestandteilen zusammen:

- Bilanz
- Gewinn- und Verlustrechnung
- Eigenkapitalveränderungsrechnung
- Kapitalflussrechnung
- Anhang, sowie weitere Aufstellungen und Erläuterungen.

Kapitalflussrechnung
Darstellung der Mittelzu- und -abflüsse aus der laufenden Geschäftstätigkeit, der Investitions- und der Finanzierungstätigkeit.

Kostenzuschlagsverträge
Kostenzuschlagsverträge sind Fertigungsaufträge, bei denen der Auftragnehmer abrechenbare oder anderweitig festgelegte Kosten zzgl. eines vereinbarten Prozentsatzes dieser Kosten oder ein festes Entgelt vergütet bekommt.

Kurzfristige Schulden (current liability)
Eine kurzfristige Schuld ist eine Schuld, deren Tilgung innerhalb des gewöhnlichen Verlaufs des Geschäftszyklus des Unternehmens erwartet wird oder deren Tilgung innerhalb von zwölf Monaten nach dem Bilanzstichtag fällig ist.

Latente Steueransprüche (deferred tax assets)
Beiträge an Ertragsteuern, die in zukünftigen Perioden erstattungsfähig sind und aus

- abzugsfähigen temporären Unterschieden,
- ungenutzten steuerlichen Verlustvorträgen und
- vorgetragenen ungenutzten Steuergutschriften resultieren.

**Latente Steuerschulden
(deferred tax liabilities)**
Die latenten Steuerschulden sind die Beträge an Ertragsteuern, die in zukünftigen Perioden aus zu versteuernden temporären Unterschieden zahlbar sind.

**Leistungen an Arbeitnehmer
(employee benefits)**
Alle Formen von Vergütungen, die ein Unternehmen im Austausch für die von Arbeitnehmern erbrachte Arbeit gewährt.

**Leistungsorientierte Pensionspläne
(defined benefit plans)**
Pensionspläne für Leistungen nach Beendigung des Arbeitsverhältnisses, die nicht unter beitragsorientierte Pläne fallen.

Leistungswirtschaftliche Kapitalerhaltung
Gewinn wird nur dann erzielt, wenn die physische Produktionskapazität des Unternehmens am Ende der Periode höher ist als zu Beginn der Periode.

Liability-Methode
Steuerabgrenzungen werden auf der Grundlage unterschiedlicher Wertansätze in der Bilanz berechnet.

Marktwert (market value)
Betrag, der auf einem geregelten Markt bei dem Verkauf eines Vermögenswertes erzielbar ist (IAS 32.5).

Nettoveräußerungswert (net realization value)
Der Nettoveräußerungswert ist der geschätzte Betrag, der aus dem im normalen Geschäftsgang erzielbaren Veräußerungserlös nach Abzug der Veräußerungskosten entwickelt wird.

Neubewertung (revaluation)
Neubewertung ist die Wertanpassung von Vermögenswerten und Schulden an den zum Bilanzstichtag notwendig zu bilanzierenden Betrag. Saldo wird in eine Neubewertungsrücklage eingestellt.

Neubewertungsrücklage
Bei der Neubewertung von Vermögenswerten und Schulden sind die Unterschiedsbeträge nach Berücksichtigung von latenten Steuern in einer Neubewertungsrücklage zu erfassen.

Nutzungsdauer (useful life)
Die Nutzungsdauer ist die voraussichtliche Nutzungszeit eines abschreibungsfähigen Vermögenswertes im Unternehmen.

Nutzungswert (value in use)
Der Nutzungswert ist der Barwert der geschätzten künftigen Zahlungen, die aus der fortlaufenden Nutzung eines Vermögenswertes und dessen Abgang am Ende seiner Nutzungsdauer erwartet werden.

Originated loans and receivables
Vom Unternehmen ausgereichte Kredite und Forderungen sind finanzielle Vermögenswerte, die vom Unternehmen durch die direkte Bereitstellung von Bargeld, Waren oder Dienstleistungen an einen Schuldner entstanden sind.

Percentage of completion-Methode
Realisierung entsprechend dem Leistungsfortschritt, wenn das Ergebnis eines Fertigungsauftrages verlässlich zu schätzen ist.

Periodenergebnis (net profit or loss)
Das Periodenergebnis umfasst das Ergebnis der gewöhnlichen Tätigkeit und die außerordentlichen Posten.

Planvermögen
Vermögenswerte, die zur Erfüllung von Pensionsleistungen an Arbeitnehmer gebunden werden.

Potenziell verwässernd

Potenzielle Stammaktien, deren Umwandlung in Stammaktien den Periodengewinn je Aktie aus der Fortführung der gewöhnlichen Tätigkeit kürzen würde.

Prospektive Änderung

Wirkung der Änderung von Bilanzierungs- und Bewertungsmethoden sind nur auf Geschäftsvorfälle anzuwenden, die nach dem Zeitpunkt der Änderung eintreten.

Qualitative Anforderungen an den Jahresabschluss

Sie umfassen:

- Verständlichkeit
- Verlässlichkeit
- Relevanz
- Vergleichbarkeit.

Rahmenkonzept (Framework)

Teil des Regelungswerks des IASB. Zeigt insbesondere die Leitlinien auf, die der Aufstellung und Darstellung von externen Abschlüssen zu Grunde liegen.

Reduktionsmodell

Der HGB-Abschluss ist weiterhin für die steuerliche Gewinnermittlung maßgeblich. IFRS-Regeln werden reduziert auf den Konzernabschluss.

Residualgröße des Eigenkapitals

Restbetrag der Vermögenswerte, der nach Abzug aller Schulden übrig bleibt.

Restrukturierungsmaßnahme (Restructuring)

Ein Programm, das von der Unternehmensleitung geplant und kontrolliert wird und entweder das von dem Unternehmen bisher gebildete Geschäftssegment aufgibt oder die Art, wie das Geschäft durchgeführt wird, wesentlich verändert.

Restrukturierungsrückstellungen

Sie betreffen ein Programm, das vom Management geplant und kontrolliert wird und entweder

- das von dem Unternehmen abgedeckte Geschäftsfeld oder
- die Art, in der dieses Geschäft durchgeführt wird

wesentlich verändert.

Retrospektive Änderungen

Wirkungen der Bilanzanpassung werden rückwirkend vom Zeitpunkt der Änderung an berücksichtigt.

Retrospektive Umstellung

Alle Vermögenswerte und Schulden müssen zur erstmaligen Erfassung in der Bilanz zurückverfolgt werden.

Rückstellung (provision)

Eine Rückstellung ist eine Schuld, deren Höhe oder zeitlicher Eintritt ungewiss ist.

Sachanlagen

Dabei handelt es sich um materielle Vermögenswerte,

- die ein Unternehmen für Zwecke der Herstellung oder der Lieferung von Gütern und Dienstleistungen, zur Vermietung an Dritte oder für Verwaltungszwecke besitzt und
- die erwartungsgemäß länger als eine Periode genutzt werden.

Sale-and-lease-back-Transaktion (sale and lease back transaction)

Die Veräußerung des künftigen Leasinggegenstandes vom Leasingnehmer an den Leasinggeber. Die Mietzahlungen und der Verkaufspreis stehen in einem Zusammenhang.

Schuld (liability)

Eine Schuld ist eine gegenwärtige Verpflichtung des Unternehmens aus vergangenen Ereignissen, von deren Erfüllung erwartet wird, dass aus dem Unternehmen Ressourcen abfließen, die wirtschaftlichen Nutzen verkörpern.

Schwebende Geschäfte

Nach IFRS ist das maßgebende Bilanzierungskriterium der geschlossene Vertrag (auch mündlich), sodass praktisch alle Derivate, insbesondere Termingeschäfte, bilanziert werden müssen, auch wenn es sich um schwebende Geschäfte handelt.

Standards

Behandeln wesentliche verpflichtende Grundsätze zur Bilanzierung, Bewertung und Darstellung von Geschäftsvorfällen in Abschlüssen.

Stichtagskurs (closing rate)

Kassakurs einer Währung am Bilanzstichtag.

Stock options

Versprechen an Mitarbeiter auf Hingabe von Gesellschaftsanteilen zu bestimmten Bedingungen.

Stock appreciation right

Versprechen an Mitarbeiter auf eine Vergütung in Höhe des Unterschiedes zwischen dem Kurs- und Basispreis zum Zusagezeitpunkt und demjenigen zum Vasting Date.

Tageswert

Betrag, der für den Erwerb desselben oder eines entsprechenden Vermögenswertes zum gegenwärtigen Zeitpunkt gezahlt werden müsste.

Trennungs- und Abkopplungsmodell

Die steuerliche Gewinnermittlung wird vollständig von den handelsrechtlichen Vorschriften losgelöst.

Übrige Finanzanlagen

Übrige Finanzanlagen sind nach IAS 39 dadurch gekennzeichnet, dass weder eine Kontrolle über die Finanz- und Geschäftspolitik noch eine Beherrschungsmöglichkeit gegeben ist.

Unternehmensfortführung (going concern)

Annahme bei der Aufstellung von Abschlüssen, dass das Unternehmen weder die Absicht hat noch gezwungen ist, seine Tätigkeit einzustellen oder den Umfang seiner Tätigkeit wesentlich einzuschränken. Diese Annahme hat einen wesentlichen Einfluss auf die Bewertung der Vermögenswerte und Schulden.

Unverfallbare Leistungen an Arbeitnehmer (vested employee benefits)

Unverfallbare Leistungen sind erworbene Rechte auf künftige Leistungen, deren Gewährung nicht vom künftigen Fortbestand des Arbeitsverhältnisses abhängt.

Unverwässertes Ergebnis je Aktie

Das unverwässerte Ergebnis je Aktie ist der Betrag des den Stammaktionären zustehenden Periodenergebnisses, dividiert durch die durchschnittlich gewichtete Anzahl der während der Periode ausstehenden Stammaktien.

Veräußerungswert (realisable value)

Der Betrag an Zahlungsmitteln oder Zahlungsmitteläquivalenten, der sich im Falle einer ordnungsgemäßen Veräußerung ergeben würde.

Verfügungsgewalt über einen Vermögenswert (control of an asset)
Die tatsächliche Möglichkeit, in den Genuss des künftigen wirtschaftlichen Nutzens eines Vermögenswertes zu gelangen.

Verlässlichkeit (reliability)
Wesentliche Bedingung für die Bestandteile des Jahresabschlusses. Informationen sind dann verlässlich, wenn sie keine wesentlichen Fehler enthalten, frei von verzerrenden Einflüssen sind und sich die Adressaten darauf verlassen können, dass sie glaubwürdig darstellen, was sie vorgeben darzustellen oder was vernünftigerweise inhaltlich von ihnen erwartet werden kann.

Vermögenswert (asset)
Ein Vermögenswert ist eine in der Verfügungsmacht des Unternehmens stehende Ressource, die aufgrund vergangener Ereignisse verfügbar ist und von der erwartet wird, dass dem Unternehmen aus ihr künftiger wirtschaftlicher Nutzen zufließt.

Verständlichkeit (understandability)
Es ist eine wesentliche Anforderung an die im Abschluss erteilten Informationen, dass diese für die Adressaten leicht verständlich sind, wobei angemessene Rechnungslegungskenntnisse seitens der Bilanzleser vorausgesetzt werden.

Verwässertes Ergebnis je Aktie
Das verwässerte Ergebnis je Aktie ist der den Stammaktionären zurechenbare Periodengewinn sowie die durchschnittlich gewichtete Anzahl der während der Periode ausstehenden Stammaktien, bereinigt um die Auswirkungen aller verwässernden potenziellen Stammaktien.

Vom Unternehmen ausgereichte Kredite und Forderungen (loans and receivables originated by the enterprise)
Vom Unternehmen ausgereichte Kredite und Forderungen sind finanzielle Vermögenswerte, die vom Unternehmen durch die direkte Bereitstellung von Bargeld, Waren oder Dienstleistungen an einen Schuldner geschaffen wurden.

Voraussetzung der Aktivierung von Fremdkapitalzinsen
Nur, wenn die Kosten im Zusammenhang mit so genannten qualifizierten Vermögenswerten stehen.

Vorräte
Vorräte sind Vermögenswerte,

► die zum Verkauf im normalen Geschäftsgang gehalten werden

► die sich in der Herstellung für einen solchen Verkauf befinden, oder

► die als Roh-, Hilfs- und Betriebsstoffe dazu bestimmt sind, bei der Herstellung oder Erbringung von Dienstleistungen verbraucht zu werden.

Weltabschlussprinzip
In den Konzernabschluss eines Mutterunternehmens sind alle inländischen und ausländischen Tochterunternehmen einzubeziehen.

Wertminderungstest (impairment test)
Wenn der Buchwert des Vermögenswertes den erzielbaren Wert (recoverable amount) übersteigt.

Wesentlichkeit (materiality)
Informationen sind wesentlich, wenn ihr Weglassen oder ihre fehlerhafte Darstellung die auf der Basis des Abschlusses getroffenen wirtschaftlichen Entscheidungen der Adressaten beeinflussen könnten.

Wirtschaftliche Betrachtungsweise (substance over form)

Nicht das rechtliche, sondern das wirtschaftliche Eigentum ist für die Zuordnung eines Gegenstandes entscheidend.

Zahlungsmitteläquivalente (cash equivalents)

Kurzfristige, liquide Finanzinvestitionen, die jederzeit in bestimmte Zahlungsmittelbeträge (Barmittel und Sichteinlagen) umgewandelt werden können und nur unwesentlichen Wertschwankungsrisiken unterliegen.

Zu versteuernde temporäre Differenzen (cash aquivalents)

Steuerpflichtige temporäre Differenzen sind solche, die in künftigen Perioden bei der Ermittlung des zu versteuernden Einkommens, d. h. beim Verbrauch der Buchwerte eines Vermögensgegenstandes oder bei der Auflösung einer Schuld, zu steuerbaren Beträgen führen.

Zu versteuerndes Ergebnis (taxable profit)

Das nach den steuerlichen Gewinnermittlungsvorschriften errechnete Ergebnis der Periode, aufgrund dessen die Ertragsteuern zahlbar sind.

account — Konto
accounting — Buchführung
accounts payable (receivable) — Lieferverbindlichkeiten (Lieferforderungen)
accumulated benefit obligation — kumulierte Pensionsverpflichtung (Verpflichtung zum gegenwärtigen Gehaltsniveau)
accumulated deficit — Verlust und Verlustvortrag
accumulated depreciation — kumulierte Abschreibung
accumulated other comprehesive income — Rücklage für nicht realisierten Gewinn (Verlust) nach US-GAAP
actuarial gains and losses — versicherungsmathematische Gewinne und Verluste (Pensionsrückstellung)
additional minimum liability — Nettopensionsverpflichtung in der Bilanz (US-GAAP)
additional paid-in capital — Kapitalrücklagen
allowed alternative treatment — zulässige Alternativmethode (IAS)
amortized cost — fortgeschriebene Anschaffungskosten
appropriated retained earnings — Gewinnrücklagen
assets — Vermögenswerte
associate — assoziiertes Unternehmen (auch im HGB Einzelabschluss)
auditor (auditor's opinion) — Wirtschaftsprüfer (Bestätigungsvermerk)
available-for-sale securities — zum Verkauf verfügbare Wertpapiere

balance — Saldo (Sollsaldo, Habensaldo) (debit balance, credit balance)
balance sheet — Bilanz
bargain purchase option — günstige Kaufoption (leasing)
basic earnings per share — Gewinn pro Aktie (vor Verwässerung)
benchmark treatment — Standardmethode (IAS)
bonds payable — ausgegebene Anleihen
boot — Ausgleichszahlungen (beim Tausch)
business combinations — Unternehmenszusammenschlüsse

capital lease — Finanzierungsleasing im weiteren Sinn
cash equivalents — Zahlungsmitteläquivalente
cash generating units — Geschäftseinheiten zur Erzielung von Cash-flows
cash reconciliation — Gegenüberstellung der liquiden Mittel (01.01./31.12.)
ceiling — Obergrenze (wörtl.: Decke)
common stock — Stammaktien
comparability — Bilanzvergleichbarkeit
completed contract method — Gewinnrealisierung bei Vertragserfüllung
completeness — Bilanzvollständigkeit
compound instrument — kombiniertes Finanzinstrument
construction in progress — in Bau befindliche Anlagen
contingencies, contingent liabilities — Verbindlichkeitsrückstellungen

contribution	Spenden
corridor amortization	Verteilung des früheren Dienstzeitaufwands außerhalb des Korridors
cost of goods sold	zur Umsatzerzielung aufgewendete Kosten
credit (credit side)	Haben (Habenseite)
cumulative effect of change	kumulierter Effekt einer Bilanzänderung
current (current assets)	kurzfristig (Umlaufvermögen)
current rate method	Stichtagskursmethode (Währungsumrechnung)
debit (debit side)	Soll (Sollseite)
debt securities	Schuldverschreibungen, Gläubigertitel (Anleihen)
deferred tax assets/liabilities	aktiv/passiv latente Steuern
deferred taxes	latente Steuern
defined benefit liability (asset)	Nettopensionsverpflichtung (-forderung) nach IAS
defined benefit plan	leistungsorientierter Pensionsplan
defined contribution plan	beitragsorientierter Pensionsplan
development stage enterprises	neu gegründete Unternehmen
diluted earnings per share	verwässerter Gewinn pro Aktie
direct financing lease	Finanzierungsleasing im engeren Sinn (v.a. bei Banken)
discontinued operations	aufgegebene Geschäftsbereiche
discount	Disagio (auch beim Anleihekauf)
effective interest method	Zinseszinsmethode, Zinsstaffelmethode
entity concept	Neubewertungsmethode
equity	Eigenkapital
equity method	Equitybewertung, Equitykonsolidierung
equity securities	Anlegerwertpapiere (Aktien), Anteile, Beteiligungen
exceptional items	siehe: unusual or infrequent items
expected return on plan assets	erwartete Rendite des Deckungsvermögens
expenses	Aufwendungen
extinguishment of debt	volle Schuldentilgung
extraordinary items	außerordentliche Aufwendungen und Erträge
face value	Nennwert, Nominale
fair value	beizulegender Wert
fair value accounting	genereller Ansatz von Tageswerten (ein Konzept der Bilanzierung)
fair value adjustment	indirektes Wertberichtigungskonto bei Wertpapieren
faithful representation	Bilanzwahrheit (wörtl.: aufrichtige Darstellung)
financial statements	Jahresabschluss

financing activities	Finanzierungstätigkeit
finished goods	Fertigerzeugnisse
Form 20-F (reconciliation statement)	Überleitungsrechnung von IAS und HGB auf US-GAAP
forward exchange contracts	Fremdwährungsforwards
Framework	Grundsätze
gains	Gewinne
going concern principle	Unternehmensfortführungsfiktion
goodwill	Firmenwert
gross profit method	Bruttogewinnmethode (pauschale Vorrätebewertung)
hedge accounting	Sondervorschriften für Sicherungsgeschäfte
held-to-maturity securities	zur Endfälligkeit gehaltene Wertpapiere
historical cost principle	Anschaffungskostenprinzip
impairment test	Werthaltigkeitstest
implied goodwill	impliziter Firmenwert
income by function	Umsatzkostenverfahren
income by nature	Gesamtkostenverfahren
income statement	Gewinn- und Verlustrechnung
incremental borrowing rate	marginale Finanzierungskosten
indefinite useful life	unbestimmbare Nutzungsdauer
installment method	Methode der Gewinnrealisierung beim Ratenkauf
intangible assets	immaterielle Vermögenswerte
interest cost	Finanzierungskosten, Zinsen
Internal Revenue Code (IRC)	US-Bundessteuergesetzbuch
intrinsic value	innerer Wert
inventories	Vorräte
investing activities	Investitionstätigkeit
lessee	Leasingnehmer
lessor	Leasinggeber
liabilities	Verbindlichkeiten
like-kind exchange	Tausch gleichartiger Vermögenswerte
line items	Bilanzposten
losses	Verluste
lower of cost or market method	eingeschränktes Niederstwertprinzip
management's discussion and analysis (MD&A)	Lagebericht
market feasibility	Marktreife, Markttauglichkeit
matching principle	Aufwands- und Ertragsverknüpfung
materiality	Wesentlichkeitsgrundsatz
maturity date	Endfälligkeitszeitpunkt

merchandise	Handelswaren
mortgages payable	Hypothekardarlehen
net income	Jahresüberschuss nach US-GAAP
net periodic pension cost	Nettopensionsaufwand
net realizable value	Nettorealisationswert; retrograder Wert
neutrality	Bilanzobjektivität
noncurrent (noncurrent assets)	langfristig (Anlagevermögen)
nonreciprocal transfers	Schenkungen, Subventionen
non-vested benefits	(Pensions-) Zusagen ohne Rechtsanspruch
notes	Anhang
notes payable	gegebene Wechsel
notional amount	Referenzwert bei Derivaten
onerous contracts	belastete Verträge, d.h. kontrahierte Verluste
operating activities	gewöhliche Geschäftstätigkeit
operating cycle	Betriebszyklus
operating leasing	Mietleasing
other comprehensive income	nicht realisierte Gewinne (Verluste) im umfassenden Gewinn (Verlust)
parent company concept	Buchwertmethode
pension plans	Pensionspläne
percentage of completion method	Teilgewinnrealisierung nach Fertigungsgrad
pooling method	Interessenzusammenführungsmethode
pools	Schichten, Pools
proportionate consolidation	Quotenkonsolidierung
possible	möglich
preferred stock	Vorzugsaktien
premium	Agio (auch beim Anleihekauf)
prepaid expenses	aktive Rechnungsabgrenzungen
principal	Nennwert, Nominale
prior period service cost	Dienstzeitaufwand vor Pensionszusage
probable	wahrscheinlich
prior period adjustment	Korrektur von Vorjahreswerten
projected benefit obligation	Pensionsverpflichtung zum künftigen Gehaltsniveau
projected unit credit method	Pensionsberechnung auf Basis künftiger Ansprüche
property, plant and equipment	Sachanlagen (wörtl.: Immobilien, Fabriken, Maschinen)
prudence	Vorsichtsprinzip
purchase commitments	Ankaufverpflichtungen
purchase method	Erwerbsmethode

raw materials	Rohstoffe
real accounts	Bestandskonten
real property	Immobilien
reclassification adjustment	Ausbuchung aus dem *other comprehensive income* (US-GAAP)
recoverable amount	Rückgewinnungswert (Nutzwert oder geringerer Liquidationswert)
recycling	Ausbuchung aus der Neubewertungsrücklage nach IAS
relevance	Entscheidungsrelevanz für Bilanzleser
reliability	Bilanzwahrheit und Bilanzvollständigkeit
remeasurement method	Zeitbezugsmethode (Währungsumrechnung)
remote	sehr unwahrscheinlich
replacement cost	Wiederbeschaffungskosten
reporting units	Geschäftsbereiche zur Firmenwertermittlung
research and development costs	Forschungs- und Entwicklungskosten
retail method	Abschlagsbewertung im Einzelhandel
retained earnings	Gewinnrücklagen und Gewinnvortrag
revenues	Erträge
sales type lease	Finanzierungsleasing im Handel und bei Produzenten
salvage value	Schrottwert
scheduling	Zeitplan für die Umkehr latenter Steuern
Securities Exchange Commission	US-Börsenaufsicht
segment reporting	Segmentberichterstattung
service cost	Dienstzeitaufwand (Pensionsrückstellung)
shareholders' (stockholders') equity	Eigenkapital
significant influence	maßgeblicher Einfluss
special purpose entities	Zweck- und Objektgesellschaften
specific identification	Identitätspreisverfahren
stated rate	Nominalverzinsung (Anleihezins)
statement of cash flows	Kapitalflussrechnung
statement of changes in equity	Eigenkapitalveränderungsrechnung
statement of other comprehensive income	Darstellung des other comprehensive income (US-GAAP)
step acquisitions	etappenweiser Beteiligungserwerb
stock dividends	Aktiendividenden, Gratisaktien
stock issuance costs	Emissionskosten
stock redemption	Einziehung von Aktien
stock subscriptions	Aktienzeichnung, angezahlte Aktien
straight line	linear
subsudiary	Tochterunternehmen
substance over form	wirtschaftlicher Gehalt statt rechtlicher Form
survey of work performed	Erhebung des Arbeitsfortschritts

tainting
Zweifel an der Beibehaltungsabsicht (wörtl.: Beschmutzung)

technological feasibility — technische Reife bzw. Tauglichkeit
temporary accounts — Erfolgskonten
temporary differences — temporäre Differenzen
trading securities — Handelsbestand der Wertpapiere
treasury stock — eigene Aktien
troubled debt restructuring — Reorganisation

unappropiated retained earnings — ausschüttungsfähiger Gewinn (Bilanzgewinn)
unconditional purchase obligations — unkündbare Kaufverpflichtungen
underlying — Basiswert
understandability — Bilanzverständlichkeit
unearned revenue — passive Rechnungsabgrenzungen
unusual or infrequent items (= exceptional items) — ungewöhnliche oder seltene Aufwendungen und Erträge (US-GAAP)
US-Generally Accepted Accounting Principles — US-amerikanische Rechnungslegungsvorschriften

vested benefits
(Pensions-) Zusagen mit bestehendem Rechtsanspruch

vesting period — Zeitraum zum Erwerb des Rechtsanspruchs

weighted/moving average cost
gewogenes/gleitendes Durchschnittspreisverfahren

work in process — halbfertige Erzeugnisse

A. Grundlagen

Achleitner/Behr, International Accounting Standards, 4. Auflage, München 2009

Beck'scher Bilanzkommentar, Der Jahresabschluss nach Handels- und Steuerrecht - §§ 238 bis 339 HGB, 6. Auflage, bearbeitet von Budde/Ellrott/Clemm/Pankow/Sarx, München 2005

Buchholz, R., Internationale Rechnungslegung, 10. Auflage, Berlin 2012

Budde, T., Bilanzierung von Common-Control-Transaktionen bei erstmaliger Anwendung der IFRS, in: KoR 2007, S. 29

Bundesministerium der Justiz, Eckpunkte der Reform des Bilanzrechts, Pressemitteilung vom 18. Oktober 2007

Coenenberg, A. G., Jahresabschluss und Jahresabschlussanalyse, 22. Auflage, 2012

Kirsch, H., Einführung in die internationale Rechnungslegung nach IAS/IFRS, 8. Auflage, Herne/Berlin 2012

Engelshove/Hamacher, Spezialfondsübertragungen im Lichte von IFRS und Steuern: Bilanzielle, zivilrechtliche und praktische Konsequenzen für die Kapitalanlagegesellschaft und den Anleger, in: Versicherungswirtschaft 2007, S. 193

EU, Verordnung des Europäischen Parlaments und des Rates vom 19.07.2002 betreffend die Anwendung internationaler Rechnungslegungsstandards, in: Amtsblatt der Europäischen Gemeinschaften vom 11.09.2002 L 243/1

Feld, K.-P., IAS und US-GAAP, Aktuelle Unterschiede und Möglichkeiten zur Konvergenz, in: Die Wirtschaftsprüfung 2001 S. 1026 - 1043

Fischer/Wenzel, Wertaufholung nach handels-, steuerrechtlichen und internationalen Rechnungslegungsvorschriften, WPg 2001, 597 - 606

Förschle/Holland/Kroner, Internationale Rechnungslegung, IAS und HGB – Geplante Änderungen des IASB und Anhang-Checkliste, 6. Auflage, Heidelberg 2003

Grünberger/Grünberger, IAS – IFRS 2013, Ein systematischer Praxis-Leitfaden, 11. Auflage, Herne/Berlin 2012

Hayn/Graf Waldersee, IFRS/US-GAAP/HGB im Vergleich, Synoptische Darstellung für den Einzel- und Konzernabschluss, 6. Auflage, Stuttgart 2008

Herzig, N., IAS/IFRS und steuerliche Gewinnermittlung, WPg 2005, 211 - 235

Herzig, N., Internationalisierung der Rechnungslegung und steuerliche Gewinnermittlung, WPg 2000, 104 - 119

Herzig/Hansen, Steuerliche Gewinnermittlung durch modifizierte Einnahmenüberschussrechnung - Konzeption nach Aufgabe des Maßgeblichkeitsprinzips, DB 2004, 1 - 10

Herzig/Bär, Die Zukunft der steuerlichen Gewinnermittlung im Licht des europäischen Bilanzrechts, DB 2003, 1 - 8

Hettich, S., Mängel und Inkonsistenzen in den derzeitigen Rechnungsregelungen nach IFRS: Beseitigung durch Neuregelungen?, in: KoR 2007, S. 6

Heuser/Theile, IAS-IFRS-Handbuch, Einzel- und Konzernabschluss, 3. Auflage, Köln 2007

Hladjk, I., Internationale Rechnungslegung nach HGB, US-GAAP und IAS in: Steuer & Studium 7/2000, 318 - 322

Hoffmann/Lüdenbach, Beschreiten wir bei der Internationalisierung der Rechnungslegung den Königsweg? DStR 2002, 871 - 878

Hüttche, T., Bilanzierung und Bewertung nach HGB und IFRS im Einzel- und Konzernabschluss, 3. Auflage, München 2010

IDW (Hrsg.), IDW Prüfungsstandards (IDW PS), IDW Stellungnahmen zur Rechnungslegung (IDW RS), IDW Standards (IDW S), IDW Prüfungs- und IDW-Rechnungslegungshinweise (IDW PH und IDW RH), Düsseldorf (Loseblatt), 2006

Ergänzungslieferung März 2012

IDW (Hrsg.), International Financial Reporting Standards IFRS, Die amtlichen EU-Texte, 2. Auflage, 2005

IDW (Hrsg.), Internationalisierung der Rechnungslegung im Mittelstand, Düsseldorf 2005

Jebens, D. T., Was bringen die IFRS oder IAS dem Mittelstand? in: Der Betrieb 44/2003, 23452350

Kahle/Dahlke, IFRS für mittelständische Unternehmen?, in: Deutsches Steuerrecht 2007, S. 313

Kalina-Kerschbaum/Steggewentz, Herbsttagung der Bundessteuerberaterkammer (Berlin) und der Kammer der Wirtschaftstreuhänder (Wien) in Brüssel: „IFRS für KMU?" Tagungsbericht, in: Deutsches Steuerrecht 2007, S. 215

Kirsch, H., Bilanzpolititk in IFRS-SME-Abschlüssen nach Vorstellungen des Staff Drafts, in: Zeitschrift für internationale Rechnungslegung 2007, S. 45

Kirsch, H., Buchführung/IAS-Umstellung, in: Federmann, R. (Hrsg.), Handbuch der Bilanzierung, Bd. 2, Freiburg 2005

Kirsch, H., Einführung in die internationale Rechnungslegung nach IFRS, 8. Auflage, Herne/Berlin 2012

Kley, K.-L., Die Fair Value-Bilanzierung in der Rechnungslegung nach den International Accounting Standards (IAS) in: Der Betrieb 43/2001, 2257 - 2263

Knorr/Wendlandt, Standardentwurf zur erstmaligen Anwendung von International Financial Reporting Standards in: KoR 5/2002, 201 - 206

KPMG Deutsche Treuhand-Gesellschaft, IFRS visuell, Die IFRS in strukturierten Übersichten, 5. Auflage, Stuttgart 2012

Krawitz/Albrecht/Büttgen, Internationalisierung der deutschen Konzernrechnungslegung aus Sicht deutscher Mutterunternehmen – Ergebnisse einer empirischen Studie zur Anwendung und zur Folgeregelung von § 292a HGB, WPg 2000, 541

Küting/Harth/Leinen, Fehlende Vergleichbarkeit von Jahresabschlüssen als Hindernis einer internationalen Jahresabschlussanalyse?, WPg 2001, 681 - 690

Küting/Zwirner, Quantitative Auswirkungen der IFRS-Rechnungslegung auf das Bilanzbild in Deutschland: Ein Modell zur Erfassung von Unterschieden zwischen der nationalen Rechnungslegung und der IFRS-Rechnungslegung, in: KoR 2007, S. 92

Lüdenbach/Hoffmann (Hrsg.), Haufe IAS-Kommentar, 8. Auflage, 2010

Lüdenbach, N., IFRS, Der Ratgeber zur erfolgreichen Umstellung von HGB auf IFRS, 5. Auflage, 2008

Moxter, A., Die Zukunft der Rechnungslegung? DB 2001, 605 - 607

Peemöller/Spanier/Weller, Internationalisierung der externen Rechnungslegung: Auswirkungen auf nicht kapitalmarktorientierte Unternehmen, BB 2002, 1799 - 1803

Pellens, B., Internationale Rechnungslegung, 8. Auflage, Stuttgart 2011

Rinker/Ditges/Arendt, Bilanzen, 14. Auflage, Herne 2012

Ruhnke/Simons, Rechnungslegung nach IFRS und HGB, 3. Auflage, 2012

Schildbach, T., IFRS: Irre Führendes Rechnungslegungs-System, in: Zeitschrift für internationale Rechnungslegung 2007, S. 9

Theile, C., Erstmalige Anwendung der IAS/IFRS in: Der Betrieb 33/2003, 1745-1752

von Keitz, I.: Praxis der IASB-Rechnungslegung: Derzeit (noch) uneinheitlich und HGB-orientiert in: Der Betrieb 34/2003, 1801 - 1806

Winkeljohann, N., Rechnungslegung nach IFRS, 2. Auflage, Herne/Berlin, 2006

WP-Handbuch 2006, Band I, 13. Auflage, Düsseldorf 2006

Zabel, M., IAS zwingend für Konzern- und Einzelabschluss? WPg 2002, 919 - 924

Zeimes, M., Zur erstmaligen Anwendung von International Financial Reporting Standards, WPg 2002, 1001 - 1009

Zeitler, F.-C., Rechnungslegung und Rechtsstaat in: Der Betrieb 29/2003, 1529 - 1534

Zwirner, C., Empirische Befunde zur IFRS-Rechnungslegung in Deutschland, in: Praxis der internationalen Rechnungslegung 2007, S. 45

B. Bilanz und Anhang

Achleitner/Behr, International Accounting Standards, 4. Auflage, München 2009

Baetge/Lienau, Praxis der Bilanzierung latenter Steuern im Konzernabschluss nach IFRS im DAX und MDAX, in: Die Wirtschaftsprpüfung 2007, S. 15

Baetge/Schulze, Kommentierung der IASB-Standards, Teil B, 14 - 23

Barckow, A., Die Bilanzierung von derivativen Finanzinstrumenten und Sicherungsbeziehungen, Düsseldorf 2004

Beck'scher Bilanzkommentar, Der Jahresabschluss nach Handels- und Steuerrecht - §§ 238 bis 339 HGB, 6. Auflage, bearbeitet von Budde/Ellrott/Clemm/Pankow/Sarx, München 2005

Beck'sches IFRS-Handbuch, 4. Auflage, München 2012

Breker/Gebhardt, Das Fair-Value-Projekt für Finanzinstrumente – Stand der Erörterungen der Joint Working Group of Standard Setters im Juli 2000, WPg 2000, 729 - 744

Brösel/Müller, Goodwillbilanzierung nach IFRS aus Sicht des Beteiligungscontrollings, in: KoR 2007, S. 34

Coenenberg, A. G., Jahresabschluss und Jahresabschlussanalyse, 22. Auflage, 2012

Kirsch, H., Einführung in die internationale Rechnungslegung nach IAS/IFRS, 8. Auflage, Herne/Berlin 2012

Fentz/von Voigt, Eigenkapital bei Genossenschaften im IFRS-Abschluss: aktuelle Würdigung unter Berücksichtigung des GenG, IFRS, IFRIC und BilReG, in: KoR 2007, S. 23

Förschle/Holland/Kroner, Internationale Rechnungslegung, IAS und HGB – Geplante Änderungen des IASB und Anhang-Checkliste, 6. Auflage, Heidelberg 2003

Gallowsky/Hasbargen/Schmitt, IFRS 2 und Aktienoptionspläne im Konzern - IFRIC 11 bringt Klarheit, in: Betriebs-Berater 2007, S. 203

Glaum/Förschle, Rechnungslegung für Finanzinstrumente und Risikomanagement – Ergebnisse einer empirischen Untersuchung, DB 2000, 1525 - 1534

Grünberger/Grünberger, IAS – IFRS 2008, Ein systematischer Praxis-Leitfaden, 6. Auflage, Herne/Berlin 2008

Hayn/Graf Waldersee, IFRS/US-GAAP/HGB im Vergleich, Synoptische Darstellung für den Einzel- und Konzernabschluss, 6. Auflage, Stuttgart 2006

Helmschrott, H., Zum Einfluss von SIC 12 und IAS 39 auf die Bestimmung des wirtschaftlichen Eigentums bei Leasingvermögen nach IAS 17, WPg 2000, 426 - 429

Helmschrott, H., Die Anwendung von IAS 40 (investment property) auf Immobilien-Leasingobjekte, DB 47/2001, 2457 - 2459

Heuser/Theile, Auswirkungen des Bilanzrechtsreformgesetzes auf den Jahresabschluss und den Lagebericht der GmbH, GmbHR 2005, 201 - 206

Heuser/Theile, IAS-IFRS-Handbuch, Einzel- und Konzernabschluss, 3. Auflage, Köln 2007

Hladjk, I., Internationale Rechnungslegung nach HGB, US-GAAP und IAS in: Steuer & Studium 7/2000, 318 - 322

Höfer/Greiwe/ Hagemann, Bilanzierung und Bewertung wertpapiergebundener Arbeitszeitkonten: handels- und steuerrechtlich sowie nach IFRS, in: Der Betrieb 2007, S. 65

Höfer/Oppermann, Änderung des IAS 19 für den Bilanzausweis von Betriebsrenten, DB 2000, 1039 - 1040

Hoffmann: Immaterielle Vermögenswerte, in: Haufe IAS-Kommentar, 2005, § 13

IDW (Hrsg.), IDW Prüfungsstandards (IDW PS), IDW Stellungnahmen zur Rechnungslegung (IDW RS), IDW Standards (IDW S), IDW Prüfungs- und IDW-Rechnungslegungshinweise (IDW PH und IDW RH), Düsseldorf (Loseblatt), 2006

IDW (Hrsg.), International Financial Reporting Standards IFRS, Die amtlichen EU-Texte, 6. Auflage, 2011

IDW (Hrsg.), Internationalisierung der Rechnungslegung im Mittelstand, Düsseldorf 2005

IDW (Hrsg.), Stellungnahme zur Rechnungslegung: Einzelfragen zur Bilanzierung von Finanzinstrumenten nach IFRS (IDW RS HFA 9), FN-IDW Nr. 4/2006, S. 216 ff.

Jebens, C., IAS kompakt – Leitfaden für die Umstellung im Unternehmen, Stuttgart, 2003

Keitz, I., von, Praxis der IASB-Rechnungslegung, 2. Auflage, Stuttgart 2005

Kirsch, H., Buchführung/IAS-Umstellung, in: Federmann, R. (Hrsg.), Handbuch der Bilanzierung, Bd. 2, Freiburg 2005

Kirsch, H., Einführung in die internationale Rechnungslegung nach IFRS, 8. Auflage, Herne/Berlin 2012

KPMG Deutsche Treuhand-Gesellschaft, IFRS visuell, Die IFRS in strukturierten Übersichten, 5. Auflage, Stuttgart 2012

Krefeld, K.-P., Die Bilanzierung von Pensionsrückstellungen nach HGB und IAS in: Die Wirtschaftsprüfung 11/2003, 573586 und 12/2003, 638 - 648

Kropp/Klotzbach, Der Exposure Draft zu IAS 39 „Financial Instruments" – Darstellung und kritische Würdigung der geplanten Änderungen des IAS 39, WPg 2002, 1010 - 1031

Kuhn/Scharpf, Finanzinstrumente: Neue Vorschläge zum Portfolio Hedging zinstragender Positionen nach IAS 39 in: Der Betrieb 43/2003, 2293 - 2299

Leibfried, P., Ausgewählte Problemfelder der Internationalen Rechnungslegung nach IAS in: Stbg 5/03, 211-228 und 6/03, 268 - 286

Lienau, A., Die Bilanzierung nach der Equity-Methode unter Berücksichtigung latenter Steuern nach IFRS, in: KoR 2007, S. 14

Loitz/Rössel, Die Diskontierung von latenten Steuern, DB 2002, 645 - 652

Lüdenbach/Frowein, Der Goodwill-Impairment-Test aus Sicht der Rechnungslegungspraxis, in: Der Betrieb 2003, S. 217

Lüdenbach/Hoffmann, Bilanzierungsprobleme des Sach- und immateriellen Anlagevermögens nach IAS und HGB, in: Steuern und Bilanzen 2003, S. 145

Lüdenbach/Hoffmann, Enron und die Umkehrung der Kausalität bei der Rechnungslegung, DB 2002, 1169 - 1176

Lüdenbach, N., Unternehmenszusammenschlüsse, in: Haufe IAS-Kommentar, 2003, § 31

Lüdenbach/Hoffmann (Hrsg.), Haufe IAS-Kommentar, 5. Auflage, 2007

Lüdenbach, N., IFRS, Der Ratgeber zur erfolgreichen Umstellung von HGB auf IFRS, 5. Auflage, 2008

Pellens, B., Internationale Rechnungslegung, 8. Auflage, Stuttgart 2011

Pellens/Sellhorn, Goodwill-Bilanzierung nach SFAS 141 und 142 für deutsche Unternehmen, DB 2001, 1681 - 1689

Rinker/Ditges/Arendt, Bilanzen, 14. Auflage, Herne 2012

Roß/Kunz/Drögemüller, Verdeckte Leasingverhältnisse bei Outsourcing-Maßnahmen nach US-GAAP und IAS/IFRS in: Der Betrieb 38/2003, 2023 - 2027

Scharpf, P., Rechnungslegung von Financial Instruments nach IAS 39, 3. Auflage, Stuttgart 2006

Scheffler, E., Bilanzen richtig lesen: Rechnungslegung nach HGB u. IAS/IFRS, 8. Auflage, 2010

Schildbach, T., Personalaufwand aus Managerentlohnung mittels realer Aktienoptionen – Reform der IAS im Interesse besserer Informationen? in Der Betrieb 17/2003, 893 - 898

Schmidt, M., Die Folgebewertung des Sachanlagevermögens nach den International Accounting Standards, WPg 1998, 808 - 816

Sellhorn, T., Ansätze zur bilanziellen Behandlung des Goodwill im Rahmen einer kapitalmarktorientierten Rechnungslegung, DB 2000, 885 - 892

Siegel, T., Unentziehbarkeit als zentrales Kriterium für den Ansatz von Rückstellungen, DStR 2002, 1192-1196

Streim/Bieker/Hackenberger, Ökonomische Analyse der gegenwärtigen und geplanten Regelungen zur Goodwill-Bilanzierung nach IFRS/Thomas Lenz, in: Zeitschrift für internationale Rechnungslegung 2007, S. 17

Wagenhofer, A.: Internationale Rechnungslegungsstandards IAS/IFRS, 6. Auflage, Wien/Frankfurt 2009

Zimmermann/Abée, Die Bilanzierung von Bonusprogrammen nach IFRS und HGB: eine kritische Analyse des IFRIC D 20, in: Praxis der internationalen Rechnungslegung 2007, S. 8

Zülch, H., Die Bilanzierung von Investment Properties nach IAS 40, Düsseldorf 2003

C. Gewinn- und Verlustrechnung

Achleitner/Behr/Schäfer, Internationale Rechnungslegung, Grundlagen, Einzelfragen und Praxisanwendungen, 4. Auflage, München 2009

Adler/Düring /Schmaltz, Rechnungslegung und Prüfung der Unternehmen – Rechnungslegung nach Internationalen Standards, Loseblattausgabe ADS, 2011

Ahleitener, A.-K., Internationale Rechnungslegung, 2011

Baetge/Dörner/Kleekämper/Wollmert/Kirsch H.-J. (Hrsg.), Rechnungslegung nach International Accounting Standards (IAS) – Kommentar auf der Grundlage des deutschen Bilanzrechts, 2. Auflage, Stuttgart 2002

Ellrott, H. (Hrsg.), Beck'scher Bilanz-Kommentar: Handels- und Steuerbilanz; §§ 238 - 339, 342 - 342e HGB mit IFRS-Abweichungen, München 2012

Beck'sches IFRS-Handbuch, 4. Auflage, München 2012

Berkauf, K., Bilanzen, 3. Auflage, Konstanz 2013

Coenenberg, A. G., Jahresabschluss und Jahresabschlussanalyse, 14. Auflage, Stuttgart 2012

Däumler/Grabe (Hrsg.), Einführung in die internationale Rechnungslegung nach IAS/IFRS, 2. Auflage, Herne/Berlin 2005

Engel-Bock/Laßmann/Rupp, Bilanzanalyse leicht gemacht, 2012

Fink/Ulbrich, Segmentberichterstattung nach IFRS 8 aus Sicht der Gestaltungspraxis, in: Praxis der internationalen Rechnungslegung 2007, S. 31

Fink/Ulbrich, Verabschiedung des IFRS 8: Neuregelung der Segmentberichterstattung nach dem Vorbild der US-GAAP, in: KoR 2007, S. 1

Förschle/Holland/Kroner, Internationale Rechnungslegung, IAS und HGB – Geplante Änderungen des IASB und Anhang-Checkliste, 6. Auflage, Heidelberg 2003

Geiger, T., Ansatzpunkte zur Prüfung der Segmentberichterstattung nach SFAS 131, IAS 14 und DRS 3, BB 202, 1903 - 1909

Grünberger/Grünberger: IAS – IFRS 2012, Ein systematischer Praxis-Leitfaden, 10. Auflage, Herne 2011

Hayn/Graf Waldersee, IFRS/HGB/HGB-BilMoG im Vergleich, Synoptische Darstellung mit Bilanzrechtsmodernisierungsgesetz, 7. Auflage, Stuttgart 2008

Heno, R., Abschluss nach Handelsrecht, Steuerrecht und internationalen Standards,7. Auflage, 2011

Heuser, P., IFRS-Handbuch, 5. Auflage, Köln 2012

Hladjk, I., Internationale Rechnungslegung nach HGB, US-GAAP und IAS in: Steuer & Studium 7/2000, 318 - 322

Hoffmann/Lüdenbach, IAS/IFRS-Texte, 2012/2013, 2012

IDW (Hrsg.), IDW Prüfungsstandards (IDW PS), IDW Stellungnahmen zur Rechnungslegung (IDW RS), Düsseldorf (CD-ROM), 2012

IDW (Hrsg.), International Financial Reporting Standards IFRS, Die amtlichen EU-Texte, 6. Auflage, 2010

IDW (Hrsg.), Internationalisierung der Rechnungslegung im Mittelstand, Düsseldorf 2005

Jebens, C., IAS kompakt – Leitfaden für die Umstellung im Unternehmen

Kajüter/Barth, Segmentberichterstattung in diversifizierten Konzernen: Eine Fallstudie zur Anwendung der neuen Regelungen nach IFRS 8, in: KoR 2007, S. 110

Keitz, I., von: Praxis der IASB-Rechnungslegung, 2. Auflage, Stuttgart 2005

Kirsch, H., Buchführung/IAS-Umstellung, in: Federmann, R. (Hrsg.), Handbuch der Bilanzierung, Bd. 2, Freiburg 2005

Kirsch, H.: Einführung in die internationale Rechnungslegung nach IFRS, 8. Auflage, Herne/Berlin 2012

KPMG Deutsche Treuhand-Gesellschaft, IFRS visuell, Die IFRS in strukturierten Übersichten, 5. Auflage, Stuttgart 2012

Kraus, M., Application of selected IFRS accounting and valuation options, 2012

Kuhnle, H.: Gewinn- und Verlustrechnung nach IFRS: Aufstellung, Anforderungen, Analysemöglichkeiten, München 2007 - XVII, 230 S.

Leibfried, P., Ausgewählte Problemfelder der Internationalen Rechnungslegung nach IAS in: Stbg 5/03, 211 - 228 und 6/03, 268 - 286

Loitz/Rössel, Die Diskontierung von latenten Steuern, DB 2002, 645 - 652

Lüdenbach (Hrsg.), Haufe IAS-Kommentar, 10. Auflage, Freiburg 2012

Lüdenbach, N., IFRS, Der Ratgeber zur erfolgreichen Umstellung von HGB auf IFRS, 6. Überarbeitete und erweiterte Auflage, München 2010

Pellens, B., Internationale Rechnungslegung, 8. Auflage, Stuttgart 2011, Stuttgart, 2003

Rinker/Ditges/Arendt, Bilanzen, 14. Auflage, Herne 2012

Schneider/Hauer, Schnelleinstieg IFRS, Freiburg 2008

Wagenhofer, A., Internationale Rechnungslegungsstandards IAS/IFRS, 6. Auflage, Wien/Frankfurt 2009

Zülch, H., Die Gewinn- und Verlustrechnung nach IFRS, Herne/Berlin 2005

D. Eigenkapitalveränderungsrechnung

Achleitner/Behr/Schäfer, Internationale Rechnungslegung, 4. Auflage, München 2009

Adler/Düring/Schmaltz: Rechnungslegung nach Internationalen Standards, Stuttgart, 2006

Althoff, F., Einführung in die internationale Rechnungslegung nach IAS/IFRS, Heidelberg 2012

Alvarez/Wotschofsky, Zwischenberichterstattung nach Börsenrecht, IAS und US-GAAP, 2. Auflage, Bielefeld 2003

Baetge/Dörner/Kleekämper/Wollmert/Kirsch H.-J. (Hrsg.), Rechnungslegung nach International Accounting Standards (IAS) – Kommentar auf der Grundlage des deutschen Bilanzrechts, 2. Auflage, Stuttgart 2002

Ellrott, H. (Hrsg.), Beck'scher Bilanz-Kommentar Handels- und Steuerbilanz; §§ 238 - 339, 342 - 342e HGB mit IFRS-Abweichungen, München 2012

Beck'sches IFRS-Handbuch, 4. Auflage, München 2012

Brönner/Bareis/Hahn/Maurer/Schramm (Hrsg.): Die Bilanz nach Handels- und Steuerrecht, 10. Auflage

Coenenberg, A. G., Jahresabschluss und Jahresabschlussanalyse, 22. Auflage, Stuttgart 2012

Förschle/Holland/Kroner, Internationale Rechnungslegung, IAS und HGB – Geplante Änderungen des IASB und Anhang-Checkliste, 6. Auflage, Heidelberg 2003

Grünberger, IFRS 2012, Ein systematischer Praxisleitfaden, 10. überarbeitete Auflage, Herne 2012

Hayn/Graf Waldersee, IFRS/HGB/HGB-BilMoG im Vergleich, Synoptische Darstellung mit Bilanzrechtsmodernisierungsgesetz, 7. Auflage, Stuttgart 2008

Heuser, P., IFRS-Handbuch, 5. Auflage, Köln 2012

Hladjk, I., Internationale Rechnungslegung nach HGB, US-GAAP und IAS in: Steuer & Studium 7/2000, 318 - 322

IDW (Hrsg.), IDW Prüfungsstandards (IDW PS), IDW Stellungnahmen zur Rechnungslegung (IDW RS), IDW Standards (IDW S), IDW Prüfungs- und IDW-Rechnungslegungshinweise (IDW PH und IDW RH), Düsseldorf (Loseblatt), 2006

IDW (Hrsg.), International Financial Reporting Standards IFRS, 2009

IDW (Hrsg.), International Financial Reporting Standards IFRS, Die amtlichen EU-Texte, 2. aktualisierte und erweiterte Auflage, 2005

Jebens, C., IAS kompakt – Leitfaden für die Umstellung im Unternehmen, Stuttgart, 2003

Kirsch, H., Buchführung/IAS-Umstellung, in: Federmann, R. (Hrsg.), Handbuch der Bilanzierung, Bd. 2, Freiburg 2005

Kirsch, H., Einführung in die internationale Rechnungslegung nach IFRS, 8. Auflage, Herne/Berlin 2012

KPMG Deutsche Treuhand-Gesellschaft, IFRS visuell, Die IFRS in strukturierten Übersichten, 2. Auflage, Stuttgart 2006**Leibfried, P.,** Ausgewählte Problemfelder der Internationalen Rechnungslegung nach IAS in: Stbg 5/03, 211 - 228 und 6/03, 268 - 286

Lüdenbach, N. (Hrsg.), Haufe IAS-Kommentar, 10. Auflage, Freiburg 2012

Lüdenbach, N., IFRS, Der Ratgeber zur erfolgreichen Anwendung von IFRS, 6. Auflage, 2010

Pellens, B., Internationale Rechnungslegung, 8. Auflage, Stuttgart 2011

Rinker/Ditges/Arendt, Bilanzen, 14. Auflage, Herne 2012

Wagenhofer, A., Internationale Rechnungslegungsstandards IAS/IFRS, 5. Auflage, Wien/Frankfurt 2005

Wagenhofer, A., Internationale Rechnungslegungsstandards IAS/IFRS, 6. Auflage, München 2009

Wöhe/Mock, Die Handels- und Steuerbilanz, 6. Auflage, München 2010

E. Kapitalflussrechnung

Achleitner/Behr/Schäfer, Internationale Rechnungslegung, Grundlagen, Einzelfragen und Praxisanwendungen, 4. Auflage, München 2009

Adler/Düring/Schmaltz, Rechnungslegung und Prüfung der Unternehmen – Rechnungslegung nach Internationalen Standards, Loseblattausgabe ADS, 2011

Baetge/Dörner/Kleekämper/Wollmert/Kirsch (Hrsg.), Rechnungslegung nach International Accounting Standards (IAS) – Kommentar auf der Grundlage des deutschen Bilanzrechts, 2. Auflage, Stuttgart 2002

Ellrott, H. (Hrsg.), Beck'scher Bilanz-Kommentar: Handels- und Steuerbilanz; §§ 238 - 339, 342 - 342e HGB mit IFRS-Abweichungen, München 2012

Beck'sches IFRS-Handbuch, 4. Auflage, München 2012

Coenenberg, A. G., Jahresabschluss und Jahresabschlussanalyse, 22. Auflage, Stuttgart 2012

Däumler/Grabe (Hrsg.), Einführung in die internationale Rechnungslegung nach IAS/IFRS, 2. Auflage, Herne/Berlin 2005

Federmann/Kußmaul/Müller, Handbuch der Bilanzierung„ Freiburg 2011

Förschle/Holland/Kroner, Internationale Rechnungslegung, IAS und HGB – Geplante Änderungen des IASB und Anhang-Checkliste, 6. Auflage, Heidelberg 2003

Geiger, T., Ansatzpunkte zur Prüfung der Segmentberichterstattung nach SFAS 131, IAS 14 und DRS 3, BB 202, 1903 - 1909

Grünberger/Grünberger, IFRS 2012, Ein systematischer Praxis-Leitfaden, 10. Auflage, Herne 2011

Hayn/Graf Waldersee, IFRS/US-GAAP/HGB im Vergleich, Synoptische Darstellung für den Einzel- und Konzernabschluss, 6. Auflage Stuttgart 2006

Heuser, P., IFRS-Handbuch, 5. Auflage, Köln 2012

Hladjk, I., Internationale Rechnungslegung nach HGB, US-GAAP und IAS in: Steuer & Studium 7/2000, 318 - 322

IDW (Hrsg.), IDW Prüfungsstandards (IDW PS), IDW Stellungnahmen zur Rechnungslegung (IDW RS), IDW Standards (IDW S), IDW Prüfungs- und IDW-Rechnungslegungshinweise (IDW PH und IDW RH), Düsseldorf (Loseblatt), 2010

IDW (Hrsg.), International Financial Reporting Standards IFRS, Die amtlichen EU-Texte, 6. Auflage, 2011

Jebens, C., IAS kompakt – Leitfaden für die Umstellung im Unternehmen, Stuttgart, 2003

Kirsch, H., Einführung in die internationale Rechnungslegung nach IFRS, 8. Auflage, Herne 2012

Kirsch, H., Einführung in die internationale Rechnungslegung nach IFRS, 8. Auflage, Herne 2012

KPMG Deutsche Treuhand-Gesellschaft, IFRS visuell, Die IFRS in strukturierten Übersichten, 5. Auflage, Stuttgart 2012

Leibfried, P., Ausgewählte Problemfelder der Internationalen Rechnungslegung nach IAS in: Stbg 5/03, 211 - 228 und 6/03, 268 - 286

Lüdenbach, N., IFRS, Der Ratgeber zur erfolgreichen Anwendung von IFRS, 5. Auflage, 2010

Lüdenbach/Hoffmann (Hrsg.), Haufe IAS-Kommentar, 10. Auflage, 2012

Pellens, B., Internationale Rechnungslegung, 6. Auflage, Stuttgart 2006

Rinker/Ditges/Arendt, Bilanzen, 14. Auflage, Herne 2012

Wagenhofer, A., Internationale Rechnungslegungsstandards IAS/IFRS, 6. Auflage, München 2010

F. Konzernspezifische Vorschriften

Achleitner/Behr/Schäfer, Internationale Rechnungslegung, Grundlagen, Einzelfragen und Praxisanwendungen, 4. Auflage, München 2009

Adler/Düring/Schmaltz, Rechnungslegung nach Internationalen Standards, Stuttgart, 2011

Alvarez/Wotschofsky/Miethig, Leasingverhältnisse nach IAS 17: Zurechnung, Bilanzierung, Konsolidierung, WPg 2001, 933 - 947

Baetge/Dörner/Kleekämper/Wollmert/Kirsch (Hrsg.), Rechnungslegung nach International Accounting Standards (IAS) – Kommentar auf der Grundlage des deutschen Bilanzrechts, 2. Auflage, Stuttgart 2002

Baetge/Schulze, Kommentierung der IASB-Standards, Teil B, 14 - 23

Ellrott, H. (Hrsg.), Beck'scher Bilanz-Kommentar: Handels- und Steuerbilanz; §§ 238 - 339, 342 - 342e HGB mit IFRS-Abweichungen, München 2012

Bitzyl/Steckel, Der Jahresabschluss – Konzernabschluss, 6. Auflage, Wien 2011

Böcking, H.-J., IAS für Konzern- und Einzelabschluss, WPg 17/2002, 925 - 928

Busse von Colbe, W., u. a., Konzernabschlüsse, 9. Auflage, Herne 2010

Busse von Colbe, W., Kleine Reform der Konzernrechnungslegung durch das TransPuG – Ein weiterer Schritt zur Internationalisierung der Rechnungslegung, BB 2002, 1583 - 1588

Coenenberg, A. G., Jahresabschluss und Jahresabschlussanalyse, 22. Auflage, Stuttgart 2012

Däumler/Grabe (Hrsg.), Einführung in die internationale Rechnungslegung nach IAS/IFRS, 2. Auflage, Herne/Berlin 2005

Rinker/Ditges/Arendt, Bilanzen, 14. Auflage, Herne 2012

Förschle/Holland/Kroner, Internationale Rechnungslegung, IAS und HGB – Geplante Änderungen des IASB und Anhang-Checkliste, 6. Auflage, Heidelberg 2003

Geiger, T., Ansatzpunkte zur Prüfung der Segmentberichterstattung nach SFAS 131, IAS 14 und DRS 3, BB 202, 1903 - 1909

Grünberger, IFRS 2012, Ein systematischer Praxisleitfaden, 10. Auflage, Herne 2012

Havermann, H., Konzernrechnungslegung – quo vadis, WPg 2000, 121

Hayn/Graf Waldersee, IFRS/US-GAAP/HGB im Vergleich, Synoptische Darstellung für den Einzel- und Konzernabschluss, 5. Überarbeitete Auflage Stuttgart 2004

Heuser, P., IFRS-Handbuch, 5. Auflage, Köln 2012

Hladjk, I., Internationale Rechnungslegung nach HGB, US-GAAP und IAS in: Steuer & Studium 7/2000, 318 - 322

IDW (Hrsg.), IDW Prüfungsstandards (IDW PS), IDW Stellungnahmen zur Rechnungslegung (IDW RS), IDW Standards (IDW S), IDW Prüfungs- und IDW-Rechnungslegungshinweise (IDW PH und IDW RH), Düsseldorf (Loseblatt), 2006

IDW (Hrsg.), International Financial Reporting Standards IFRS

Kirsch, H., IFRS-Abschlussanalyse: finanz- und erfolgswirtschaftliche Aspekte, 3. neu bearbeitete Auflage, Berlin 2012

Kütting, P., Konzerninterne Umstrukturierungen, Stuttgart 2012

May G., Klassifizierung von Leasingverhältnissen nach IFRS-IAS 17, 2012

Möller, H. P.: Konzernrechnungslegung , Berlin 2012

Peffekoven/Crismann, IFRS: Konzernabschluss: Konsolidierung und Konzernspezifika, Berlin 2012

Seel, C., Joint Ventures in der Konzernrechnungslegung nach IFRS und HGB, Berlin 2013

Steiner/Orth/Schwarzmann, Jahresabschluss und Konzernabschluss nach HGB und IFRS, 5. Auflage, Stuttgart 2011

Nützliche Internet-Links

IFRS Foundation	www.ifrs.org
International Accounting Standards Board	www.iasb.org.uk
Deutsches Rechnungslegungs Standards Committee e. V.	www.drsc.de
Financial Accounting Standards Board	www.fasb.org
International Organization of Securities Commissions	www.iosco.org
International Federation of Accountants	www.ifac.org
Fédération des Experts Comptables Européens	www.fee.be
Institut der Wirtschaftsprüfer	www.idw.de
Europäische Union	www.europa.eu.int
American Institute of Certified Public Accountants	www.aicpa.org
European Financial Reporting Advisory Group	www.efrag.org
Securities and Exchange Commission	www.sec.gov